教育部高等学校动画、数字媒体专业教学指导委员会组织编写

动画与数字媒体专业
系列教材

廖祥忠 总主编

U0725739

三维游戏开发

——Unity引擎项目实践

韩红雷◎编著

电子工业出版社

Publishing House of Electronics Industry

北京·BEIJING

内容简介

本书通过一个游戏案例将 Unity 引擎的各个模块融会贯通，帮助读者掌握运用这些模块开发具体游戏项目的方法。全书将游戏案例制作分为角色动画、游戏场景、渲染、摄像机控制、人工智能、特效、游戏玩法、用户界面、音频和联网几部分，每部分都包含引擎技术的理论讲解及将其应用于案例的方法。另外，书中还涉及游戏策划、美术设计、游戏玩法系统等与游戏开发密切相关的内容。

本书可作为高等院校计算机、数字媒体、游戏开发等相关专业三维游戏设计课程的教材，也可供对游戏开发感兴趣的初学者参考。

图书在版编目（CIP）数据

三维游戏开发：Unity 引擎项目实践 / 韩红雷编著.

北京：电子工业出版社，2025. 8. -- ISBN 978-7-121

-50989-6

Ⅰ．TP317.6

中国国家版本馆 CIP 数据核字第 2025ZT9640 号

责任编辑：张　鑫　　文字编辑：徐　萍

印　　刷：三河市龙林印务有限公司

装　　订：三河市龙林印务有限公司

出版发行：电子工业出版社

　　　　　北京市海淀区万寿路 173 信箱　　邮编：100036

开　　本：787×1 092　1/16　印张：18　　字数：437 千字

版　　次：2025 年 8 月第 1 版

印　　次：2025 年 8 月第 1 次印刷

定　　价：69.00 元

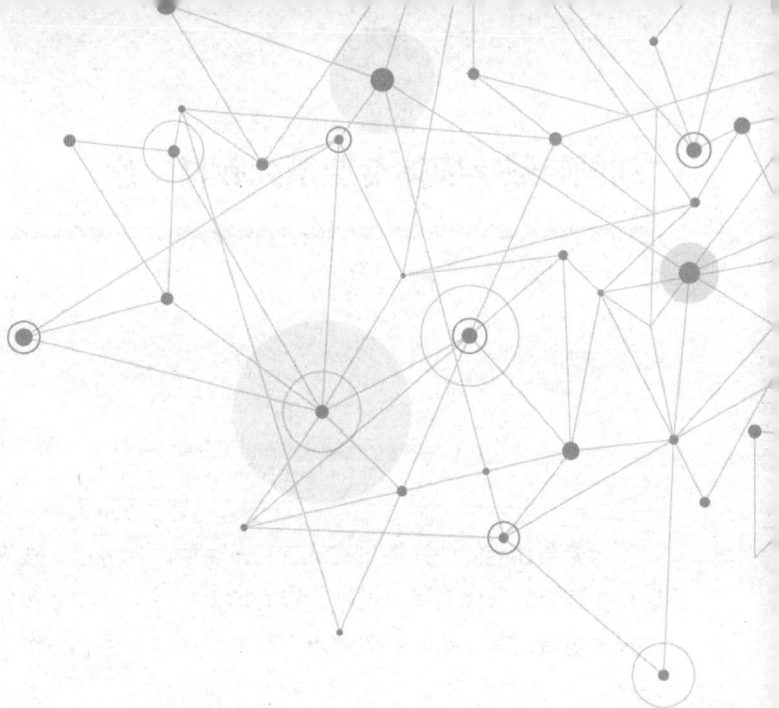

"动画与数字媒体专业系列教材"序

　　媒介与社会一体同构是眼下正在发生的时代进程，技术融合、人人融合、媒介与社会融合是这段进程中的新代名词。过往，媒介即讯息，媒介即载体。现今，媒介与社会一体同构，定义新的技术逻辑，确立新的价值基点，构建新的数字生态环境，也自然推动新的数字艺术与数字产业进化。

　　2016年，数字创意产业已经与新一代信息技术、高端制造、生物、绿色低碳一起，并列为国民经济的五大新领域，被纳入《"十三五"国家战略性新兴产业发展规划》中。2021年，《中华人民共和国国民经济和社会发展第十四个五年规划和2035年远景目标纲要》（简称《纲要》）用一整篇、四个章节、两个专栏的篇幅，围绕"数字经济重点产业""数字化应用场景"等内容，对我国今后15年的数字化发展进行了总体阐述，提出以数字化转型驱动生产方式、生活方式和治理方式的多维变革，来迎接数字时代的全面到来。此外，《纲要》中列举了数项与"数字艺术"相关的重点产业，并规划了"智能交通""智能制造""智慧教育""智慧医疗""智慧文旅""智慧家居"等与"数字艺术"相关的应用场景，这些具体内容的展望为"数字艺术"的教学、研究和实践应用提供了广袤的发展空间。

　　20世纪50年代，英国学者C. P. 斯诺注意到，科技与人文正被割裂为两种文化系统，科技和人文知识分子正在分化为两个言语不通、社会关怀和价值判断迥异的群体。于是，他提出了学术界著名的"两种文化"理论，即"科学文化"（Scientific Culture）和"人文文化"（Literary Culture）。斯诺希望通过科学和人文两个阵营之间的相互沟通，促成科技与人文的融合。半个多世纪后，我国许多领域还存在着"两种文化"相隔的局面。造成这种隔阂的深层原因或许有两点：一是缺乏中华优秀文化，特别是中国传统哲学思想的引导；二是盲目崇拜西方近代以来的思想和学说，片面追求西方"原子论—公理论"学术思想，致使"科学主义—技术理性"和"唯人主义"理念盛行。"科学主义—技术理性"主张实施力量化、控制化和预测化，服从于人类的"权力意志"。它使人们相信科学技术具有无限发展的可能性，可以解决一切人类遇到的发展问题，从而忽视了技术可能带来的负面影响。而"唯人主义"表面上将人置于某种"中心"的地位，依照人的要求来安排世界，最大限度地实现了人的自由。但事实上，恰恰是在人们强调人的自我塑造具有无限的可能性时，人割裂了自身与自然的相互依存关系，把自己凌驾于自然之上，这必然损害人与自然之间的和谐，并最终反过来损害人的自由发展。

　　当今世界，随着互联网、人工智能、大数据、新能源、新材料等技术在社会多个层面的广泛渗透，专业之间、学科之间的边界正在打破，科学、艺术与人文之间不断呈现出集成创新、融合发展的

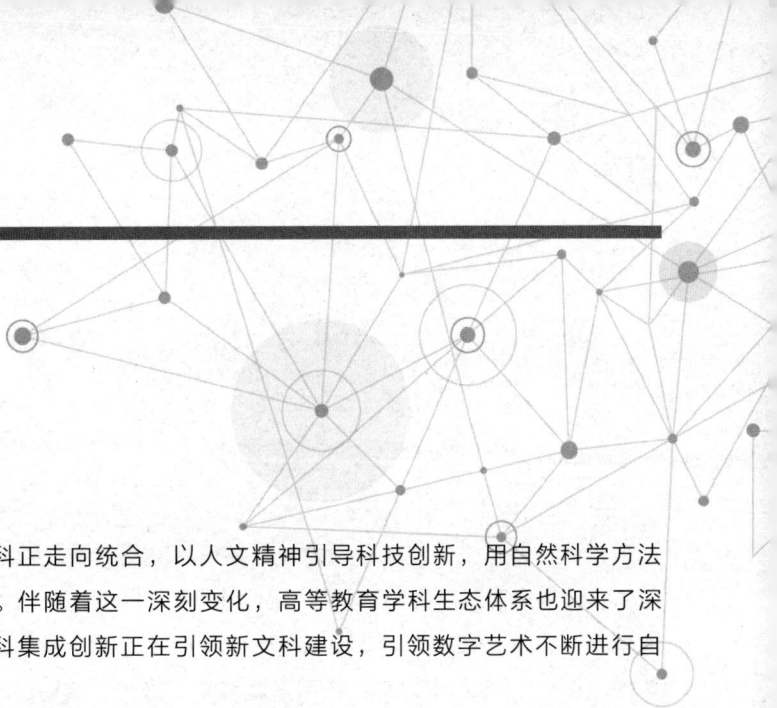

交叉化发展态势。自然科学与人文学科正走向统合，以人文精神引导科技创新，用自然科学方法解决人文社科的重大问题将成为常态。伴随着这一深刻变化，高等教育学科生态体系也迎来了深刻变革，"交叉学科"所带动的多学科集成创新正在引领新文科建设，引领数字艺术不断进行自身改革。

动画、数字媒体是体现科学与艺术深度融合特色的交叉学科专业群，主要跨越艺术学、工学、文学、交叉学科等学科门类，涉及的主干学科有戏剧与影视（1354）、美术与书法（1356）、设计（1357）、设计学（1403）、计算机科学与技术（0812）、软件工程（0835），并且同艺术学（1301）、音乐（1352）、舞蹈（1353）、信息与通信工程（0810）、新闻传播学（0503）等学科密切相关。它们以动画，漫画，数字内容创作、生产、传播、运营及相关支撑技术研发与应用为主要研究对象，不仅在推动技术与艺术融合、人机交互、现实与虚拟融合等方面具有重要作用，更在讲好中国故事、传播中国文化、构建人类命运共同体等方面扮演重要角色。

在新文科建设赋能学科融合的背景下，教育部高等学校动画、数字媒体专业教学指导委员会本着"人文为体、科技为用、艺术为法"的理念，积极探索人文与科技的交叉融合，让"人文"部分涵盖文明通识、中华文化与人文精神等；"科技"部分涵盖三维动画、人机交互、虚拟仿真、大数据等；"艺术"部分涵盖美学、视觉传达、交互设计与影像表达等。为了应对时代和媒介进化的挑战，教学指导委员会及国家社科基金艺术学重大项目"新时代中国动画艺术知识体系创新研究"项目组组织全国本专业领域的骨干教师编写了这套"动画与数字媒体专业系列教材"，希望结合《动画、数字媒体艺术、数字媒体技术专业教学质量国家标准》推动课程建设和专业建设，为这个专业群打造符合这个时代的高等教育"数字基座"，进一步深入推动动画和数字媒体专业教育的教学改革。

教育部高等学校动画、数字媒体专业教学指导委员会主任委员

中国传媒大学党委书记

廖祥忠

2024 年 1 月

前言

当代社会，电子游戏已成为大众娱乐和文化的重要组成部分。智能手机、平板电脑等移动设备为人们带来了便捷的游戏体验，而 VR 和 AR 等新兴技术也让玩家能够深入体验虚拟世界的丰富魅力。随着 AIGC（Artificial Intelligence Generated Content，生成式人工智能）的迅速崛起，AI 技术在游戏中的应用日趋成熟，进一步推动了游戏产业的创新，使其始终走在数字技术发展的前沿。

在游戏开发的过程中，游戏引擎是核心工具。当前，Unity 引擎凭借其强大的功能和广泛的应用范围，以及易于上手、功能全面且适用于多种平台的优势，成为众多游戏开发者的首选工具和理想工具。对计算机、数字媒体等相关专业的学生而言，掌握 Unity 技术不仅可以帮助培养职业技能，更可以拓展创作能力。近年来，随着学习 Unity 技术热潮的高涨，市面上涌现了大量相关书籍，旨在帮助学习者了解并掌握这门技术。然而，Unity 的学习并非易事，特别是对初学者而言，可能面临技术原理与实际应用脱节的难题。

传统的学习方式往往注重对各个技术模块的单独讲解，但实际的游戏开发要求学习者具备多方面的技能，包括游戏策划、程序编写、动画设计、场景构建等。因此，学习者可能会出现"眼高手低"的现象，也就是说，虽具备一定的理论知识，但在实践中往往难以全面应用。此外，也有部分学习者在上手之后"浅尝辄止"，未能深入理解 Unity 的核心功能与实现原理，这就难以完成更复杂的游戏项目。为了解决这些学习中的痛点，本书特别设计了一个完整的游戏案例"AnimarsCatcher"，将游戏开发的关键技术融入项目实践之中。读者不仅能够学习 Unity 的基本操作和核心技术，还能通过具体的案例将所学内容与实际应用结合起来，逐步完成从策划到开发的完整流程。

本书的教学方式力求在理论与实践之间找到一个平衡点。在讲解 Unity 技术的同时，围绕案例"AnimarsCatcher"，从游戏策划、玩法设计、引擎操作等多方面切入，深入讲解使用 Unity 进行三维游戏开发的方法。读者学完一章就完成了游戏的一个功能模块，还可以扫描书中的二维码，观看上机操作视频来辅助实践，由此逐步实现一个完整的游戏项目。本书还特别设计了配套的课后练习和作业，帮助读者在实践中加深理解，真正掌握 Unity 游戏开发的关键技能。读者可从华信教育资源网下载作业示例工程和上机源工程的配套资源文件。案例"AnimarsCatcher"是使用 Unity 2022.2.15f1 版本开发完成的，读者需确保使用的 Unity 版本不低于此版本。

在本书编写与案例开发过程中，承蒙众多同事、朋友鼎力相助，在此表示感谢。同时，由衷感谢参与本书教学设计、案例开发及视频拍摄的同学们，正是他们的辛勤付出，才让本书内容充实且实用。特别感谢新疆医科大学第一附属医院副院长赵文教授提供科研项目合作机会，感谢中国传媒大学贺小飞老师、王芯蕊老师、王晓茹老师的专业指导。感谢中国传媒大学动画与数字艺术学院教学督导专家李献文教授在工作上的鼓励和生活上的关心。

参与本书教学内容设计的同学有高越、林红雨、李若菡、汪洋、周威、谢少游、刘宇昊、邹瑞祺、窦奇峰等。其中，高越参与了项目策划，李若菡负责了游戏美术设计，高越、李若菡、窦奇峰参与了上机课程的设计。胡旭蕊、刘峻汝、张悦同学参与了审校。在视频剪辑等方面，柳依然、韩羽纯、张雨萌、牟华静同学做出了贡献。在配套课件的制作过程中，得到了以下人员的帮助：王雷、陈京炜、崔蕴鹏、付李琢、丁永军、刘玥、乔利娟、韩朝阳、贾云鹏、丁海龙、杨思博。

感谢中国传媒大学本科生院、中国传媒大学实验室与设备管理处、中国传媒大学动画与数字艺术学院为本书的顺利完成提供了有力支持。

尽管在编写过程中尽力做到精确和翔实，但由于编写时间仓促，加之能力所限，书中难免存在不足之处，诚挚希望读者朋友批评指正（作者邮箱：hanhonglei@cuc.edu.cn）。

目录

CONTENTS

第 1 章

概述

在游戏开发的领域中，Unity 引擎以其强大的功能和灵活性，成为许多开发者的首选工具。与传统的教学方式不同，本书旨在通过一个完整的游戏案例"AnimarsCatcher"，将各个功能模块融入具体的项目开发中，使读者能够在实践中开展学习。

本章首先介绍本书的这一特点，之后将围绕"AnimarsCatcher"这一案例，分析游戏开发的典型流程，并讨论如何策划一款游戏。最后将介绍游戏引擎，并带着读者为学习本书和开发"AnimarsCatcher"准备好 Unity 引擎。

【视频 1-1】课程 demo 最终效果

1.1 本书内容

1.1.1 本书特色

本书详细介绍如何利用 Unity 引擎进行游戏开发。以"AnimarsCatcher"游戏项目为案例，本书涵盖场景构建、动画设计、渲染技术、摄像机控制、人工智能、特效实现、用户界面设计、音频处理及网络功能等多个方面的游戏引擎原理及其在游戏开发中的应用。此外，本书还重点介绍了以脚本编写方式实现游戏玩法系统的方法。

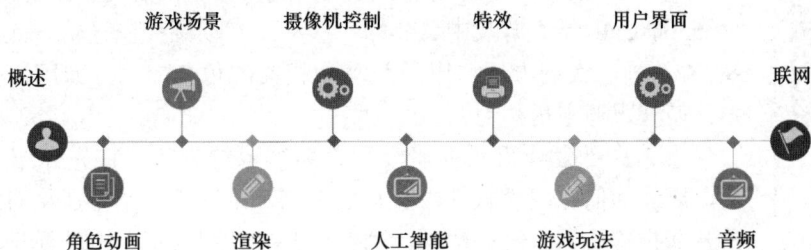

本书的独特之处在于，它不是分开介绍游戏引擎的各个功能模块，而是将这些模块综合运用于具体的游戏项目开发中，让读者能够通过实践学习如何使用这些模块。因此，本书内容不局限于技术层面，还包括游戏策划、美术设计和玩法系统的相关知识。

为了激发读者的学习兴趣，本书每一章的内容都会引导读者完成"AnimarsCatcher"游戏的基础或部分功能的开发。更进一步的游戏内容将以课后作业的形式呈现，鼓励读者在掌握每章内容后，独立完成更复杂的游戏功能开发。

跟随本书的指导进行项目实践，读者将能够开发出游戏的基础版本。若能完成所有的课后作业，读者将可以开发一个完整的、功能更为丰富的游戏项目。

1.1.2　本书大纲

第 1 章沿着从游戏策划、玩法概念到游戏引擎基础知识的脉络出发，帮助读者理解游戏从构思到开发完成的整个过程。本书旨在培养读者良好的游戏设计理念、版本管理能力及对项目整体把握的能力，并希望读者能在游戏设计与开发的旅程中变得更加规范、高效。

第 2 章是动画系统，主要介绍游戏中的角色动画，包括实现"AnimarsCatcher"游戏中 Ani 的一些动画及动画控制逻辑。此外，还会涉及 IK 动画的实现方法，以及与动画相关的角色控制，如用鼠标圈定一群角色使其跟随主角移动。

【视频 1-1-1】
动画系统演示

第 2 章还会介绍三维建模和骨骼绑定的内容。首先介绍一些建模原理，以及如何在建模软件中进行简单的三维建模。本章还将对游戏中的主角智能指挥机器人进行建模，这种由基础几何图形组成的模型非常适合入门者学习。然后会进行骨骼绑定，这个过程可以在 Mixamo 网站上进行，无须下载额外的软件。

如果读者对建模和骨骼绑定不感兴趣或暂时没有学习的需求，也可以直接使用本书已经准备好的模型，这些模型已经预先绑定好骨骼。

第 3 章是游戏场景，本章将搭建一个具有丰富自然外观的游戏场景，其中包括地形、花草树木、天空盒等。在此基础上，还会实现太阳运动动画，为游戏加载昼夜变化的效果和场景动画，使游戏场景更加生动。

第 4 章将深入探讨渲染系统，它是三维游戏中最重要的一环，直接决定了游戏画面的呈现效果。很多商业游戏因为画面效果美轮美奂而备受赞誉，但是有些游戏由于渲染优化

不足，导致卡顿、掉帧、画面模糊，从而使得游戏体验感大打折扣。

第 4 章还将介绍一些渲染系统的基础理论知识，包括实时阴影、材质、各种灯光、Unity 的全局光照明系统和光照探针等。请注意，本书主要围绕引擎的通用渲染管线（Universal Render Pipeline）进行介绍，不会涉及光线追踪等高级渲染知识。在上机实践中，本书会介绍如何烘焙场景、调整阴影的质量，并使用光照探针来提高渲染质量。

Unity 具备强大的实时渲染功能，甚至可以用来进行高质量引擎动画的渲染，代替传统的离线动画制作方式。

在第 5 章摄像机控制中，将重点介绍常见的摄像机控制技术，并带领读者学习使用 Unity 中的一个重要插件——Cinemachine。

利用插件 Cinemachine，我们可以非常方便地实现对游戏视角的灵活控制，而不用编写太多代码。视频 1-1-4 就是在"AnimarsCatcher"游戏中使用这个插件制作的开场动画。

【视频 1-1-2】
开场动画

第 6 章是人工智能。人工智能在现在的游戏开发中被广泛使用，其中最常见的是有限状态机、行为树（Behavior Tree）等。近年来，机器学习在各种领域应用广泛，Unity 也发布了自己的机器学习技术案例——ML-Agents，感兴趣的读者可以关注一下。在本章中，我将带领你学习如何编写一个有限状态机，用于控制角色的 AI 行为。

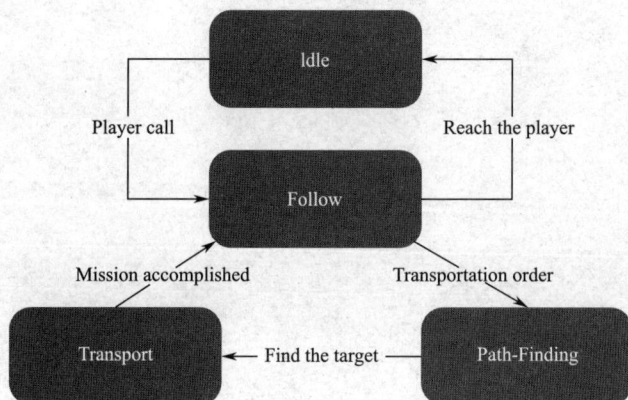

在第 7 章特效中，我们将探讨粒子系统、后处理特效及着色器的制作。我将带领你在 Unity 中实现 Ani 发射激光枪的粒子系统效果，同时使用后处理效果和着色器提升游戏的表现力。

第 8 章游戏玩法，会介绍如何开发一个完整的游戏玩法系统，其中包括地图资源的配置和读取、存档和读档系统、计时器等模块的开发。在本章结束后，你将学会自己使用脚本实现常见的游戏玩法。

```
C# TimeManager.cs ×
6      /// <summary>
7      /// 计时器系统
8      /// </summary>
       1 asset usage  5 usages  yuesir  2 exposing APIs
9      public class TimeManager : MonoBehaviour
10     {
          Frequently called  5 usages
11         public static TimeManager Instance { get; private set; }
12
13         private Timer timer;
          Event function  yuesir
14         private void Awake()
15         {
16             Instance = this;
17             DontDestroyOnLoad(target: this);
18         }
19
          Frequently called  1 usage  yuesir
20         public void StartTimer(float second,Action action)
21         {
22             timer = new Timer(second);
23             timer.tickEvent += action;
24             timer.StartTimer();
25         }
26
          Event function  yuesir
27         private void Update()
28         {
29             if(timer!=null)
30                 timer.UpdateTimer(Time.deltaTime);
31         }
32
          Frequently called  2 usages  yuesir
33         public float GetRemainTime()
34         {
35             return timer.GetRemainTime();
```

在第 9 章用户界面（UI）中，将介绍有关 UI 的基础知识，学习如何在 Unity 中使用 UGUI 实现游戏界面制作，并实现游戏中的小地图效果。为了丰富界面的动画效果，还将介绍 Dotween 插件的使用方法。

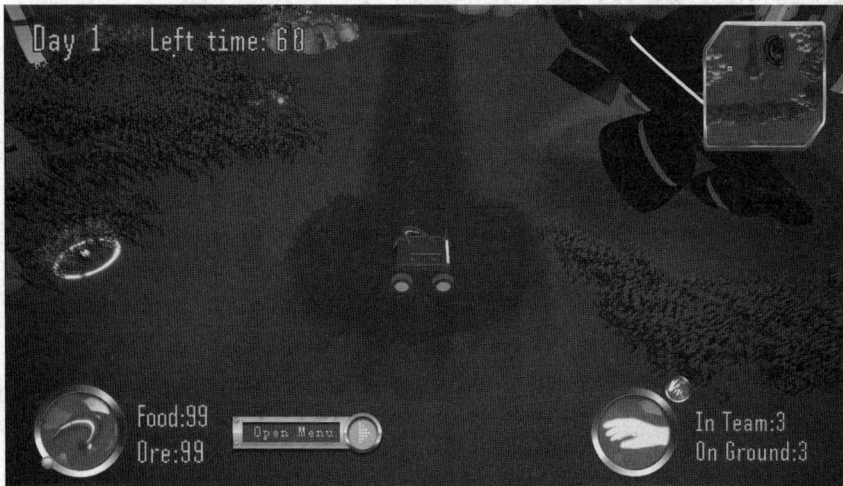

第 10 章音频，将介绍游戏中音频的基础内容以及如何在 Unity 中实践。还会带着你实现一些常见的音频效果，如三维环境音，还会介绍如何加入背景音乐 BGM，如何使用混音器进行简单的音频管理。如果你对音乐有兴趣，可以自己创作或下载一些音频素材，并将其加入游戏中，这将为游戏增色不少。但是，如果要发布游戏，还需要注意音频资源的版权问题。

第 11 章，也是本书的最后一章，将探讨联网系统，讲解计算机网络的基本原理，并通过使用 Unity 的联网模块来实现一个简单的联网游戏 demo。如今的游戏，几乎都具备联网功能，特别是对于大规模多人在线游戏而言，需要保证联网的稳定性，这就需要进行大量的网络传输优化设计。通过学习本章，你将能够实现局域网或广域网的联机功能，为你的游戏增添更多的乐趣。

1.2 游戏开发流程

1.2.1 游戏解构

在了解游戏开发流程之前，我们需要先了解游戏由哪些要素构成。在实际的开发工作中，可以将游戏分为代码、美术、世界观、系统、关卡、音乐等多个模块，并根据这些模块来组建团队成员。

近年来，为适应游戏产业的迅猛发展和优化游戏开发流程，众多开发者开始采纳新型游戏模型来深入分析游戏的构成元素。例如，MDA（机制-动态-美学）模型便是将游戏划分为机制（Mechanics）、动态（Dynamics）及美学（Aesthetics）三个维度。尽管 MDA 模型的概念较为抽象，然而，我们可以将其简化为：机制即游戏的规则体系；动态为规则体系交互下产生的游戏行为；美学则是玩家通过游戏体验获得的情感和审美享受。

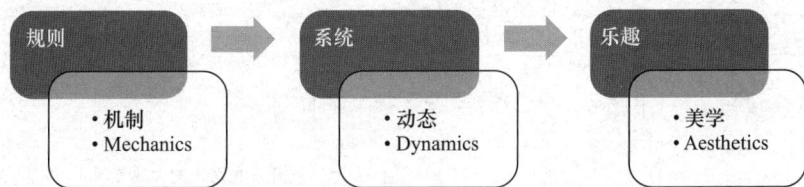

具体而言，机制指的是游戏设计师可直接操控的元素，如特定的组件、算法及数据结构；动态则描述了由机制互动产生的游戏行为模式；而美学则关乎游戏旨在引发的玩家情感反馈或既定的审美效果。在现代游戏设计实践中，美学往往被视为玩家游戏体验的同义词。

在机制与动态这两个元素间，界限可能略显模糊。例如，在纸牌游戏中，机制可能包括洗牌、出牌和赌注等基本规则，这些规则又衍生出如虚张声势等动态行为；在射击游戏中，机制可能涵盖武器、弹药和出生点等要素，从而产生如蹲守和狙击等玩家行为；而在高尔夫游戏中，机制可能包含球、球杆和各种场地障碍，这些又可能导致如球杆折断或球落水等动态情况。这些例子说明，机制构成了游戏的基础规则，是游戏能够称为游戏的前提；

而动态是玩家在遵循这些机制进行游戏时所展现出的行为。机制与动态之间存在一种一对多的关系，少数的机制就能催生出丰富多彩的动态行为。

动态是设计者与玩家之间的沟通桥梁，通过动态，玩家得以体验设计者借助机制所期望传达的游戏体验；反之，设计者亦可通过观察动态来获得玩家体验的反馈，进而调整游戏机制。

美学则关注游戏所希望引发的玩家情感反馈，是游戏设计的关键要素。在实际的游戏设计过程中，美学的范畴极为广泛，玩家在游戏中的一切体验均可视为美学的组成部分，因此通常使用"体验"来描述此要素。例如，游戏的视觉表现便是最直观的美学元素之一，许多玩家能够通过游戏画面获得对游戏背景、世界观或故事的初步理解。随着游戏进程的推进，更多美学要素，如剧情等也会逐渐浮现。游戏中的各种元素，包括画面、音乐、故事和战斗等，均可作为表达美学的工具。然而，作为游戏开发者，关键在于灵活运用这些艺术元素，同时最大限度地发挥游戏作为独特媒介的互动性优势，这正是游戏区别于其他媒介的核心所在。

除 MDA 模型外，还有多个其他广受认可的游戏模型，如基于 MDA 发展的 DPE（设计–游玩–体验）模型，以及在《游戏设计艺术》[Jesse Schell（杰西·谢尔）主编]一书中提出的元素四分法模型等。这些模型被学术界和产业界广泛采用，许多游戏公司和开发团队都根据类似的模型来规划他们的游戏开发过程。这些模型对我们深入分析游戏结构、快速高效地进行游戏开发均有重要价值。

1.2.2 开发流程

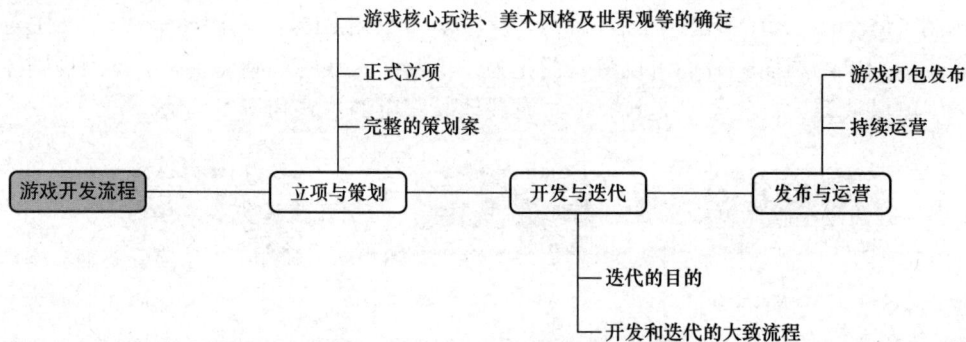

1．立项与策划

立项与策划构成游戏开发的初阶段，在此阶段，首要任务是对游戏的核心玩法进行验证。制作团队可以通过制作一个简易的演示版来核实游戏的核心玩法。在正式进入立项和开发阶段之前，核心玩法的确认至关重要，而且在这一阶段并不需要大量的美术资源参与，仅需展现出游戏的基本玩法即可。这种演示版不仅有助于开发团队内部达成一致，还能有效地展示游戏的特色，从而促进管理层做出立项决策。

目前，许多游戏引擎均支持快速开发，借助游戏引擎提供的素材和基础架构，开发团队可以迅速构建出游戏原型。在核心玩法得到验证后，便可进一步明确游戏的美术风格、世界观、背景设定、角色构思等元素。随后，在正式立项之后，开发团队应编写一份详尽的策划案，以此为依据，各职能部门协同工作，共同推进游戏开发进程。

2. 开发与迭代

前面介绍的 MDA 开发模型有助于我们了解游戏的开发和迭代过程。

在这个模型中，游戏开发团队的工作流程是沿着机制（Mechanics）到动态（Dynamics），再到美学（Aesthetics）的方向进行的，即从左至右。游戏设计师能直接操作的是游戏的底层系统，他们设计这些系统以预期玩家在与之交互时产生一系列特定的行为（即动态），并由此引发特定的美学体验。相反，玩家在游戏体验中的方向是从右至左的，他们首先接触并被游戏的艺术风格和美学吸引，这通常体现在游戏的视觉效果和氛围中。随后，玩家通过一系列动态行为，进一步深化这种体验。只有少数高级玩家可能会通过分析或解包来研究游戏的底层系统。重要的是，大多数玩家并不关心游戏的算法如何实现，代码的优雅程度，或使用的是什么高端技术，他们真正关心的是游戏是否足够有趣。

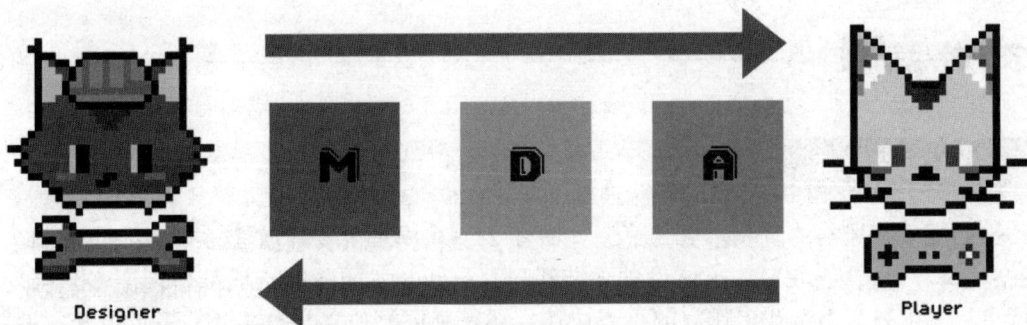

Designer   Player

在开发过程中，设计"机制"是开发者能直接控制的唯一部分，而"动态"和"美学"则基于开发者的预设。开发团队通过不断的迭代测试，扮演玩家角色与机制进行交互，尝试引发尽可能多的动态行为。接着，开发团队会移除不希望出现的效果，并保留希望出现的效果，以引导玩家体验到开发者所期望的情感。开发和迭代过程是一个不断尝试让玩家体验接近预期情感反馈的过程。这一部分通常是游戏开发中最耗时、工作量最大且最关键的环节。

迭代是软件开发领域的一个核心概念，游戏开发亦然。软件和游戏的更新版本通常标识为 v0.1、v0.2，直至 v1.0、v2.0 等，表明了版本的迭代进程。以 Unity 为例，该平台具有详尽的版本管理系统。它曾经一度使用年度为版本标签，比如本书开发所使用的 Unity 2022.2.15f1。目前 Unity 又修改为数字系列版本，本书成稿的时候，Unity 发布的版本是 6。版本的普遍使用背后有其深刻的意义：每个版本都代表了一次成果的展示和一个阶段性目标的实现，值得开发团队庆祝。每个新版本都应比前一个版本更接近最终的开发目标，但同时应避免设置过于宏大的目标，以免长时间未完成的版本给团队成员带来压力，动摇其开发信心。

3. 发布与运营

在开发和测试完成后，游戏准备进入发布阶段，这时将游戏推向各个游戏平台成为关键任务。发布前，应确保游戏不存在严重的技术问题，并且避免有损玩家体验的设计缺陷。

对于单机游戏，运营成本相对较低。而网络游戏的运营可能需要持续数年，这就要求有一个周密的运营计划。该计划应涵盖多种活动，如奖励投放、任务发布、新角色推出及节日特别活动等。对于竞技类游戏，维持和调整游戏的平衡性是运营中的关键部分，这对玩家的长期参与和游戏的持续热度至关重要。

独立游戏开发者和小型开发团队面临的挑战在于，他们需要通过独特而精致的游戏设计，打造出具有市场竞争力的游戏产品。在游戏发布和运营方面，他们有多种选择：一是自行负责游戏的推广和运营；二是与专业的游戏发行和运营公司合作，借助他们的资源和经验来推广游戏。合作伙伴的选择非常关键，因为他们不仅可以帮助开发者拓宽市场，还能提供专业的运营支持，从而提高游戏的市场影响力和收益潜力。

总之，在游戏开发完成后，成功的发布和运营是确保游戏生命周期持久的关键。这需要开发者在技术保障、市场定位、合作伙伴选择等多方面进行精心规划和实施。

1.3　游戏策划

1.3.1　开发分工

不同规模与风格的游戏，从《荒野大镖客 2》《赛博朋克 2077》这类大型 3A 巨制，到《疑案追声》《太吾绘卷》等小体量独立游戏，其游戏开发团队的构成都呈现出多元且复杂的特点。无论是大型游戏工作室的百人协作，还是小规模独立开发团队的精英组合，策划、技术和美术人员始终是项目成功的核心力量。

策划团队负责构思游戏的整体概念、玩法机制和故事情节，这个团队中可能包含专门的文案策划、数值策划、关卡策划、战斗策划和技术策划等角色。文案策划关注游戏故事和角色对话的编写；数值策划设定游戏内的数值系统，如角色属性、经济系统等；关卡策划设计游戏的关卡布局和挑战；战斗策划负责设计游戏的战斗机制和敌人 AI；技术策划则桥接策划和技术开发，确保游戏设计的可行性和技术实现。

技术团队涉及游戏的程序开发，包括客户端和服务器端的开发、引擎开发及技术美术等。客户端开发关注游戏的前端表现，如用户界面和交互逻辑；服务器端开发则负责游戏的后台逻辑和网络通信。技术美术则是连接技术与美术的桥梁，确保美术资源的优化和实现效果。

美术团队负责游戏的视觉风格和艺术表达，从游戏原画、建模、动画到特效设计，每一个环节都对游戏的最终呈现至关重要。游戏原画定义了游戏的视觉风格和环境概念；建模将这些概念转化为三维模型；动画则赋予角色和物体生命；特效设计增强了游戏的视觉冲击力和沉浸感。

此外，根据游戏类型的不同，还可能需要编剧来撰写引人入胜的故事线，音效师和音乐师来创作适合游戏氛围的声音和音乐，以及配音演员来为角色赋予独特的声音。这些团队成员共同协作，使游戏项目从概念走向实现，最终呈现给玩家。在游戏开发的过程中，团队成员间的协作和沟通至关重要，应确保每个环节都能无缝对接，共同创作出引人入胜的游戏作品。

1.3.2 游戏策划的职责

在游戏开发的过程中，策划扮演着非常重要的角色，他们不仅定义了游戏的核心玩法，还持续为玩家提供有趣的选择来维持其兴趣。正如《文明》系列的设计师席德·梅尔所言，"游戏是一系列有意义的选择。"这句话深刻地揭示了游戏策划的本质——创造一个环境，让玩家能够在其中做出选择，并通过这些选择来体验游戏。

策划一个游戏，首先要明确游戏的核心目标，这可能是完成游戏的通关，也可能是像在某些生存游戏中那样，持续生存下去。接着，策划人员需要设计游戏规则，这些规则既包括游戏世界的基本法则，如重力设定、出生点、存档点等，也包括具体的游戏玩法规则，如轮番出牌的规则、元素交互和物品收集等玩法。

游戏规则的设计需要深思熟虑，它们不仅要允许玩家在游戏世界中自由探索，还要提供足够的挑战，让玩家的选择充满意义。这些规则和目标是游戏玩法的基石，构成了玩家在游戏中进行互动的框架。通过精心设计的规则和目标，游戏策划可以创造出令人沉浸的游戏体验，让玩家在每次游玩中都能发现新的乐趣。

在开发"AnimarsCatcher"游戏时，考虑到游戏策划的多重角色，你需要从玩家的角度出发，思考什么样的玩法能够持续吸引他们，什么样的目标能让他们有持续玩下去的动力。设计时还要确保游戏的规则既清晰又有深度，既能迅速上手又能长期投入。通过不断试验和调整，找到那个能够引起玩家共鸣的游戏核心，这将是你在游戏开发旅途中的关键任务。

1.3.3 AnimarsCatcher 游戏策划

1. 游戏背景

本游戏的创意源自于本书作者所在的中国传媒大学动画与数字艺术学院的吉祥物 Ani。我们将吉祥物和学院的其他元素进行创意扩展，开发了这款游戏 demo。本书会带着你学习开发这个体量的游戏所需的所有技能。只需跟随本书进行学习，就可以自己开发出这款游戏的基础版本。如果完成所有作业，还可以开发出更加炫酷的完整版本。

"AnimarsCatcher"的游戏场景设定为带有异世界特点的 low-poly 风格。

在一个被称为"动画星"Animatrix 的星球上，人类和 Ani 共同生活，建立了繁荣的文明。他们共同劳作，建设星球，发展科技，建造了星际飞船。

在一次执行外星勘测任务返程的途中，飞船被陨石击中，迫降在一个荒无人烟的星球上。飞船船长——飞船上唯一的人类也昏迷不醒，Ani 们看着昏迷的人类朋友，不知道该如何是好。

幸运的是，高度智能的机器人可以运行。机器人启动了飞船上的自动检测系统，虽然可以修复飞船，但必须等待人类醒来，否则无法进行操作。

机器人和 Ani 们走下飞船，一边寻找食物以维持生存，一边寻求唤醒人类的方法。

在游戏策划过程中，通常会由策划人员找一些相似游戏竞品的设定图作为参考，绘制草图提供给美术人员，然后团队内的美术人员根据指定的风格和要求绘制一些世界观、人物、道具。

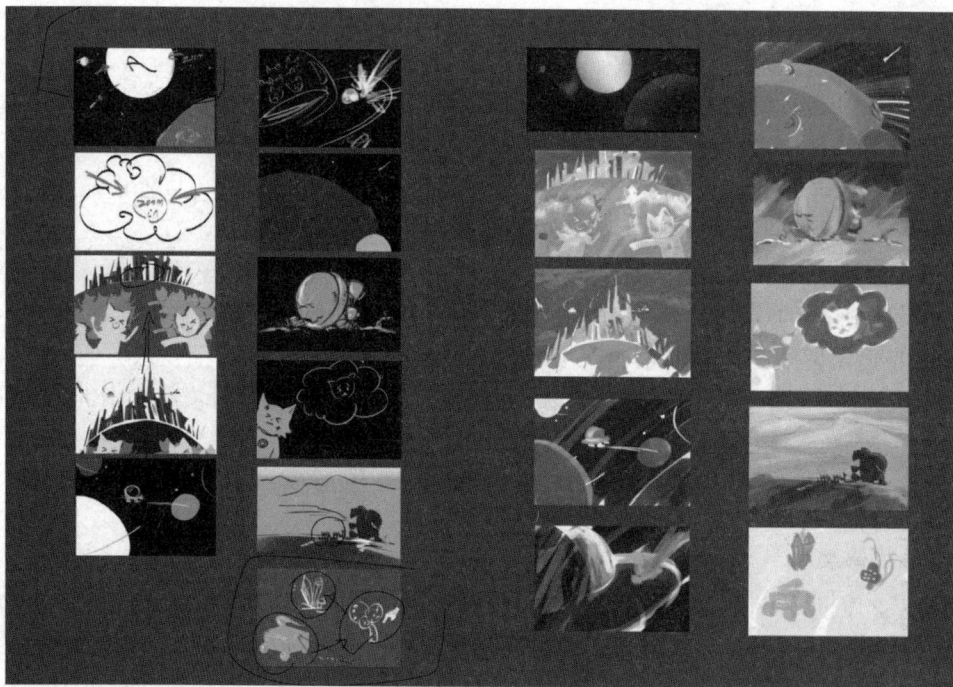

结合前面提到的 MDA 理论，可以发现本游戏的策划是从 MDA 中的"A"（美学）开始的，即先设计游戏最终要表达的美学要素。许多设计者都会采用先确定美学要素的方法来开始游戏设计，因为游戏之所以能成为一种艺术形式、一种表达观点的媒介，关键就在于美学要素。如果从一个天马行空的游戏机制开始设计，当然也是可以的，不过后续仍需要逐步加入游戏需要传达的一些内容。

2. 游戏角色设定

本游戏中有三个主要的角色，分别如下。

（1）智能指挥机器人：玩家所扮演的角色，视角为上帝视角，负责控制其他角色并对他们下达指令。

（2）采集者 Ani：有多种类型，分别负责收集陆地、水中或沼泽中的资源。

（3）爆破者 Ani：负责炸毁坚硬的山洞、打通地形，装备是激光枪。

除角色外，游戏中还有武器、装备、飞船、矿物、食品等物品，这些都需要进行设计并建模。

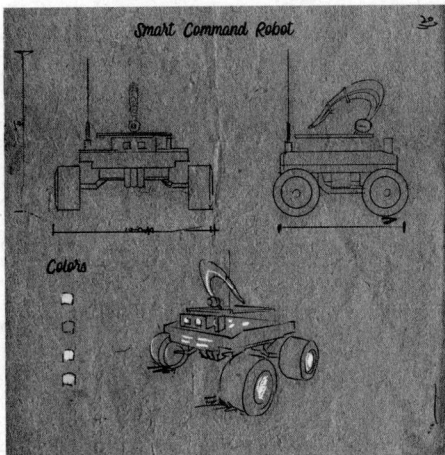

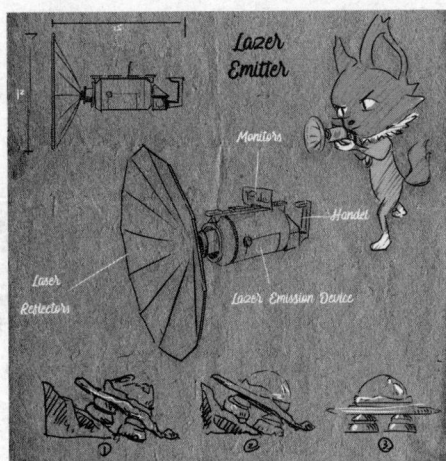

3. 游戏核心玩法

游戏世界中的一天实际是现实世界的 60 秒，在这段时间内，玩家可以使用键盘上的 WASD 键来控制智能指挥机器人在场景中自由移动。按鼠标右键可以圈定并控制 Ani，按左键可以指挥 Ani 执行各种行动，包括收集资源、破坏地形障碍和摧毁矿石等。一天结束后，玩家可以根据已经采集的资源为第二天分配更多的 Ani。地图上每天会生成许多资源，有些资源还可能带来修复飞船的线索，当所有线索被收集齐全后，智能指挥机器人和 Ani 就可以修复飞船，唤醒昏迷的船长并回到"动画星"Animatrix。

在本书的每章内容中，我们都会为这个游戏添加特定的功能。通过学习，你可以实现游戏的基本版，而完成每章的作业则可以让你实现更加丰富的完整版游戏，其中包含更多功能和精彩的细节，使游戏更加吸引人。

设计游戏的核心玩法，就是设计游戏 MDA 中 "M"（机制）和 "D"（动态）的过程。机制和动态之间存在紧密联系。作为设计者，最基本的工作是设计游戏的机制。在 "AnimarsCatcher" 游戏中，机制和规则包括：玩家可以对 Ani 下指令，采集者 Ani 可以搬运各种水果和矿石，爆破者 Ani 可以破坏障碍，游戏的一天有 60 秒的限时，玩家和 Ani 的移动速度可以变化等。通过试玩游戏，我们能够预测玩家的动态行为，如玩家阅读游戏说明，明白自己需要采集资源，并且发现了一些 Ani，按下鼠标右键来控制它们。游戏测试的目的是测试各种动态行为，发现并修改破坏玩家体验的部分，以提高游戏的沉浸感和体验感。例如，我们在自己试玩游戏的过程中发现，小车可以开出地图外，我们对这个问题进行了修复。

1.4　游戏引擎简介

1.4.1　游戏引擎的功能

如前所述，完成游戏的立项和策划后，接下来的步骤是开发和迭代，直至成品发布并进入后续运营阶段。在了解 "AnimarsCatcher" 游戏的基本策划后，下一步是利用游戏引擎这一工具进行开发，以制作出可供玩家体验的可运行游戏。当前，利用游戏引擎开发是最常见的游戏开发方式。

【视频 1-4-1】
游戏引擎介绍

顾名思义，游戏引擎的作用可以类比赛车的发动机，发动机是赛车的核心，决定着车辆的性能和稳定性，驱动赛车前进。赛车的速度和操控性能等指标均基于强大的发动机。游戏也是如此，游戏引擎负责直接控制玩家所体验到的剧情、关卡、美术、音乐和操作等内容。它就如同赛车的发动机，将游戏中的所有元素整合在一起，指挥它们有序地运作。简而言之，游戏引擎是一个主程序，负责管理游戏的所有功能，从加载图像、模型，到计算碰撞、物体位置，再到播放音效、接收玩家输入，最终高效、准确地将游戏内容呈现在屏幕上。

游戏引擎旨在帮助开发者快速开发游戏，预先实现了一些基本的游戏功能。通过使用游戏引擎，开发者可以专注于创作独特的游戏内容，而不需要从头开始处理游戏的技术细节。游戏引擎在游戏开发中扮演着中心角色，配合独特的游戏资源，能够加速游戏从概念到成品的开发过程。

1.4.2 游戏引擎的发展历史

早期，电子游戏的开发周期通常长达 8 ~ 10 个月，这一方面受到了技术水平的限制，另一方面也因为几乎每款游戏都需要从零开始编写代码，导致了大量重复劳动。为了节约时间和成本，有经验的开发者开始复用已有的、主题相似的游戏代码作为新游戏的基础框架，这种做法逐渐演变成了游戏引擎的初步形态。

每个游戏都包含一定量的底层功能实现代码，而这些代码可以较为容易地在其他类似的游戏开发中得到复用。因此，从代码复用的角度出发，可以认为每款游戏都是基于某种游戏引擎（即底层功能实现代码）来开发的。有些游戏引擎仅在特定公司内部使用，有些则因其强大的通用性和广泛的适用性而具有较长的生命周期，被广泛应用于其他公司的游戏开发项目中。

游戏引擎的主要发展动力来源于三维游戏，特别是第一人称射击（FPS）游戏。与此相比，其他类型的游戏如体育模拟、飞行模拟和即时策略游戏等，由于其独特的特性，难以与之类比，因而对引擎技术的整体发展贡献较小。此外，FPS 游戏等三维动作类游戏通常节奏很快，对游戏的帧率和图像质量有较高要求。玩家对游戏品质的高期望与有限的硬件性能之间的矛盾，迫使游戏开发行业亟需专业的游戏引擎技术开发公司，以不断推出能在现有硬件条件下顺畅运行这类游戏的先进游戏引擎技术。

id Software 公司发布的游戏"DOOM"开创了 FPS 游戏这一类别，并促进了许多类似游戏的出现。

Doom 引擎被认为是第一个进行授权的游戏引擎。Raven Software 使用了经过改进的 Doom 引擎来开发"Shadow Caster"，这标志着数字游戏历史上第一个成功的引擎授权案例。Raven Software 与 id Software 之间的合作展示了引擎授权对于引擎使用者和开发者双方的巨大好处。引擎的广泛使用有助于其持续的成熟和改进。

同时期的 Quake 引擎则被视为第一个真正的 3D 引擎，它全面支持多边形模型、动画和粒子特效，与之前的 Doom 和 Build 等 2.5D 引擎相比，Quake 引擎在技术上有了显著进步。Quake 引擎还推动了多人在线游戏的发展，对电子竞技行业产生了重要影响。

之后，id Software 公司发布了"Quake II"，巩固了其在三维游戏引擎市场上的领导地位。"Quake II"采用了全新的引擎设计，更好地利用了 3D 加速技术和 OpenGL，使得在图形表现和网络功能上相较于前作有了显著提升。

与此同时，Epic Megagames 公司（即现在的 Epic Games）推出了"Unreal"，在游戏画面效果方面，它无疑是当时最顶尖的作品之一。Unreal Engine 成为广泛使用的游戏引擎之一，仅在推出后的两年内，就已经有 18 款游戏与 Epic Games 签订了授权协议。这款与"Quake II"同期的引擎，通过不断更新迭代，至今依旧在游戏市场上保持着活跃的状态，表现出了非凡的持久力。

进入 21 世纪，随着 3D 渲染技术和硬件技术的快速进步，游戏引擎行业迎来了蓬勃发展的时期。多种新的游戏引擎相继出现，如 Unreal Engine、CryEngine、Godot、Unity、Cocos、Laya、Roblox 等，其中 Unity 和 Unreal Engine 成为目前最常用的两个商业游戏引擎。除了这些商业闭源的游戏引擎，还有许多开源游戏引擎，如 Crystal Space、Irrlicht、Panda3D、OGRE 等。此外，市场上还出现了许多专注于特定游戏开发领域的中间件，如物理引擎 PhysX、Havok，以及用于植被渲染的 SpeedTree、语音通信的 Vivox 等。这些工具和技术的发展，为游戏制作提供了更加丰富和高效的支持。

1.4.3 主流游戏引擎及其特点

现代游戏引擎集成了越来越多的功能，提供一站式的游戏开发服务。数字虚拟人、虚拟现实和混合现实开发、数字孪生、人工智能都逐渐集成进游戏引擎中。

特别是像 Unreal Engine 和 Unity 这样的大型游戏引擎，它们已经能够集成 VR、AR、实时影片创作、建筑可视化、动画制作等多种功能。这意味着游戏引擎的应用领域已经远远超出了传统游戏开发的范畴，正向着构建未来"元宇宙"引擎的方向发展。

尽管市场上存在众多不同的游戏引擎，但它们底层的原理和设计思想有很多相似之处。这有点像编程语言的世界，一旦你掌握了一种编程语言如 C#，你就会发现自己能够更快地学习和适应其他编程语言，如 Java 或 Python。

本书以 Unity 引擎为教学工具，通过开发"AnimarsCatcher"游戏来引导读者学习。通过学习本书，你不仅能够掌握使用 Unity 进行三维游戏开发的技能，这些技能还将为你未来学习和使用其他游戏引擎打下坚实的基础。

1.5 Unity 游戏引擎简介

1.5.1 特点

Unity 游戏引擎以其灵活的编辑器、用户友好的开发环境和丰富的工具套件而著名，使其成为快速开发和验证游戏原型的理想选择。Unity 的资源商店提供了广泛的资源和开发工具，使开发者能够通过不断的实践和总结，找到最适合自己项目需求的开发工具，从而提升开发效率。

Unity 中采用 C# 作为脚本编程语言。C# 是一种由微软公司开发的面向对象的高级编程语言，它在 .NET Framework 和跨平台的 .NET Core 环境中运行。C# 作为一种易于学习的脚本语言，可以方便地帮助开发者入门编程。

Unity 官方对引擎的更新和迭代非常频繁，不断引入新功能和内容，例如，可视化的 Shader 编辑器 ShaderGraph、Visual Effect 图形特效系统、UI Toolkit 界面开发工具包，以及 ML-Agents 机器学习套件等。这些更新确保 Unity 能够满足各类开发者的需求，无论是游戏开发人员、技术美术师、模型设计师，还是动画师，都能够利用 Unity 引擎的强大功能快速开始他们的项目。

1.5.2 下载安装

在 Unity 官方网站上，你可以找到所有版本的 Unity 下载选项。个人版 Unity 是免费提供的，对于那些进行游戏引擎学习或者非商业游戏项目开发的人来说，这足以满足大部分需求。本书采用了 Unity 目前最新的版本（2022.2.15f1）进行教学，以确保读者能够接触到最前沿的游戏开发技术。

在游戏开发过程中，你既可以选择使用最新的 Tech Stream 版本，也可以选用 LTS（长期支持）版本。LTS 版本虽然在功能上可能不如 Tech Stream 版本那么前沿，但它提供了更好的稳定性和更长期的支持，适合需要长时间维护的项目。

为了帮助你更好地专注于学习 Unity 引擎的核心功能，本书原则上不依赖任何额外的第三方插件来进行游戏开发，尽量只利用 Unity 引擎默认提供的功能。当然，Unity 社区中存在许多优秀的第三方插件，如 Dotween、Mesh Baker 和 Behavior Designer Tree 等，这些插件可以在你熟悉 Unity 游戏开发之后，帮助你进一步提升游戏品质。

本书中使用的一些插件已经被 Unity 官方认证并转换为官方工具，成为引擎的官方扩展包。例如，我们会介绍如何使用官方扩展包 Cinemachine 来控制游戏相机，这能为你的游戏开发增添更多的专业性和灵活性。

1.6　总结

本章概述了本书的特色，本书将通过"AnimarsCatcher"这个游戏的开发过程展开。本书将不仅介绍开发这款游戏所需要的各项游戏引擎技术，还会介绍关于游戏策划、游戏美术、游戏玩法设计等方面的内容。

本章还提供了关于游戏开发所涉及的各种技术和设计理念的基本信息。

本章也介绍了游戏引擎的发展过程，各种常见游戏引擎的特点，希望你安装并注册好本书所需要的 Unity 游戏引擎。

本章为你打开了游戏开发的大门，并带领你做好了准备，即将进入更具挑战性的游戏开发旅程。通过接下来的章节，你将逐步深入学习具体的开发技术和应用。希望你能利用本书提供的知识，开发出自己的游戏作品。

第 2 章

角色动画

在游戏开发过程中，三维模型的使用尤为关键，它们构成了游戏的场景、道具和角色等元素。特别是对于游戏中的角色模型，通常需要借助动画来实现动态表现。本章将详细介绍如何创建三维模型，并将其与骨骼系统绑定，使其能够通过骨骼动画来实现动态效果。此外，为了确保游戏中的角色能够根据设计播放预设的动画，必须利用动画机。动画机是一个至关重要的工具，它负责控制角色动画之间的流畅过渡。本章还将探讨如何实现群体动画控制，这对于在游戏中高效管理多个角色的动画表现至关重要。

【视频 2-1】
第 2 章 demo 效果

2.1　角色建模　———————————————————————●

2.1.1　建模过程

在游戏设计中，角色建模通常分为二维和三维两种方式。对于二维角色，美术人员通过线条和色彩的绘制进行创作，类似于传统手绘作品。相比之下，三维角色建模则涉及更复杂的多边形网格结构。通常，三维角色是由网格模型表示的，这种模型由一系列统一的数据结构（如顶点、三角形或多边形）构成。角色建模的主要任务是构建出能够逼真反映角色外观的网格模型。网格的精细程度越高，其对角色外观的表达也就越精确。

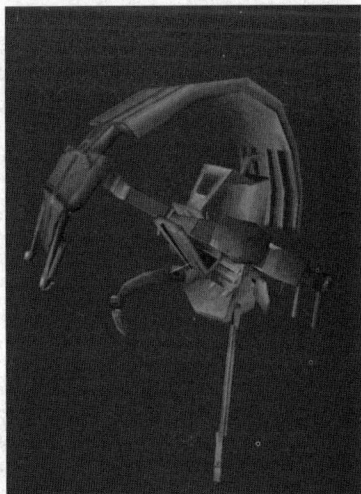

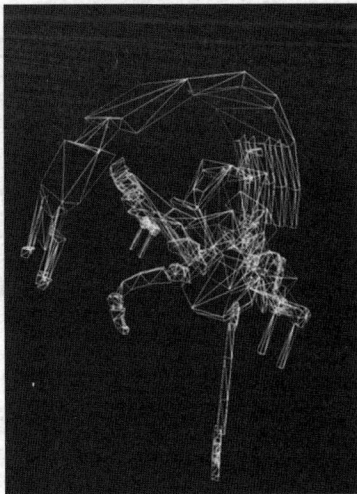

在进行游戏中的三维模型设计之前，美术人员需先进行整体规划，确保游戏内的场景、角色和道具的比例与设计一致。这些设计元素最终将在建模软件中得以实现。

例如，在本书中将开发的"AnimarsCatcher"游戏中，主要角色 Ani 的设计和制作分为两个阶段：形象设计和资产制作。初期阶段，设计团队会结合游戏的背景设定和世界观，采用寻找参考资料、进行草图设计和开展头脑风暴等方法，确定 Ani 的设计风格。本书选择了宇航员的科幻风格来塑造 Ani 的形象。

资产制作阶段，结合 Ani 的概念艺术图，在三维建模软件中构建其模型，并赋予相应的材质。完成这些步骤后，还需要进行骨骼绑定和动画制作，以便 Ani 在游戏中能够进行各种动态表现。

2.1.2 建模软件

三维建模在游戏开发中扮演着核心角色，其中 3ds Max、Maya 和 Blender 是市场上主流的建模软件。3ds Max 和 Maya 作为行业内资深的建模工具，提供了丰富的操作功能。尽管这些软件在操作方式和效果上各有千秋，但它们的基本运行原理和操作逻辑大致都相同。相比之下，Blender 是一款相对更新的软件，以其强大的扩展性和日益壮大的用户社区而闻名。考虑到 Blender 的前沿性和适用性，本书将选用 Blender 作为建模工具。读者可从官方网站下载并安装 Blender 软件，以便参与书中后续学习。

2.1.3 建模实操

在 "AnimarsCatcher" 游戏项目中，需建模的三维模型繁多，包括角色、装备、环境等多种游戏资产。在这些模型的创建过程中，需要建模师与原画设计师紧密合作，从零开始，一步步构建。接下来将通过使用 Blender 来介绍如何制作游戏中的智能指挥机器人（Smart Command Robot）模型。

▶ 上机部分

首先启动 Blender，选中场景中的灯光和摄像机，按 X 键删除它们，并将视图调整为正交模式以便建模。选中一个立方体，通过按 S 键和 Z 键对其沿 Z 轴进行缩放，以达到所需尺寸。使用 Ctrl+C 和 Ctrl+V 组合键复制立方体，并利用位移工具（G 键）将新立方体移至原立方体下方，进行必要的 Y 轴缩放调整。在原立方体上，打开修改器选项卡，添加布尔修改器，并选择合并操作，完成两个立方体的整合。继续按照同样的方法，添加 Smart Command Robot 其余方块部分，调整尺寸和方向。

【上机 2-1-1】
智能指挥机器人
建模

接下来，对 Smart Command Robot 的流线结构进行建模。切换至编辑模式，选择需要倒角的边，并使用倒角工具拉动手柄进行调整。此外，对 Smart

Command Robot 的底部结构也进行类似的倒角操作。使用环切工具在选定面的边缘进行切分，并通过选择边的细分选项进行进一步细化。

为制作 Smart Command Robot 的天线部分，创建柱体并调整尺寸与位置，使用布尔修改器将天线整合到其主体中。底部管道的建模则通过创建平面、选择边、进行挤出并调整形状完成，最后将边转换为曲线，进行细化。

车轮的建模涉及创建柱体并进行内插面操作，然后选择倒角和挤出工具调整车轮的形状，最后移动至适当位置。车轮轴的建模采用复制底部管道，并删除多余顶点的方法完成，最后通过挤出来调整轴的形状。使用镜像修改器，完成剩余三个车轮的建模。

最后，为构建 Smart Command Robot 的悬浮板，创建并调整立方体的尺寸和形状。使用布尔修改器，将所有结构整合到 Smart Command Robot 的主体中，完成整个建模过程。

作 业 部 分

利用建模软件，自己创建一个游戏中的道具，比如激光枪或者游戏中的植物。
作业资源：【作业 2-1-1-HW】道具建模。

2.1.4 模型材质

在三维建模软件中，通过对基本几何体的使用可帮助创建所需模型。然而，仅仅满足外观的需求是不够的，如果要让三维模型的表面颜色和光照效果达到预期，还必须为模型配置适当的材质。

材质，简而言之，描述了物体表面对光的反应方式。例如，当一块石头、一只杯子和一把勺子同时放置在桌子上时，它们对光线的折射、反射和散射的不同使得这些物体的质地区别显而易见。在游戏设计中，通过不同的材质设置，可以精确地模拟不同物体表面的质感。

现代三维建模软件通常采用 PBR（Physically Based Rendering，基于物理的渲染）技术，在着色编辑器中对模型材质进行计算机渲染。材质的设置对游戏中所有可见物体的外观有着至关重要的影响，因此，除了本章的三维建模，我们还将在第 4 章渲染中对此进行深入学习。

上机部分

接下来，在 Blender 软件中为智能指挥机器人模型设置材质。首先打开 Smart Command Robot 模型，从右上角选择视图着色方式。为了集中处理光照效果，可取消勾选世界场景中的光照部分。在选项卡中将渲染引擎切换为 Cycles，并设置设备为 GPU 计算。在材质页面，将金属度调整至 1，高光设置为 0.8 左右，这样可以使 Smart Command Robot 主体呈现出金属光泽；将粗糙度调整至 0.6 左右。

【上机 2-1-2】
模型材质

Principled BSDF	
	BSDF
GGX	
Christensen-Burley	
Base Color	
Subsurface	0.000
Subsurface Radius	
Subsurface C...	
Metallic	1.000
Specular	0.813
Specular Tint	0.000
Roughness	0.599
Anisotropic	0.000
Anisotropic Rotation	0.000
Sheen	0.000
Sheen Tint	0.500
Clearcoat	0.000
Clearcoat Roughness	0.030
IOR	1.450
Transmission	0.000
Transmission Roughness	0.000
Emission	
Emission Strength	1.000
Alpha	1.000
Normal	
Clearcoat Normal	
Tangent	

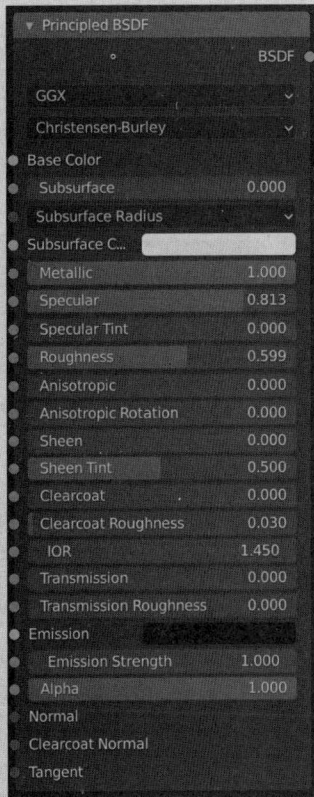

进入编辑模式，选中 Smart Command Robot 前照灯的 4 个面。在材质选项卡中，单击右上角的"+"添加新材质。单击指定按钮，将新创建的材质应用到选中的 4 个面中。将新建材质的自发光强度调整至 6 左右，并将颜色设置为黄色，以赋予前照灯发光效果。根据需求，还可以调整自发光的强度和颜色。

对于 Smart Command Robot 的尾灯，重复设置前照灯的操作步骤，选择相应的面并将发光材质应用于尾灯部分。

返回物体模式，选择 Smart Command Robot 的车轮部分，赋予金属材质。进入编辑模式，继续为车轮内部配置发光面。

最后，为悬浮板也赋予金属材质，以完成 Smart Command Robot 全部材质的设置。通过这种方式，可以确保模型在视觉上既符合设计预期，也能在不同光照条件下表现出逼真的物理属性。

2.1.5 贴图

材质不仅能调节模型表面对光的反应，从而显示出不同的质地，还可以通过自定义图案来增加模型表面的细节。这些图案通常称为材质中的贴图或纹理，极大地丰富了模型的视觉效果。为了确保贴图能够按照预期正确地应用到模型表面，必须设定模型的 UV 坐标。

在三维建模中，UV 坐标可以被理解为模型的"皮肤"。首先，这层"皮肤"被展开在一个二维平面上，使得可以在其上绘制或应用贴图。完成后，这些图案将被映射回三维模型的表面，为模型带来丰富的颜色和细节。UV 坐标的核心作用是确定二维纹理图像与三维物体表面之间的映射关系。在这里，"U"代表图像在横向上的分布，"V"代表图像在纵向上的分布。这种坐标设置定义了图像上每个点的精确位置，以及这些点如何与三维模型的表面相对应。通过这种方式，图像上的每个点都被精确地映射到模型的表面，而点与点之间的空隙则通过像素插值来填充。这个整体过程被称为 UV 贴图，它是实现高质量视觉效果的关键步骤。

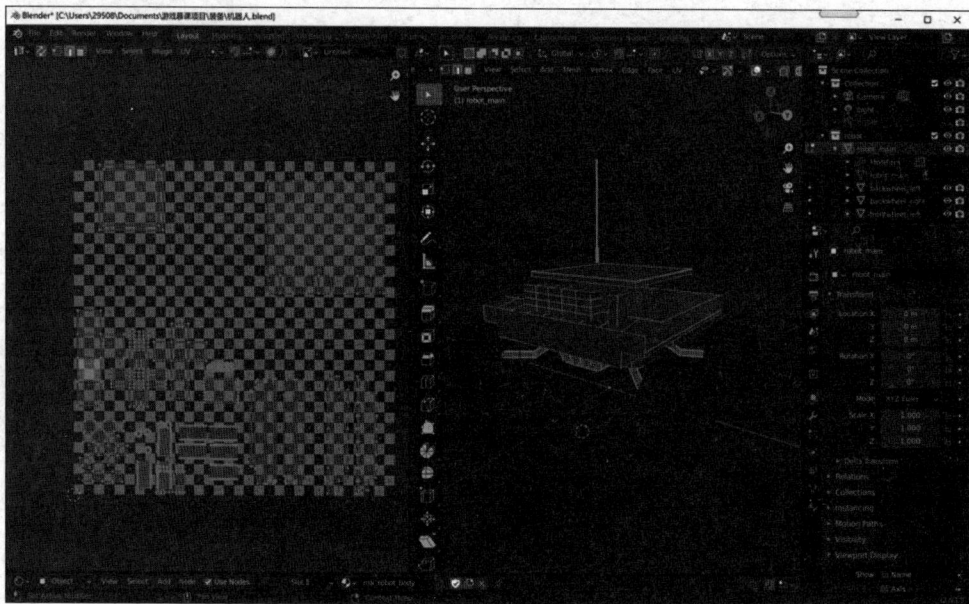

2.2　骨骼绑定

2.2.1　角色动画的种类

在三维建模软件中制作完角色模型后，接下来的步骤是创建角色动画，这可以使角色在游戏中展现出生动的动态效果。

【视频 2-2-1】
显式和隐式动画
的对比

制作三维模型动画有多种方式。其中一种是网格动画，也称为显式动画，这种方式直接操作三维模型网格上的顶点进行动画控制。在显式动画中，每帧中所有网格顶点的位置数据都会被直接保存在文件中。在播放动画时，系统按顺序绘制每帧的网格，从而实现动画效果。

另一种常见的动画方式是骨骼动画，也称为隐式动画。这种动画方式将动画数据与模型网格数据分离开。在骨骼动画中，不仅保存有骨架的结构信息，还有每个骨骼与相应网格顶点的绑定关系。动画数据通常保存在一个单独的文件中，每帧动画记录的是骨架的姿态，而非三维模型网格的具体位置。在动画播放过程中，通过骨架信息及其与每帧骨架的姿态信息，系统能够重建角色的姿态，并根据骨骼与网格顶点的绑定关系，将模型按照相应姿态绘制出来。

尽管网格动画在技术实现上较为简单，然而骨骼动画在游戏中的应用却更为广泛，主要因为它具有多方面的优势：骨骼动画所需的存储空间较少，仅需一次性保存骨架信息；能够实现各种实时动画效果，如物理上更准确的动画、适应环境的动画和角色之间的交互动画；此外，如果不同角色的骨架拓扑相同，骨骼动画数据还可以被多个角色共享。

然而，骨骼动画也存在一些挑战，如编码难度高、计算量大。编写骨骼动画系统需要处理大量的数学运算，尤其是在涉及逆向运动学和物理计算时。此外，当游戏运行在资源受限的平台上时，使用骨骼动画可能会面临一些限制。

2.2.2 蒙皮

在角色网格模型中，骨骼链称为骨架，它为角色动画系统提供了基础结构。骨架被皮肤所包围，皮肤由顶点和多边形组成。与现实中的生物体骨架类似，三维模型中的每根骨骼都会影响其周围皮肤的形状和位置。骨骼与皮肤的绑定在数学上通过变换矩阵来描述，调整这些矩阵，皮肤的几何形状便会相应改变。因此，编辑骨骼动画时，皮肤会随着骨骼的姿态变动而实现相应的动态效果。

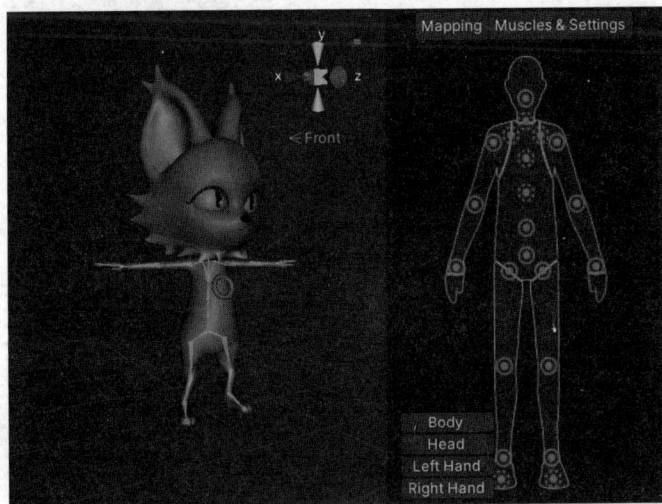

骨骼动画的制作流程包括两个主要步骤：制作三维模型网格和绑定骨骼。之前已经介绍了三维模型的制作过程。对于常见的人形角色，其骨骼结构通常具有相似性，许多软件提供了自动生成骨骼的功能。在这一基础上，制作人员可以进一步调整骨架结构，以适应特定的动画需求。

接下来是骨骼的绑定设置，主要涉及骨骼与三维模型网格表面的绑定权重。绑定权重描述了模型上特定点的位置如何受到相关骨骼的影响，以及这些骨骼的影响强度。权重的设定至关重要，因为它决定了动画播放时各部分的自然程度和准确性，能够确保动画更加真实和流畅。

2.2.3 二维骨骼动画

一旦设置好权重，接下来就可以进行骨骼动画的制作了。在游戏引擎中，通过操纵骨骼关节的旋转和移动，根据预先设定的权重计算网格模型上每个顶点的相应旋转和移动。这种动画技术可以保证每一段骨骼能够像真实骨架支撑着皮肤一样，驱动着模型的顶点。这个过程，即计算网格顶点如何受到骨骼的影响而产生位置和形态变化，称为蒙皮。

此外，受到三维骨骼动画技术的启发，二维角色的骨骼动画也在近年来取得了显著发展。虽然基于相似的原理，但二维骨骼动画的实现过程却简化了许多。以下是在 Unity 中制作 2D 角色骨骼动画前需要完成的准备工作。

（1）安装必要的插件：在 Unity 中，需要先安装 2D Sprite、2D Animation 及 2D PSD Importer 这三个插件。这些工具将帮助用户更有效地处理和动画化二维图像。

（2）导入角色文件：将设计好的、已经分层的角色 PSB 文件导入 Unity 中。分层的文件格式允许在 Unity 中进行更灵活的图层处理和动画制作。

（3）绑定骨骼动画：使用上述插件来绑定角色的骨骼动画。在 Unity 中，绑定过程包括设置骨骼与图层元素之间的关系，以确保动画的每个部分都能正确响应骨骼的移动。

2.2.4 三维骨骼动画

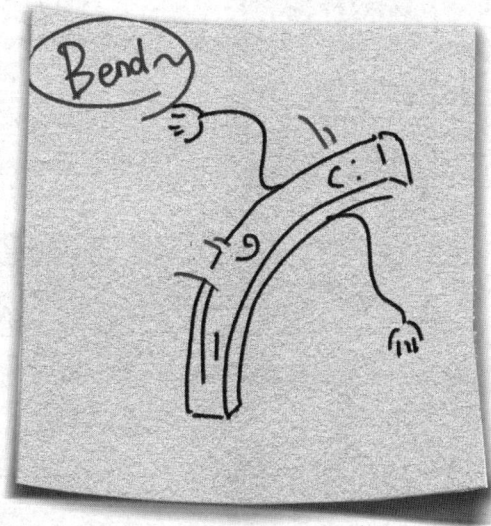

上机部分

　　Mixamo 是特别适合那些需要快速实现高质量角色动画但又缺乏深入技术背景的用户的一个动画生成平台。通过这个平台，即使是非专业的动画师也能在短时间内制作出符合专业标准的三维角色动画，这对于游戏开发和其他三维可视化项目来说是一个巨大的优势。

　　使用 Mixamo 的步骤如下。

　　（1）访问 Mixamo 网站：在浏览器中打开 Mixamo 的官网。

　　（2）上传角色模型：单击 UPLOAD CHARACTER 按钮，上传你的三维模型文件。Mixamo 支持多种文件格式，请确保你的模型是兼容的。

　　（3）骨骼关键点绑定：上传模型后，系统会提示你标记角色的几个关键骨骼点，如膝盖、肩膀等。这一步是为了帮助 Mixamo 的算法正确识别并生成骨骼结构。

　　（4）自动绑定骨骼：完成关键点的标记后，Mixamo 会自动进行骨骼绑定。这一过程无须用户干预，Mixamo 的算法会处理复杂的绑定工作。

　　（5）选择并下载动画：骨骼绑定完成后，用户可以进入 Animation 界面，浏览和预览各种可用的动画。找到适合的动画后，单击 Download 按钮，选择所需的文件格式和配置选项，然后下载包含了动画和骨骼的模型。

【上机 2-2-1】
骨骼绑定

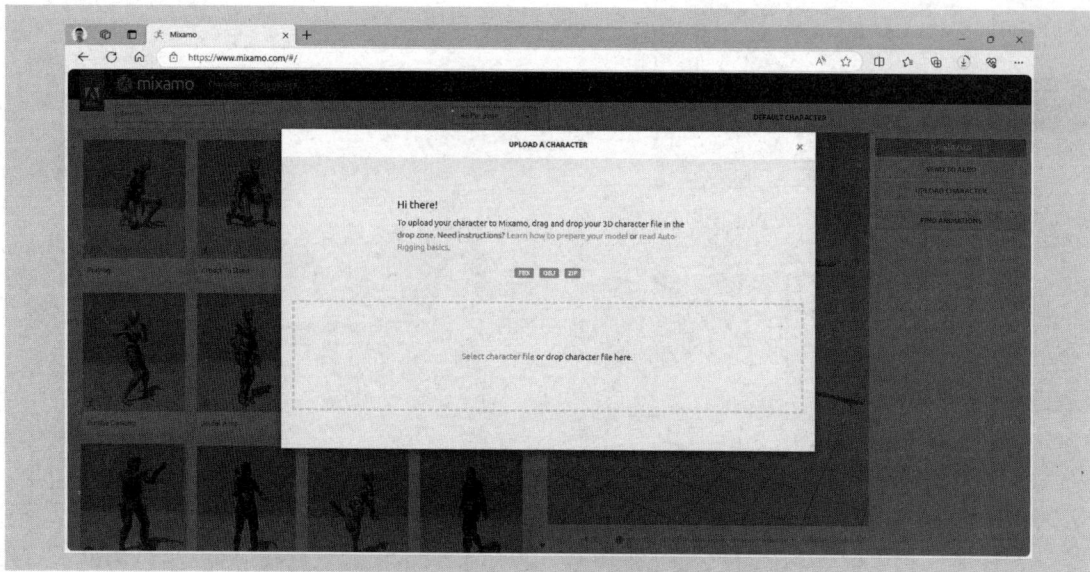

2.3　角色动画控制

2.3.1　序列帧动画

在游戏中，角色动画是实现交互性和沉浸感的关键组成部分。尽管游戏中的动画种类繁多，包括道具动画、场景中的物品动画等，但角色动画无疑是最为常见且复杂的一种。角色动画不仅限于人形角色，也包括动物或异形角色的动画。这些动画通常涵盖角色的基本动作，如站立、走路、跑步、跳跃，以及更特定的动作，如使用道具。

对于二维角色动画，常用的制作方法是使用序列帧动画，这是一种较为传统而简便的方法。在这种方法中，角色的各种动作被绘制成一系列不同姿态的图像。动画的播放通过顺序展示这些图像实现，每一帧图像绘制在屏幕的适当位置，从而形成流畅的动作效果。游戏引擎根据玩家的输入和角色当前的状态，决定何时、何地播放相应的动画帧，这样的动态表现推动了游戏情节的进展。

这种序列帧动画技术虽然在二维动画中应用广泛，但它也有其局限性，如文件大小可能较大、不易实现复杂动作的平滑过渡等。然而，对于许多类型的二维游戏，特别是那些追求复古风格或者有限动画效果的游戏，序列帧动画仍然是一种非常有效的动画制作方法。通过这种技术，开发者能够以较低的成本实现视觉上吸引人的动画效果，同时保持游戏的传统感觉。

【视频 2-3-1】
序列帧动画

2.3.2　三维动画制作

在三维游戏开发中，动画控制对于实现角色的流畅运动和表达性非常关键。与二维角色动画相比，三维角色使用骨骼动画技术具有更高的灵活性，能够实现诸如动画重用、实时动画生成和动画混合等功能。由于本书专注于三维游戏的开发，因此将集中讨论三维动画的控制方法。

常见的三维角色动画制作方法有以下两种。

1. 逐帧录制动画

这种方法涉及在动画软件中设置关键帧（Keyframes，也称 K 帧），所以也被称为关键帧动画。动画师会在不同的时间点手动设定角色的姿势，软件随后插入中间帧以平滑过渡，形成连续的动画序列。关键帧动画允许高度的定制和精细控制，是传统且广泛使用的技术。

不同于前面介绍的序列帧动画，在三维关键帧动画制作中，只需要定义关键帧，计算机会自动生成中间帧。修改动画时，只需调整关键帧即可，灵活性高。

2. 运动捕捉技术

运动捕捉（MoCap）是一种较先进的技术，通过在演员或动作专家身上附加传感器来捕捉其动作，然后将这些动作数据映射到三维角色的骨骼上。

与逐帧动画相比，运动捕捉可以捕获更自然的人体动作，提高动画的真实感。它在制作复杂动作（如战斗、舞蹈）时特别有效。

运动捕捉技术的优势在于其实时可见性、高效率以及能生成非常自然的动作表现，使其在专业游戏开发中非常受欢迎。

接下来，我们将通过使用 Mixamo 网站，来快速完成游戏中角色的模型动画制作。在进入角色动画制作之前，首先需要创建一个 Unity 游戏项目。

▶ 上机部分

要在 Unity 中创建一个新的游戏项目，可以按照以下步骤操作进行。

（1）打开 Unity Hub：如果尚未安装，则需要从 Unity 官网下载并安装。

（2）创建新项目：在 Unity Hub 的主界面，单击右上角的 New Project（新建项目）按钮。

【上机 2-3-1】
项目初始化

（3）选择 Unity 版本：确保使用的 Unity 版本为 2022.2.15f1 或更高版本。这一点很重要，因为本书使用的功能和教学都是基于此版本或以上版本的。如果你的版本过低，可能会遇到兼容性问题。

（4）选择项目模板：在项目创建界面，选择 3D URP（3D 通用渲染管线）模板。URP 提供了一种高效的方式来构建美观的游戏，同时确保了较好的性能。

（5）命名项目：为你的项目命名，例如"AnimarsCatcher"，这有助于你未来更好地管理和识别项目。

（6）创建项目：单击 Create Project（创建项目）按钮，Unity 将开始生成项目文件。这可能需要一些时间，具体取决于你的系统性能。

项目创建完成后，Unity 将打开新项目。在项目窗口中，找到并删除 README 文件

和 TutorialInfo 文件夹。这些是模板中的默认内容，通常不需要它们，删除可以保持项目目录的整洁性。

通过这些步骤，你将设置好一个基于 Unity 的干净、有效的开发环境，为接下来的开发工作奠定基础。在此基础上，你可以开始导入资产、创建场景和添加游戏逻辑，进一步推进你的游戏项目。

上机部分

【上机 2-3-2】
Mixamo 动画制作

在上机 2-2-1 中，我们演示了在 Mixamo 网站上进行模型骨骼绑定的过程。然而，由于主角 Ani 的身材比例与人类存在差异，许多开源动画并不完全适用于 Ani。为了解决这个问题，需要在 Blender 中对开源动画进行微调，并增加一些骨骼节点，以便制作 IK 动画。

建议你使用随书附带的打包好的 UnityPackage，它包含了已经调整好的模型、贴图、动画及材质，便于你后续的学习。

首先，我们在 Unity 中导入所需的资源包 UnityPackage（第 2 章\上机 2-3-2 素材），主要步骤如下。

（1）导入资源包。

在 Unity 编辑器的菜单栏中选择 Assets → Import Package → Custom Package，浏览到 Ani 的资源包 UnityPackage 文件位置，选择它并单击 Open 按钮导入。Unity 将显示一个对话框，列出资源包中的所有内容。确认所有需要的资源都被选中，然后单击 Import 按钮。

（2）检查导入的资源。

导入完成后，在 Project 的 Art 文件夹中查看 Ani 的模型、贴图和材质。

Ani_Standard 模型是将要用于游戏中的主模型，而 Ani_Standard_Mixamo 模型则用于上传到 Mixamo 网站进行动画处理。

接下来，需要打开 Mixamo 网站，对角色动画进行处理，主要分为以下三步。

（1）上传模型。

在 Mixamo 的首页，单击 UPLOAD CHARACTER 按钮，选择 Ani_Standard_Mixamo 模型文件进行上传。Mixamo 将处理上传的模型并应用自动骨骼绑定功能。

（2）选择和调整动画。

在动画库中浏览不同的动画选项。选择一个动画后，使用右侧的滑动条调整动画参数，以适配 Ani 模型的特殊需求。例如，调整动画的速度、角色的比例或其他关键参数。

（3）下载调整后的动画。

完成动画参数的调整后，单击 Download 按钮。在弹出的设置窗口中，选择模型格式为 FBX for Unity，Skin 设置为 Without Skin。这样，动画文件将被配置为直接在 Unity 中使用。

将下载的 FBX 文件拖入 Unity 项目的相应文件夹中。在 Hierarchy 面板中将 Ani 模型拖入场景，并在 Inspector 面板中将下载的动画应用到模型上。

当然，如果想要使用更加精准的动画，仅依靠 Mixamo 是不够的。可以从 Asset Store 或其他平台上下载或购买一些更好的动画素材，也可以在建模软件中对动画进行编辑，以获得更好的效果。

2.4 动画系统

　　一旦角色和动画都已经准备就绪，就可以在游戏引擎中应用它们来开发游戏中的角色动画了。Unity 提供了一个强大的动画系统，称为 Mecanim，它极大地简化了动画的管理工作。接下来就介绍该动画系统的主要功能。

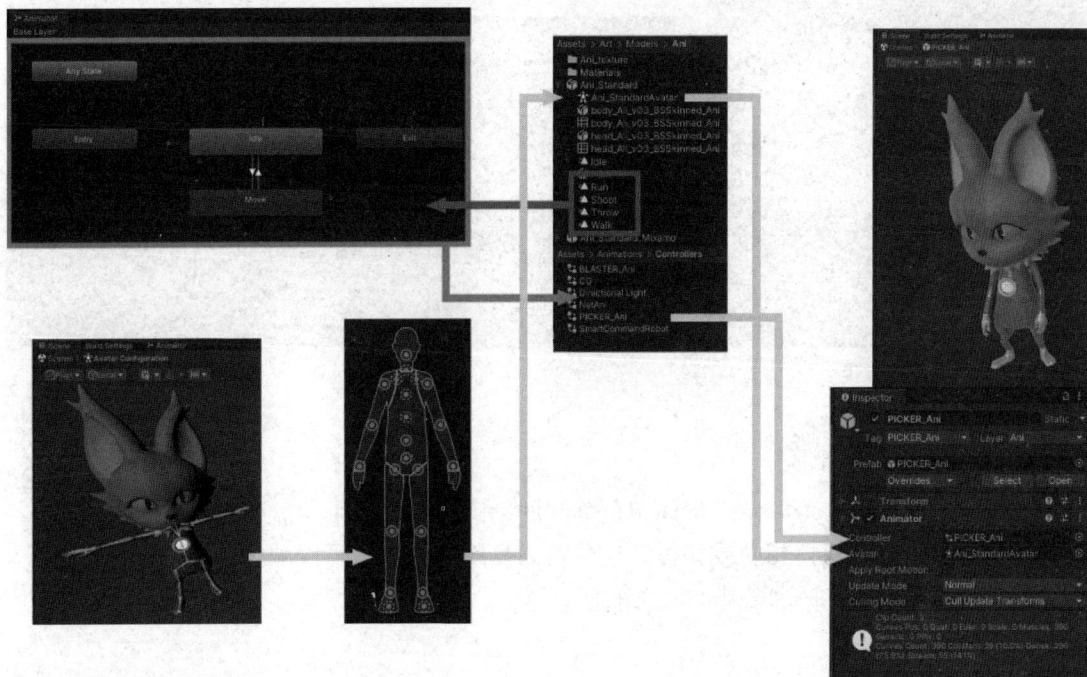

2.4.1 动画导入、预览和编辑

　　导入动画仅需将动画文件拖放到编辑器中。导入动画时，开发者常需要调整动画的长度和起始位置，Unity 允许在导入时进行这些设置。例如，可以将一段较长的动画切割成多个独立的片段，这有助于避免导入多个重复的模型和动画文件，同时简化动画的管理。

　　在预览窗口中，可以实时预览动画。只需选中动画，然后将相应的角色模型拖入预览窗口即可。

　　Unity 允许在游戏引擎的界面中调整动画之间的过渡状态。完成调整后，可以实时预览动画如何从一个状态平滑过渡到另一个状态，这有助于开发者获得期望的动画效果。

　　通过双击动画片段（Animation Clip），可以打开 Animation 窗口。在这个窗口中，可以

【视频 2-4-1】
动画导入预览

看到动画所涉及模型中的骨骼节点的运动。尽管 Animation 窗口允许创建和修改动画，但对于复杂的人形动画，通常建议在三维建模软件中以骨骼动画形式制作，然后导入 Unity 中使用。对于简单的动画，如汽车车轮的滚动或物体的移动和旋转，则可以直接在 Animation 窗口中编辑动画。

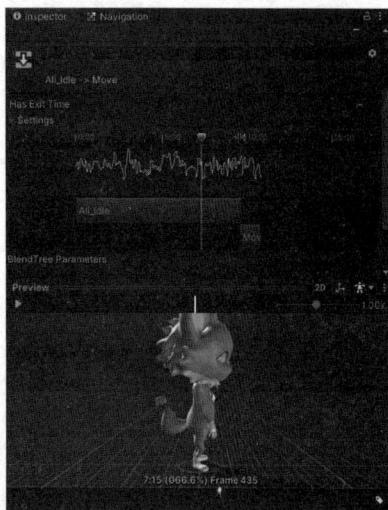

2.4.2 动画重定向

动画重定向功能，可以实现不同角色之间的动画共用。这个功能要求不同角色的骨架结构保持相同或相似。这种动画复用的方式，可以减少制作动画的时间和成本，提高游戏的开发效率。

【视频 2-4-2】
动画重定向

上机部分

【上机 2-4-1】
动画导入、编辑、预览、重定向

为了在"AnimarsCatcher"游戏中使用 Ani 角色，需要在 Unity 中导入动画、编辑动画、预览动画，以及进行动画重定向。

首先，在 Project 中找到 Ani_Standard 模型，单击查看 Inspector 面板中的详细信息。更改 Rig 设置，将 Animation Type 从 Generic 改为 Humanoid，启用人形动画特性。Unity 将自动为 Ani_Standard 创建一个 Avatar。此时，Avatar Definition 应该从 No Avatar 更改为 Create From This Model。

如果有其他带动画的模型，可以将它们的 Avatar Definition 设置为使用 Ani_Standard 创建的 Avatar，实现动画的复用。

其次，单击 Apply 按钮应用这些设置。应用设置后动画就会被导入 Unity，并在 Animations 选项卡中显示所有动画片段，可以在此预览和编辑这些动画。

双击任一动画片段，可以在 Animation 窗口中逐帧编辑动画，调整起始帧和结束帧，以及其他相关设置，以优化动画的表现和效果。

完成以上模型设置后，Ani 模型上自带的动画就被成功导入 Unity 了。在 Inspector 面板中，单击 Animations 组件，在 Clips 这里可以看到模型身上所带的所有动画片段。在此可以预览这些动画片段，查看动画是否存在问题，如果有问题可以对其进行编辑。

例如，可以查看并调整 Start（起始帧）和 End（结束帧）以定义动画的长度。如果需要剪辑动画，可调整起止帧数以包含所需的动画部分。还可以对动画进行必要的重命名，以方便识别和使用。

如果动画需要循环播放，要确保开始和结束的姿态一致，可以调整 loop match 属性，确保循环播放时的自然过渡。loop match 的右侧有一个指示灯，当其为绿色时，代表动画片段当前的 Start 和 End 基本吻合；当其为红色时，代表动画的 Start 和 End 差异非常大；当其为黄色时，代表处于红色与绿色的中间状态。

如果动画中存在位置偏差（如悬空问题），可通过调整 Root Transform Position 来校正。例如，将 Root Transform Position（Y）中的 Based Upon 属性改为 Feet。

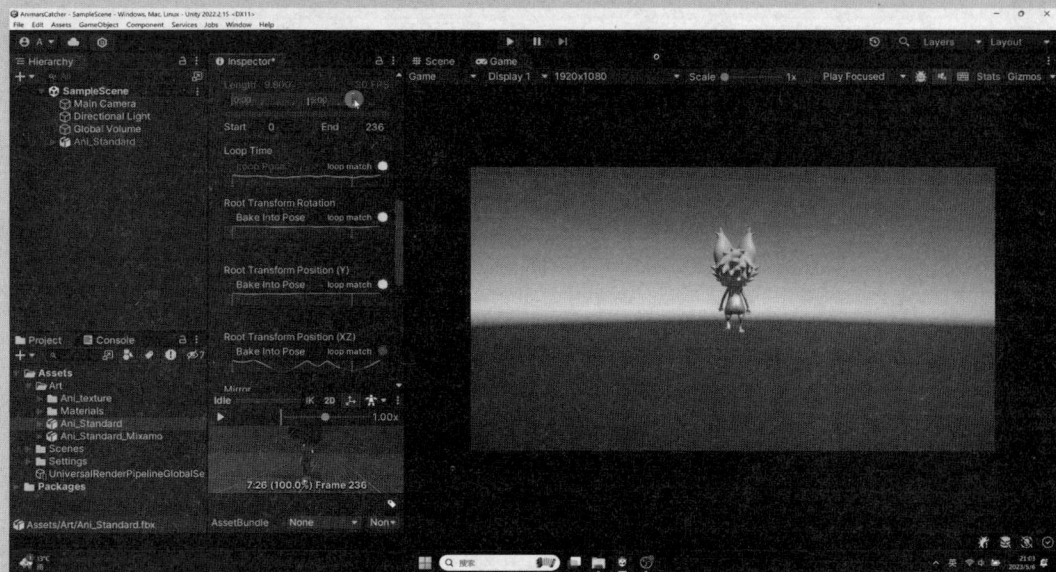

除了模型自带的动画，还可以从其他来源获取动画，例如，从 Mixamo 网站下载的 Talking 动画。这些动画通常是以其他人形角色为基准制作的，如果要在 Ani 上应用这些动画，就需要使用动画重定向功能。

2.4.3 动画切换

游戏角色通常包含多种动画，根据角色所处的状态或玩家的不同输入，游戏引擎需要在游戏运行时切换不同的角色动画。为了管理这种动画之间的切换，一般采用动画状态机（Animation State Machine，简称动画机）的方案。

动画切换是动画系统和游戏逻辑的黏合剂。在 Unity 引擎中，可以在

【视频 2-4-3】
动画切换

动画编辑界面中可视化地编辑各个状态之间的切换，并加入一些参数来控制切换的时机。

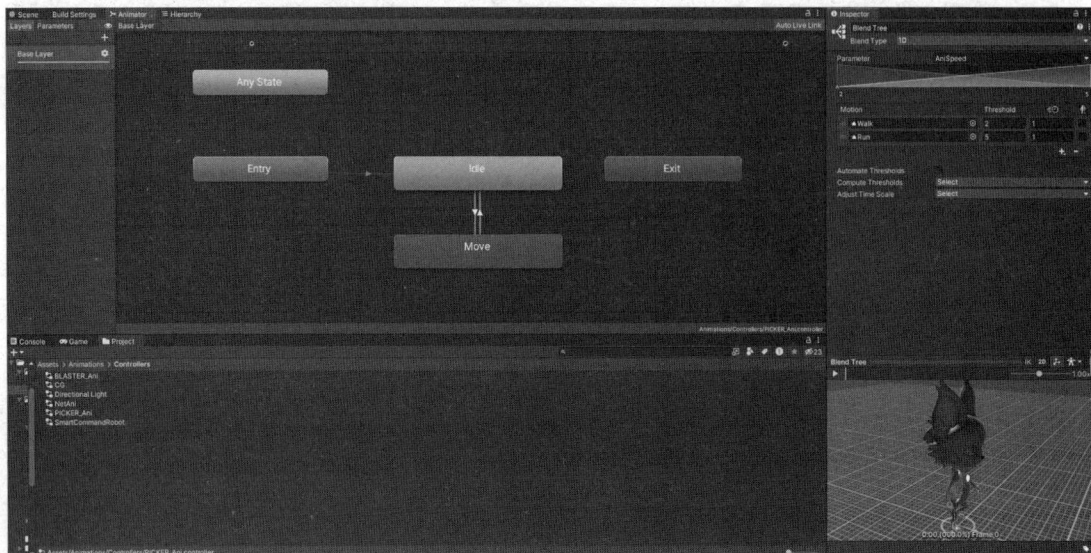

上机部分

【上机 2-4-2】
动画切换

接下来，我们以"AnimarsCatcher"游戏中的 Picker（采集者）Ani 为例，介绍如何在 Unity 引擎中实现动画切换功能。

1. 创建动画控制器

在 Hierarchy 面板中，找到之前放置的 Ani_Standard 模型，单击右键选择 Prefab 选项下的 Unpack。这样可以对模型进行编辑。

将解包后的模型命名为 PICKER_Ani。在 Inspector 的 Animator 组件中，将 Controller 属性设置为空。

在 Project 的 Animations 文件夹下创建一个名为 Controllers 的子文件夹。在 Controllers 文件夹下用右键单击 Create，创建一个 Animator Controller，并命名为 PICKER_Ani。将其分配给 Hierarchy 中的 PICKER_Ani 模型。

2. 设置动画片段

双击 PICKER_Ani，Unity 会自动打开 Animator 窗口，其中包含 Entry、Any State、Exit 三个节点。

在 Animations 文件夹下创建一个名为 Clips 的子文件夹。展开 Ani_Standard 模型，选择其下的 Walk、Idle、Run、Shoot、Throw 动画，按 Ctrl+D 组合键将这些动画片段复制出来，并移动到 Clips 文件夹下。

选择 Walk、Idle、Run 三个动画，将它们拖入 Animator 窗口中，整理动画片段的位置。

3. 设置动画切换

Entry 连接的第一个动画片段为启动时播放的默认动画。将其设置为 Idle 动画，并在 Inspector 中勾选 Loop Time 属性。

在 Animator 窗口中用右键单击 Idle 动画，选择 Make Transition，并连接到 Walk 动画。单击连线，编辑 Transition 属性，设置条件为动画切换的触发条件。

在 Animator 窗口左侧的 Parameters 一栏中，单击加号创建一个 Bool 类型的变量，命名为 LeftMouseDown。然后在 Inspector 的 Conditions 一栏中，添加一个 Condition，将 LeftMouseDown 设置为 true。

4. 编写控制脚本

在 Project 中创建一个 Scripts 文件夹，并在其下创建一个 C# 脚本，命名为 Player。

双击 Player 脚本，添加命名空间 AnimarsCatcher，并定义一个 public 类型的 Animator 变量，命名为 PICKER_Ani。在 Update 函数中编写如下代码：

```
if (Input.GetMouseButtonDown(0))
    PICKER_Ani.SetBool("LeftMouseDown", true);
else
    PICKER_Ani.SetBool("LeftMouseDown", false);
```

在 Hierarchy 面板中创建一个空的 GameObject，命名为 Player。在其 Transform 组件 Reset 后添加 Player 脚本，并将 PICKER_Ani 引用赋值为场景中的 PICKER_Ani。

5. 测试

在 Animator 窗口中，单击 Idle 和 Walk 之间的 Transition，取消勾选 Has Exit Time，以确保动画切换立即生效。

单击 Unity 编辑器上的 Play 按钮，测试动画切换效果。开始运行后，Ani 处于 Idle 状态；当按下鼠标左键时，Ani 开始行走。

2.4.4 动画融合

由于骨骼动画的灵活性，我们可以为角色创造多个动画之间的融合效果。例如，当角色具备走路与跑步的动画时，若需制作快步走或慢跑的动画，便可运用动画融合技术，将走路与跑步的动画予以融合，并将此结果应用于角色上。

【视频 2-4-4】
动画融合

在 Unity 引擎中，融合功能可通过配置融合树（Blend Tree）来实现。首先，设定一个速度参数，并为走路与跑步动画设定相应的阈值。然后，通过调整速度参数，便可观察到角色在走路、快走、慢跑与跑步之间的平滑过渡。Unity 引擎还支持构建更为复杂的融合树，甚至能实现融合树之间的嵌套，即将一个融合树的子状态配置为另一个融合树的状态。

在 2.4.3 节中，我们完成了基础的动画切换：从 Idle 状态切换到 Walk 状态。在 "AnimarsCatcher" 游戏中，Ani 角色默认处于 Idle 状态，玩家扮演智能指挥机器人（Smart Command Robot），通过下达指令使 Ani 进入移动状态。这里的移动状态可能是 Walk，也可能是 Run，具体取决于 Ani 的速度。

由于现实生活中速度是逐渐增加的，Ani 不能直接从 Idle 状态跳转到 Run 状态，因此动画切换的顺序应从 Idle 到 Walk，再到 Run。这一过程需通过一个浮点型变量控制速度，从而控制 3 种状态之间的切换。

如果按此方法操作，则在 Animator 窗口中需要创建两对 Transition，即 Idle 与 Walk 及 Walk 与 Run 之间，共 4 条 Transition，操作较为烦琐。

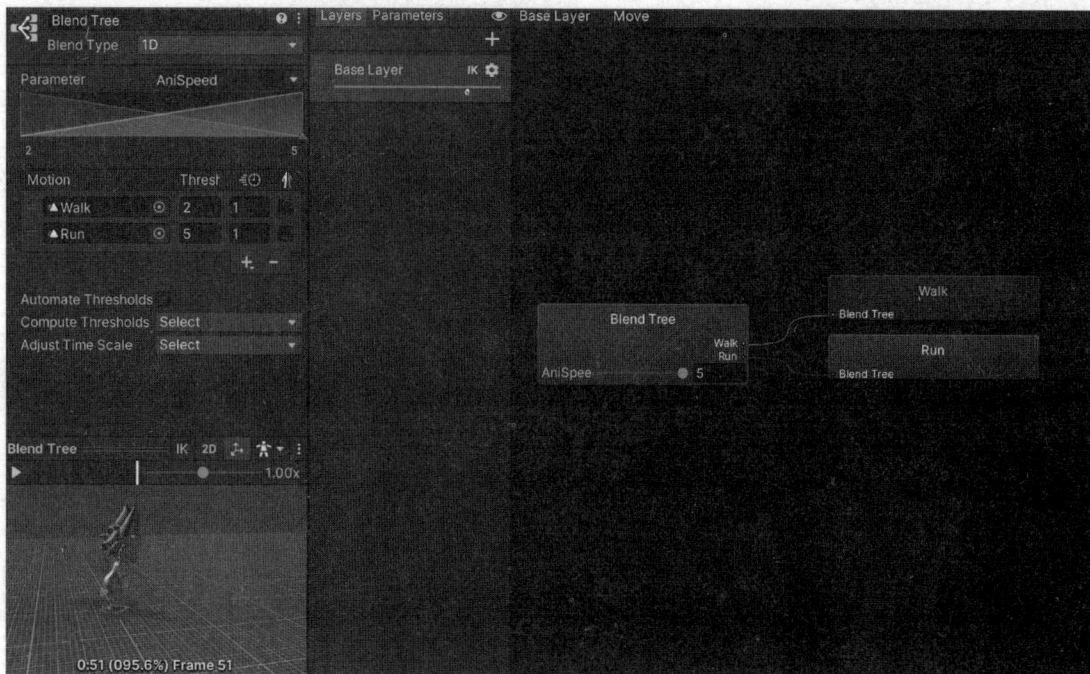

而通过使用 Unity 提供的动画融合功能——Blend Tree，可有效减少动画机中的状态数量。

▶ 上机部分

1. 使用 Blend Tree 创建动画融合

【上机 2-4-3】
动画融合

双击 PICKER_Ani，打开 Animator 窗口，右键单击空白区域，选择 Create State → From New Blend Tree。将新创建的 Blend Tree 命名为 Move。

双击 Move，进入 Blend Tree 编辑界面，单击 Parameters 中的加号，选择 Float 类型，并将其命名为 AniSpeed。

在 Blend Tree 中，单击 Add Motion Field 按钮，将 Walk 和 Run 动画片段分别拖入 Motion 字段。

在 Blend Tree 中，可以看到一个 Blend 滑块。当滑块处于左端时，播放 Walk 动画；当滑块处于右端时，播放 Run 动画。将滑块调整到中间，播放的是 Walk 和 Run 动画的融合效果。

将 Blend 参数命名为 AniSpeed，以更贴切地描述其功能。

2. 编辑动画过渡条件

返回 Animator 窗口，删除原有的 Idle 与 Walk 之间的 Transition。在 Idle 与 Move 之

间重新创建一个 Transition。去除 Has Exit Time 的勾选。

在 Conditions 中添加两个条件：LeftMouseDown 为 true，AniSpeed 大于 1.9。这表明从 Idle 状态切换到 Move 状态，不仅需要 LeftMouseDown 为 true，还需要 Ani 的速度超过 1.9。

3. 编写控制动画融合的脚本

打开 Player 脚本，定义一个名为 mAniSpeed 的 float 私有变量。

在 Update 函数中，编写代码控制 mAniSpeed，然后通过它同步用于控制角色动画的变量 AniSpeed。

回到 Unity 编辑窗口，选中 PICKER_Ani，在 Animator 组件中取消勾选 Apply Root Motion 选项，防止动画在播放过程中产生位移。

4. 测试动画融合效果

单击运行按钮，默认情况下 Ani 处于 Idle 状态。单击鼠标左键，Ani 开始移动，观察 AniSpeed 的变化情况。按住鼠标左键，AniSpeed 逐渐增大，播放动画逐渐从 Walk 过渡到 Run 状态；按住鼠标右键，AniSpeed 逐渐减小，动画从 Run 过渡回 Walk 状态。

2.4.5 分层和遮罩

在前面介绍的动画融合中，实现了多个动画姿态同时对角色施加影响的效果。但是如果不同动画对角色身体不同部位同时施加影响，如同时走路和射击，就需要用到动画分层和遮罩。

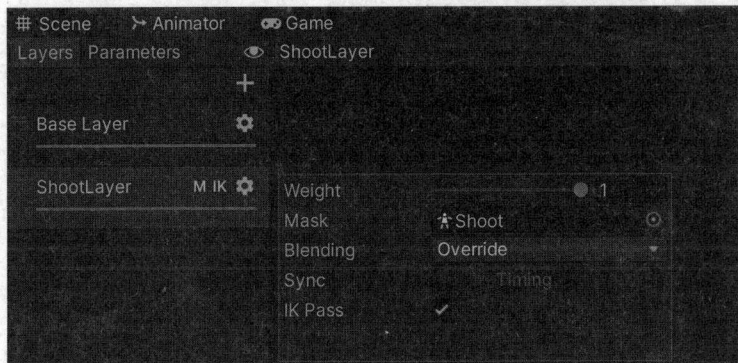

【视频 2-4-5】
边走路边射击
动画

上机部分

为了在 Unity 中实现 Blaster（爆破者）Ani 同时进行走路和射击的动画效果，我们采用了动画分层和遮罩技术。这些操作不是只针对 Blaster Ani 的设置，还为其他有类似需要的动画提供了一个通用的框架。

1. 创建 Blaster Ani 的 Animator Controller

在 Project 面板中，找到之前创建的 PICKER_Ani 的动画控制器

【上机 2-4-4】
分层与遮罩

（Animator Controller），按组合键 Ctrl+D 复制，并将其命名为 BLASTER_Ani。

在 Hierarchy 面板中，复制 PICKER_Ani，将其命名为 BLASTER_Ani（角色）。

在 Hierarchy 面板中选中 BLASTER_Ani（角色），在右侧的 Inspector 面板中，将 Animator 窗口中的 Animator Controller 替换为 BLASTER_Ani 动画控制器。

2. 编辑 Animator 窗口

打开 BLASTER_Ani 的 Animator 窗口，删除 Base Layer 中的 Walk 和 Run 节点。

在 Project 面板的 Animations 文件夹下，单击右键选择 Create，找到 Avatar Mask，创建并命名为 Shoot。

单击该 Avatar Mask 以在 Inspector 面板中编辑它，展开 Humanoid，只保留手臂和手部为绿色，并开启手部的 IK 功能。

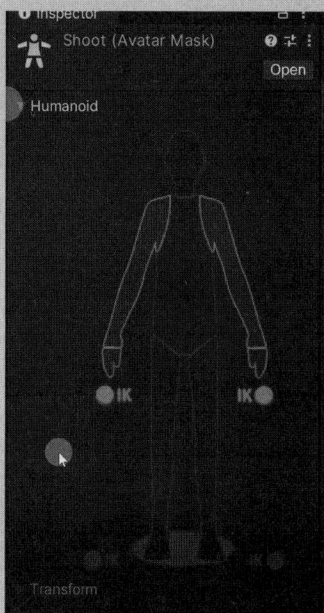

在 Animator 窗口中，单击加号创建一个新的动画层，命名为 ShootLayer。单击旁边的小齿轮进行编辑，将 Mask 选为刚刚创建的 Shoot Avatar Mask，勾选 IK Pass 选项，并将 Weight 调整为 1。

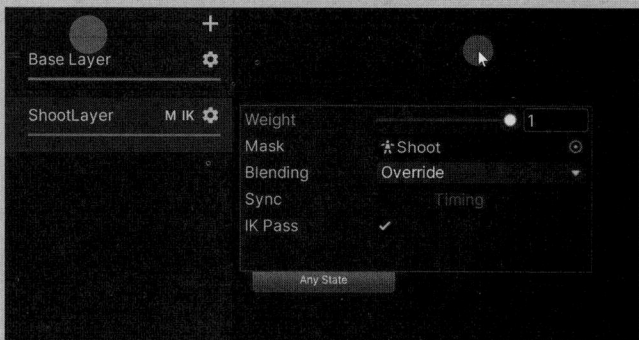

拖动 Project 面板中 Clips 文件夹下的 Shoot 动画，将其放入 Animator 窗口的 ShootLayer 中。

在 Animator 窗口中单击右键创建一个空状态，并命名为 Empty。右击 Empty 将其设置为默认状态。创建一条从 Empty 到 Shoot 的 Transition，添加一个 Trigger 类型的参数，命名为 Shoot。单击 Transition 并进行编辑，取消选中 Has Exit Time。在 Conditions 中添加 Trigger 变量 Shoot。

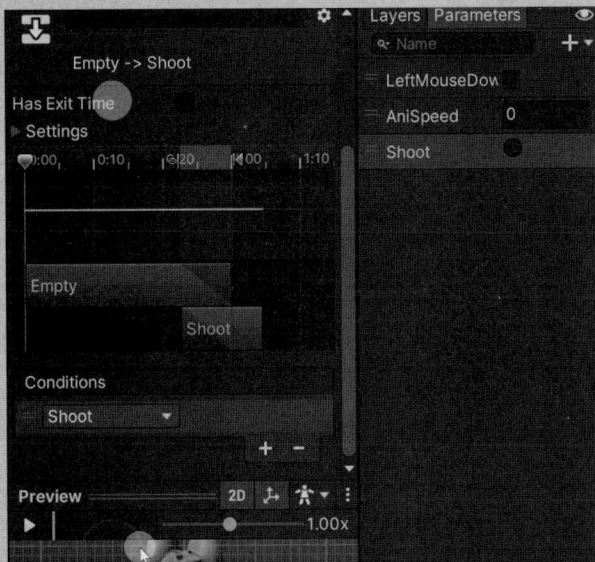

3. 编写控制脚本

打开 Player 脚本，添加对 BLASTER_Ani 的引用，并在 Update 函数中控制其动画状态。和 PICKER_Ani 一样，主要是鼠标操作和运动速度，但 BLASTER_Ani 还有一项是射击的动画状态。

4. 测试动画效果

在 Player 的 Inspector 面板中，为 BLASTER_Ani 的 Animator 组件赋值。然后单击运行游戏，测试动画效果。

单击鼠标左键，使 BLASTER_Ani 进入 Walk 状态。按键盘上的 J 键，观察 BLASTER_Ani 在行走时执行射击动作的情况。长按鼠标左键或右键，来控制 BLASTER_Ani 运动速度的快慢，实现下半身行走或奔跑，同时上半身射击这种动画分层和遮罩的效果。

通过上述步骤，我们成功实现了 Blaster Ani 的动画分层和遮罩功能，使其在行走或奔跑时能够同时执行射击动作。

2.4.6 IK 动画

在游戏引擎中，IK（反向运动学）动画是一种动画技术，通过计算角色骨骼的末端（如手或脚）的位置和旋转，自动调整上一级骨骼的姿态，以实现自然的运动。与 FK（正向运动学）不同，IK 动画从目标位置出发，逆向计算骨骼链各个关节的角度，使角色在执行复杂动作时显得更加真实和流畅。这种技术广泛应用于角色抓握物体、脚步适应地形等场景，使动画设计更加直观和高效。

上机部分

【上机 2-4-5】
射击动画

接下来，我们将利用 IK 动画，实现游戏角色 Ani 比较精准的射击动画效果。

1. 导入激光枪模型

在 Project 面板的 Art 文件夹中创建一个名为 Models 的文件夹，用于存放所有模型素材。导入名为 Gun 的 UnityPackage（第 2 章\上机 2-4-5 素材），并将其移动到 Models 文件夹中。将之前使用过的两个 Ani 模型也放入 Models 文件夹中。

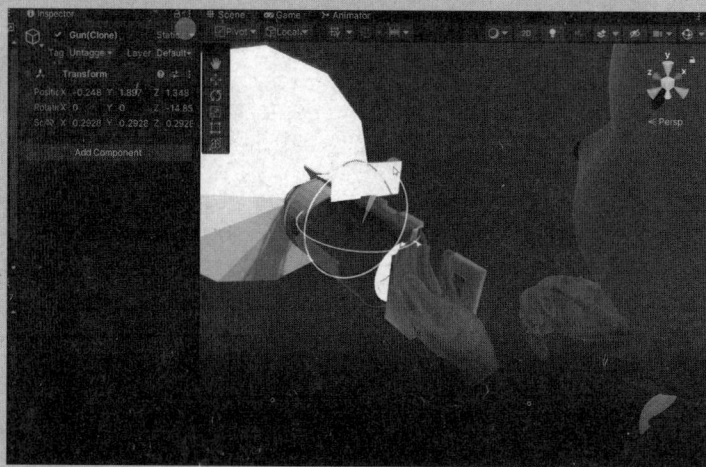

2. 细致调整激光枪模型

展开 Ani 的层级结构，找到 LeftHand 节点，将激光枪模型拖动进来作为 LeftHand 节点的一个子物体。调整激光枪模型的位置、旋转和缩放，使 Ani 看起来握住了激光枪。

3. 使用 IK 控制动画

在 Scripts 文件夹下新建一个名为 BLASTER_Ani 的脚本，并将其拖动添加到 BLASTER_Ani 身上。

打开脚本进行编辑。添加 AnimarsCatcher 命名空间，定义两个公有的 Transform 变量（LeftHandIKTrans 和 RightHandIKTrans）和一个私有的 Animator 变量（mAnimator），并在 Awake 函数中，对 mAnimator 变量赋值。

编写 OnAnimatorIK 函数，分别将两个公有的 Transform 变量设置到 IK 中，使用 LeftHandIKTrans 的 position 和 rotation 属性，设置到左手的 IK 中，并设置权重为 0.5f。

```
mAnimator.SetIKPosition(AvatarIKGoal.LeftHand,LeftHandIKTrans.position);
mAnimator.SetIKPositionWeight(AvatarIKGoal.LeftHand,0.5f);
mAnimator.SetIKRotation(AvatarIKGoal.LeftHand,LeftHandIKTrans.rotation);
mAnimator.SetIKRotationWeight(AvatarIKGoal.LeftHand,0.5f);
```

同理，将右手的 IK 节点控制编写在下方。

4. 调整 IK 节点

回到 Unity 界面，在 BLASTER_Ani 下创建两个空物体，分别命名为 LeftHandIK 和 RightHandIK。在 BLASTER_Ani 的脚本组件中，对两个空物体的 Transform 赋值。

为了避免 BLASTER_Ani 在播放奔跑或行走这些非射击动画的时候受到 IK 影响，需要在脚本中添加一个条件判断语句——只有在播放层级为 1，并且播放 Shoot 动画的时候，才执行 IK 的设置。

```
if (mAnimator.GetCurrentAnimatorStateInfo(1).IsName("Shoot"))
```

运行游戏后，进入 Scene 窗口，调整 LeftHandIK 和 RightHandIK 两个物体的位置和旋转参数，使 Ani 的射击动画达到理想效果。

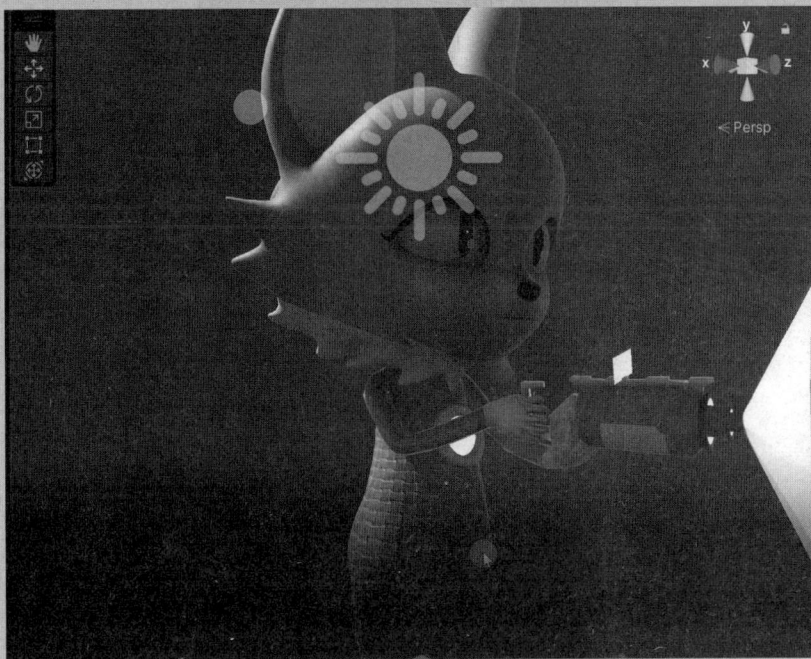

作业部分

为角色 Ani 实现一个搬运动画，创建一个 Cube 作为搬运的对象，使 Ani 能够一边移动一边双手搬运 Cube。使用 IK 将角色手部匹配到 Cube 的边缘，使动画看起来更自然。

作业资源：【作业 2-4-1-HW】搬运动画。

2.4.7 小结

【视频 2-4-6】
搬运动画作业
示意

不论是从 Mixamo 网站下载还是其他途径制作的动画，都可以导入 Unity 中。动画片段是 Unity 动画系统的基本单位，通过 Unity 提供的动画控制功能，可以利用这些动画片段，实现游戏中所需的动画效果。

角色动画控制内容繁杂，但在游戏开发中又至关重要，因此有必要再回顾一下这些内容。

1. 理解和区分 Animator、Animation、Animator Controller 等概念

Animator 是一个角色身上的组件，就跟 Transform 组件一样。角色必须持有 Animator 组件才能执行动画相关的逻辑。Animator 组件中最重要的属性是 Animator Controller，双击打开后可以看到动画（也就是 Animation）之间的转换逻辑。

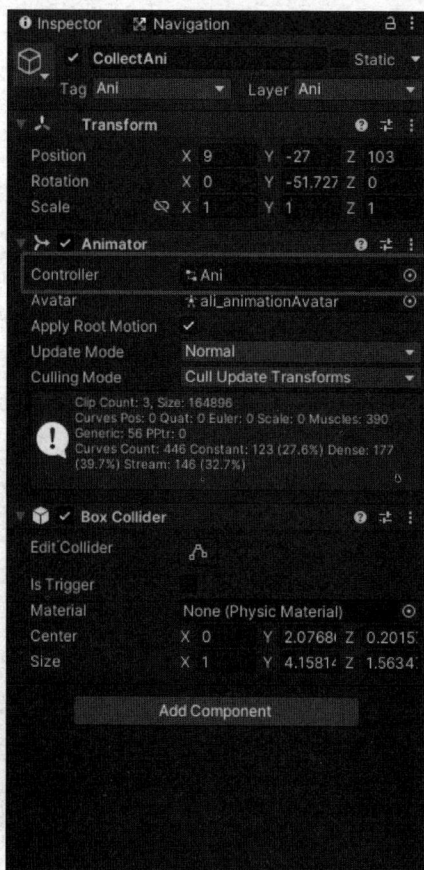

与这三个概念相关的有两个窗口：Animator 窗口和 Animation 窗口。Animator 窗口和 Animator 组件同名，但其含义不同。双击角色的动画控制器 Animator Controller，弹出的窗口就是 Animator 窗口，它展示的是动画控制逻辑。Animation 窗口则展示物体上所有动画片段每一帧的具体信息，也可以在这个窗口中创建并录制动画片段。

Animator 窗口   Animation 窗口

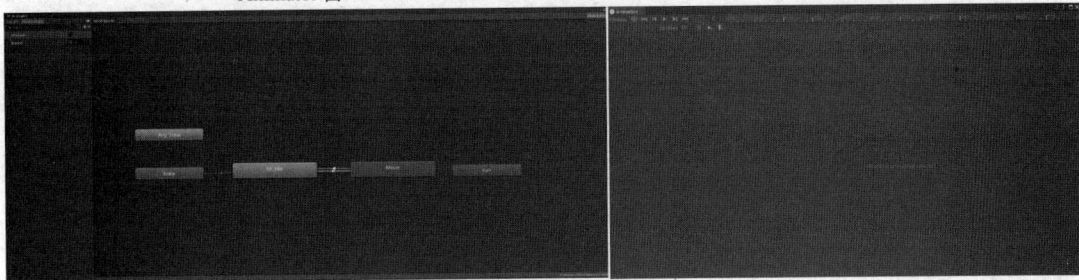

2．动画重定向和 Avatar

动画重定向是指将一种动画从一个角色应用到另一个角色。在 Unity 中，这个过程通过通用的骨骼结构（Avatar）来实现。动画重定向的主要目的是提高动画的复用性，使得同一个动画可以在不同的角色之间共享，而不需要为每个角色单独制作动画。

3．动画的切换和动画的平滑过渡

动画切换指的是从一个动画状态转换到另一个动画状态。在 Unity 的 Animator 系统中，动画切换通过设置动画状态机和状态之间的过渡条件（Transition Conditions）来实现。

动画平滑过渡是指在两个动画状态之间的切换过程中，通过混合动画帧来实现平滑的过渡效果。Unity 提供了多种动画平滑过渡的方法，确保动画在切换过程中不会出现突兀的变化。

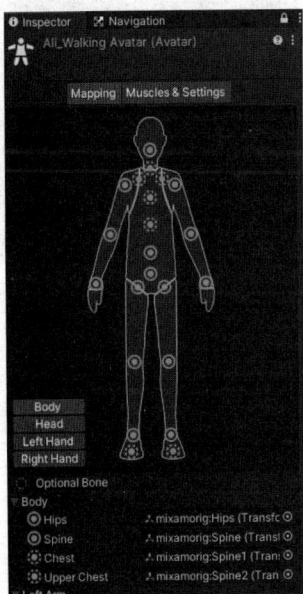

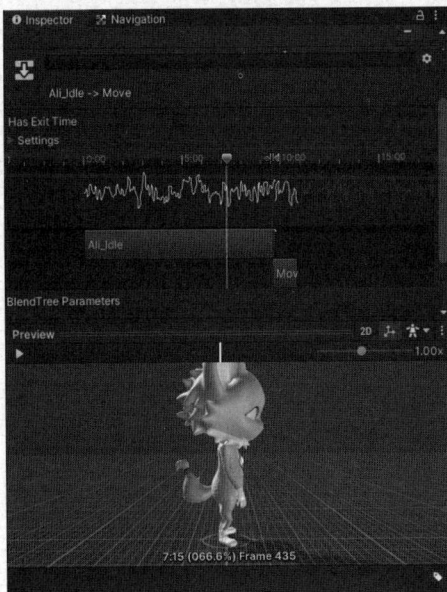

4．融合树的使用

融合树是一种特殊的动画状态，用于在多个动画片段之间进行平滑过渡。它根据输入参数（通常是浮点值）来决定如何混合动画片段，从而生成目标动画。融合树特别适用于处理角色运动，例如，角色的行走、跑步、转向等动作。融合树有多种配置方式，常见的有一维融合（1D Blend）和二维融合（2D Blend）。

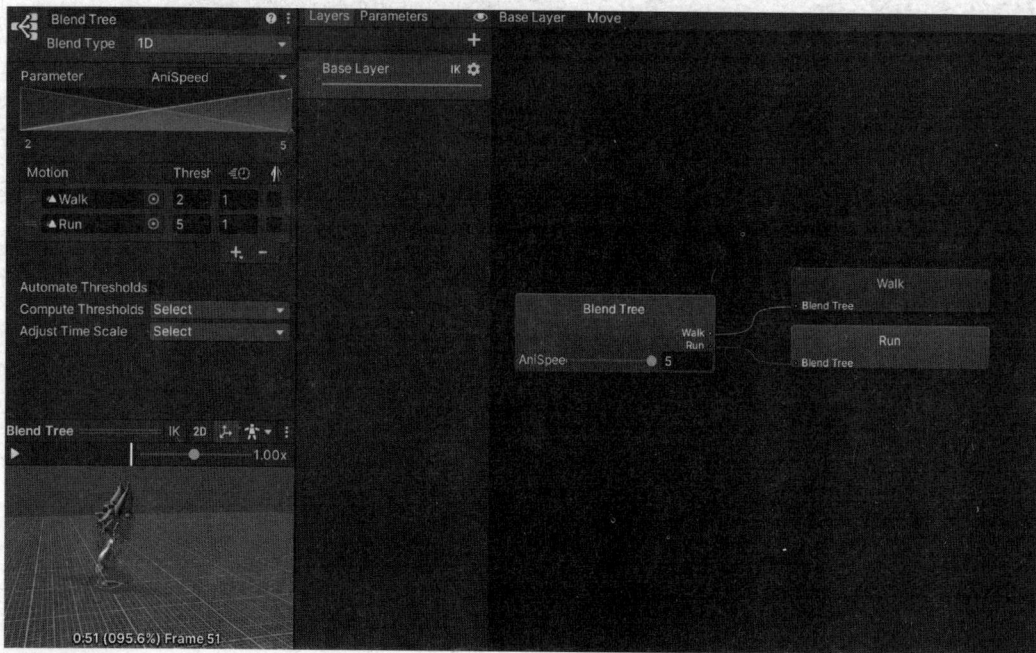

5．动画的分层和遮罩、IK 动画

动画分层允许在多个层次上播放动画，每一层可以独立控制并组合最终的动画效果。每一层可以有不同的权重和混合模式，这使得动画组合变得更加灵活。

遮罩用于指定动画影响的身体部分，配合动画分层，可以允许角色的部分身体播放一个动画，而其他部分播放另一个动画。这在处理复杂动画时非常有用，例如，角色上半身进行攻击动作，而下半身继续跑步。

IK 动画旨在提高动画的精准度，尤其是控制动画中手和脚的位置。在实际的场景中播放动画时，往往需要我们将角色的手脚精准匹配到场景中物体的相应位置。例如，角色爬墙时，主角的手脚需要和峭壁表面匹配；角色进行射击时，双手必须与枪托和扳机位置匹配。

【视频 2-4-7】
动画融合效果

【视频 2-4-8】
分层和遮罩效果

2.5 动画机

使用前面介绍的 Mixamo 动画制作方法，我们已经为游戏制作了角色的 Idle、移动（Walk）、奔跑（Run）和持枪射击（Shoot）动画。在"AnimarsCatcher"游戏中，需要依据不同情况控制角色执行对应的动画，这就需要使用动画机。前面我们已经接触过 Animator Controller 的一些基本操作，接下来，我们学习如何在"AnimarsCatcher"游戏中使用 Animator Controller 实现动画机。

【视频 2-5-1】
动画机制作

2.5.1 采集者 Ani 和爆破者 Ani 动画机

"AnimarsCatcher"游戏中有两种类型的角色：采集者 Ani 和爆破者 Ani。采集者 Ani 使用的动画主要有 Idle、Walk、Run 和 Collect，而爆破者 Ani 则使用 Idle、Walk、Run 和 Shoot 动画。这些动画需要根据不同情况进行切换，由 Unity 的动画机 Animator Controller 进行管理。

在 Unity 的 Animator Controller 中，可以定义四种类型的参数来设置动画切换的条件，分别为 Int、Float、Bool 和 Trigger。其中 Bool 类型和 Trigger 类型的区别是：Bool 类型参数可以设置为 True 或 False 两种状态，而 Trigger 类型参数只能被设置为 True 状态，且在设置为 True 状态的下一帧就会自动转换为 False 状态。在游戏开发过程中，使用 Bool 还是 Trigger 参数，需要根据实际情况进行选择。一般来说，如果需要手动控制动画的切换，可以使用 Bool 类型的参数；如果希望动画切换的过程自动进行，则可以使用 Trigger 类型的参数。

对于"AnimarsCatcher"游戏中 Idle、Walk 和 Run 动画之间的切换，使用 Ani 的移动速度进行控制，在动画机中设置为一个 Float 类型变量；Idle 和 Collect 动画之间的切换，则由一个 Bool 类型变量控制；而 Idle 和 Shoot 动画之间的切换，则使用一个 Trigger 类型变量控制。

在之前的小节中，我们已经实现了动画播放的效果。在本小节中，我们将继续完成 PICKER Ani 和 BLASTER Ani 动画状态机的设置。

上机部分

1. 调整 PICKER_Ani 的动画控制器

在 Animations/Controllers 文件夹下找到 PICKER_Ani 动画文件并打开。在 Animator 窗口的 Parameters 下删除之前添加的 LeftMouseDown 参数，因为动画状态的切换是基于 Ani 的速度，而非鼠标单击。

删除从 Idle 到 Move 的 Transition 中的 LeftMouseDown 条件。

添加从 Move 到 Idle 的 Transition，并取消勾选 Has Exit Time 选项，设置 Conditions 为 AniSpeed，小于 1.9，确保只有当 Ani 减速到特定值以下时才能回到 Idle 状态。

添加一个新的 Bool 类型参数，名为 Collect，为未来的采集动画功能预留。

【上机 2-5-1】
采集者和爆破者
Ani 动画机

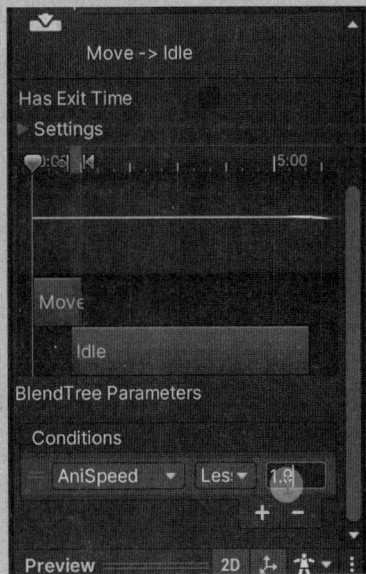

2. 编辑 BLASTER_Ani 的动画控制器

同 PICKER_Ani 一样，删除 LeftMouseDown 参数。

修改从 Move 到 Idle 的 Transition，添加 Conditions 为 AniSpeed，小于 1.9，确保在减速时自动回到 Idle 状态。

添加一条从 Shoot 回到 Empty 的 Transition，并确保 Has Exit Time 选项被勾选，使得射击动画播放完毕后可以自动返回 Empty 状态。

2.5.2 智能指挥机器人动画控制

【视频 2-5-2】
智能指挥机器人
动画控制

前面已经完成了两种 Ani 动画机的制作。现在，我们将继续为游戏中的另一个关键角色——智能指挥机器人，实施动画控制，并使其在场景中移动。

为了实现智能指挥机器人的移动，需考虑其移动速度和方向。鉴于移动速度可能需要实时调整，因此将其定义为一个公共变量。移动方向则由玩家的输入和摄像机与智能指挥机器人之间的矢量距离共同决定。调整摄像机的位置和旋转是为了改善游戏视角，这将影响玩家输入的"前""后""左""右"在世界坐标系下的方向向量，因此，确定移动方向需要通过计算来实现。

智能指挥机器人的动画控制与人形角色稍有不同。该角色的结构更类似于小车，并不涉及复杂的人形动画。为了增强动态效果，我们添加了一个简单的动画：使智能指挥机器人头顶的图标持续自转。这种动画的制作与人形动画有所区别，需利用 Unity 中的 Animation 组件来进行录制。

上机部分

【上机 2-5-2】
智能指挥机器人
动画控制

1. 导入智能指挥机器人模型

在 Project 面板的 Art/Models 文件夹下，新建一个名为 SmartCommandRobot 的文件夹，用于存放智能指挥机器人素材。将名为 SmartCommandRobot 的 UnityPackage（第 2 章\上机 2-5-2 素材）导入该文件夹中，单击 Import 按钮确认。

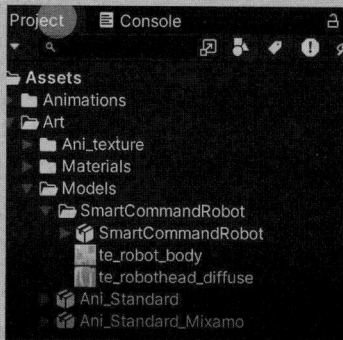

将模型拖入 Hierarchy 面板中，并调整其位置到 Ani 身边。在 Hierarchy 面板中右击模型，选择 Unpack Prefab 以解绑模型，方便后续修改。

2. 设置玩家控制角色

将之前创建的 Player 脚本组件移动到智能指挥机器人身上，并删除原先的 Player 物体。

在 Hierarchy 面板中右击 Create，选择 3D Object，创建一个 Plane 作为地面。重置其 Transform 组件，并将 Plane 的缩放中的 X 和 Z 调整为 10。

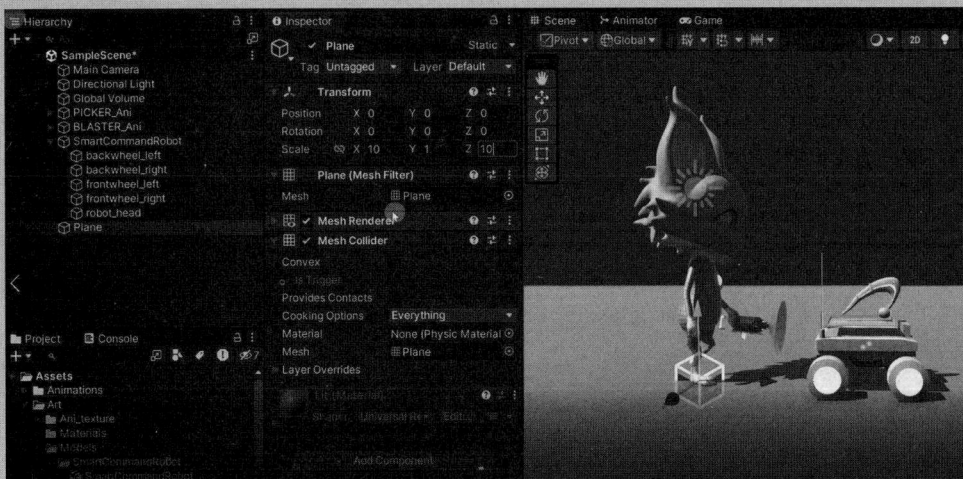

为智能指挥机器人添加 Rigidbody 组件，冻结其 X 轴和 Z 轴的旋转，并将 Collision Detection 模式设置为 Continuous；再添加 Box Collider 组件，使机器人能与地面产生碰撞，并编辑 Box Collider 的大小以贴合机器人底部。

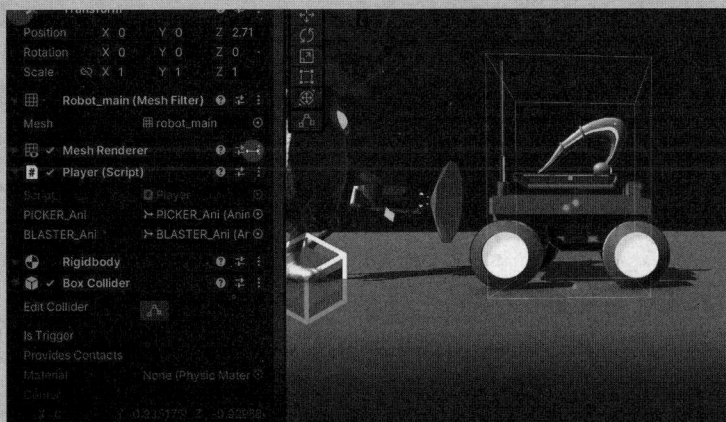

3. 编写移动代码

在 Player 脚本中定义一个 float 类型的变量 MoveSpeed，默认值为 20f，用于控制移动速度。

在 Update 函数中，通过获取玩家输入的水平和垂直坐标数据，将输入方向转换为相对于摄像机方向的世界坐标系方向，然后平滑地调整角色朝向，并根据目标方向和预设的移动速度设置角色的刚体速度，实现角色在游戏中的平滑移动。

4. 摄像机跟随

编写 CameraFollow 脚本。在游戏开始时计算并保存摄像机与玩家之间的初始位置偏移量，并在每一帧更新摄像机的位置，使其保持相对于玩家的固定位置，从而实现摄像机跟随玩家的效果。

将 CameraFollow 脚本作为组件添加到 Main Camera 上。将智能指挥机器人的 Tag 改为 Player。

5. 创建旋转动画

在 Unity 界面上方单击 Window/Animation 打开动画窗口，单击 Create 按钮，选择 Animations/Clips 文件夹，将动画命名为 RobotHeadRotate，单击保存按钮。

单击 Add Property 按钮，选择 robot_head 下 Transform 中的 Rotation，单击加号。

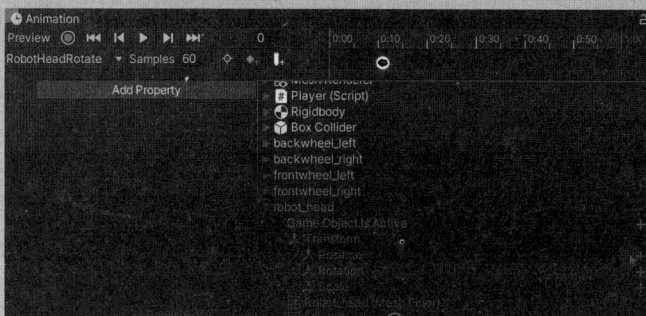

将动画结束位置的帧拖曳到第 10 帧的位置。在第 5 帧时，将 Rotation 的 Y 设置为 180。在第 10 帧时，将 Rotation 的 Y 设置为 360。将 Samples 的值缩小为 12，以减慢动画速度。在 3 个关键帧上右击选择 Both Tangent/Linear，设置动画曲线为线性。

最后，单击 Animation 窗口下方的 Curves 按钮编辑动画曲线。

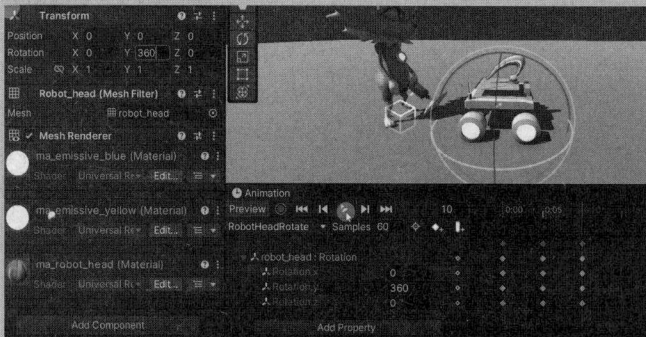

通过上述步骤，我们实现了智能指挥机器人在 Unity 中的移动功能及其动画控制，并为其头部徽标添加了自动旋转动画效果。

作业部分

为智能指挥机器人添加车轮滚动动画，默认情况下停止播放，开始移动时播放滚动动画。

作业资源：【作业 2-5-1-HW】车轮动画。

2.6 群体动画控制

至此，我们已经掌握了对单一角色进行动画控制的基本方法。当涉及多个角色时，每个角色的动画控制在逻辑上与单一角色相似，即每个角色的动画切换都遵循其独特的逻辑。然而，多角色操作的复杂性在于角色间可能发生的碰撞等互动问题，不仅需要对应的动画效果，还需要控制角色的行为。关于群体行为的处理方法，我们将在第 6 章"人工智能"中详细讨论。在本节，我们主要关注如何在"AnimarsCatcher"游戏中控制群体动画。

【视频 2-6-1】
群体动画控制

在角色行为的控制方面，最基本的方法是定义一组角色，并指导它们向特定位置移动。在默认状态下，角色保持空闲（Idle）状态。当玩家选择这些角色并单击一个目标点时，角色会切换到走路或奔跑的动画并向该点移动；当角色接近目标点时，它们会重新切换回空闲动画。

上机部分

现在开始实现群体动画控制的效果，即圈定一群 Ani，使它们进入被智能指挥机器人控制的状态，当鼠标单击某个位置时，被控制的 Ani 就会向指定的位置移动。

1. 选定控制角色

首先需要定义圈定功能，即当玩家按住鼠标右键时，显示一个动态扩大的圈定范围，松开时范围缩小。使用 controlRadiusMin 和 controlRadiusMax 控制圈定的最小和最大半径。

【上机 2-6-1】
群体动画控制

在 Update 函数中设置圈定逻辑，并通过编写一个专门的函数 GetMouseWorldPos 来获取鼠标在游戏世界中的位置，以处理玩家的输入。这可以通过使用 Physics.Raycast 从摄像机到单击位置发送射线，来获取交互点的世界坐标。

为了进行测试，可以在 OnDrawGizmos 函数中使用 DrawWireSphere 函数绘制圈定范围，这样可以在 Unity 编辑器中直观地看到控制区域。OnDrawGizmos 函数是 Unity 提供给开发者的一个函数，使开发者可以轻松地进行可视化的直观测试。该函数在编辑器运行游戏时的每一帧中都执行。

2. 准备 Ani 角色

现在可以开始实现获取 Ani 并将其派遣到相应位置的功能。需要为 Ani 添加必要的

物理组件和碰撞器，确保它们能在游戏世界中正确地移动和相互作用。在脚本中创建一个列表存储被控制的 Ani，并通过在圈定区域内检测碰撞体来更新这个列表。定义一个函数 SetMoveTargetPos，用于在 Ani 中设置目标位置，控制 Ani 向该位置移动。

在"AnimarsCatcher"游戏中，会有多个 PICKER-Ani 和 BLASTER-Ani 同时出现，为了达到游戏物体的复用目的，可以在 Assets 下创建一个 Prefabs 文件夹，将 Hierarchy 面板中的这两种 Ani 直接拖到文件夹中，制作两种 Ani 的预制体。

3. 实现 Ani 的基础移动功能

接下来为 Ani 实现基础移动功能。需要使用一些函数来控制与移动有关的状态，例如，可移动标志 mCanMove（布尔变量）：用于控制是否允许对象移动。这是通过玩家的输入或游戏逻辑来设置的。目标位置 mTargetPos：一个 Vector3 类型的变量，存储对象应移向的目标位置。这通常由鼠标单击或 AI 决策产生的位置决定。移动速度：一个表示对象移动快慢的浮点数，影响每一帧对象移动的距离。

在每一帧计算对象应该移动的距离，该距离通常是速度乘以 Time.deltaTime（上一帧的时间），确保运动的平滑和帧率无关。使用 Vector3.MoveTowards 函数，来实现从当前位置向目标位置逐渐接近的功能。这个函数接收当前位置、目标位置参数值和一个步长值，返回一个新位置，该位置是沿着两点间直线的下一个位置。为了控制角色的朝向，可以设置它的 forward 方向指向当前位置和目标位置形成的方向向量，使对象面向移动方向。当 Ani 接近目标位置时，通过设置 mCanMove 为 False 停止移动，并设置 Animator 参数停止奔跑动画，回到静止状态。

在移动过程中，使用 Animator 组件来控制角色的动画状态。通过修改 Animator 中的参数（如 AniSpeed），可以触发不同的动画状态，例如，从静止过渡到奔跑。

2.7 总结

　　本章学习内容涵盖范围广泛，首先介绍了建模软件的基本操作，讲述了如何创建高质量的三维模型。接着，介绍了骨骼动画的制作方法，包括骨骼的创建、权重的分配和动画的绑定。

　　本章特别强调了如何利用动画状态机控制角色动画的流畅转换，保证动画在不同状态间的无缝对接。本章还探讨了群体动画的实现方法，介绍了如何有效控制多个角色的行为和动作，这对于游戏中需要同时表现多个活动实体的场景尤为重要。

　　通过本章的学习和实践，你已经具备了制作和控制复杂动画的能力，可以创作出极具观赏性和互动性的动画效果。完成本章的练习作业后，你将能够进一步增强游戏画面的真实感和动感，使游戏更加引人入胜，并且为玩家提供一个视觉上难忘的游戏世界。

　　希望你能继续学习更多高级动画技术，如面部动画和布料模拟，以进一步提升角色的表现力和真实感。

第 3 章

游戏场景

【视频 3-1】
第 3 章 demo 效果

"AnimarsCatcher"游戏场景由广阔的沙漠和狭窄的绿洲构成，形成鲜明的地貌对比。在游戏中，玩家将能够仰望绚丽的星空，或是在探索过程中发现被巨大岩石堵塞的神秘矿洞。

本章将详细介绍如何构建起伏不定的地形，以及如何运用贴图来呈现绚丽多彩的地表。此外，本章还将介绍如何在地形上添加可以随风飘动的植被和其他附着物，以提高场景的真实感和动态美。

天空系统的设计也是本章的重点之一，它不仅需要展现星空的壮丽，还应包括日夜更替、天气变化等动态效果，以增强玩家的沉浸感。场景中的动画效果也是提升表现力的关键元素，例如，动态的水流、飘动的旗帜和其他环境动画。

最后，本章将探讨如何将这些视觉元素与游戏玩法有机结合，设计出既美观又能实现游戏功能的场景元素。

3.1 地形系统

3.1.1 地形

地形系统主要分为两部分：地形和地形覆盖物。接下来，我们分别予以介绍。

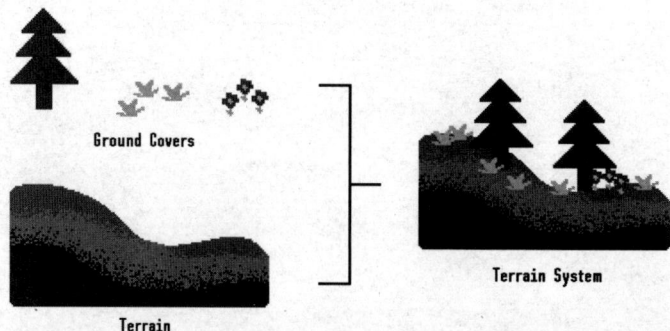

在游戏引擎中创建具有特定地貌特征的地形主要有两种方法：使用高程图和地形笔刷。

1. 高程图

高程图是一种灰度图片，其中每像素的灰度值代表了该位置地形的高度。像素的灰度值越高，对应的地形高度越高；灰度值越低，对应的地形高度越低。创建地形的过程实际上就是将高程图应用于地形网格上，通过解析高程图中的灰度值来调整网格顶点的高度，从而形成起伏的地形。

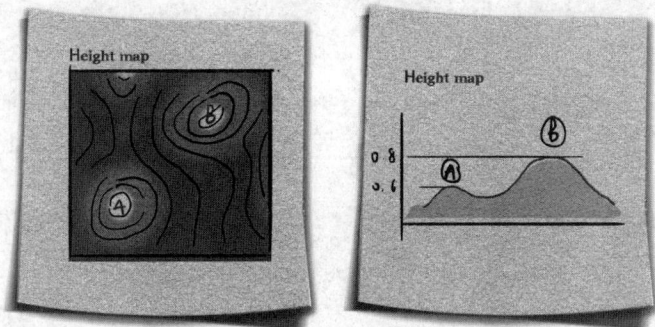

上机部分

打开本小节的示例工程，在 Unity 的 Hierarchy 面板中找到原先使用的 Plane 对象，右击并选择 Delete，移除该平面以准备创建真实地形。

右击 Hierarchy 面板中的空白处，选择 Create → 3D Object → Terrain。这样会创建一个新的地形对象，它默认带有 Terrain 和 Terrain Collider 组件。在 Inspector 面板中找到地形的 Terrain 组件，单击工具栏中的第 5 个图标进入地形设置面板。

【上机 3-1-1】
高程图

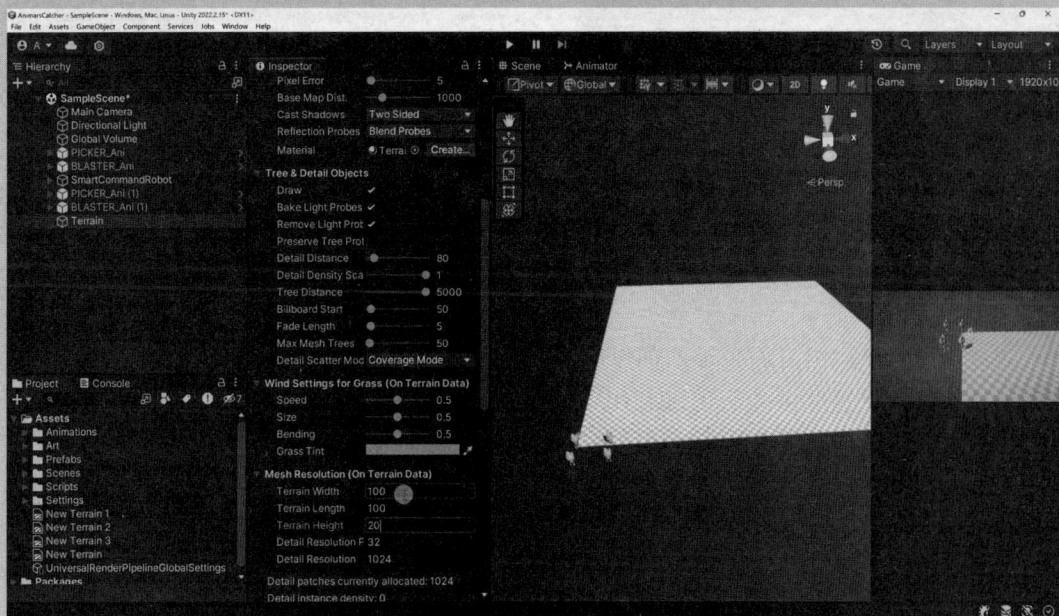

在 Mesh Resolution 部分，设置地形的宽度（Terrain Width）、长度（Terrain Length）和最大高度（Terrain Height）（本例中分别设置为 100、100 和 20），调整地形尺寸以满足

游戏的具体需求。

考虑到后续可能会创建更多的 Ani，创建一个名为 Anis 的空物体，并将所有的 Ani 作为其子物体，这有助于保持 Hierarchy 面板的整洁。

选择 Terrain 对象，打开地形设置面板，单击 Import Raw 按钮开始导入地形高程图文件（第 3 章\上机 3-1-1 素材）。在弹出的窗口中设置 Terrain Size 的 X、Y、Z 值分别为 100、20、100，并确认导入。导入后，可以观察到地形出现了高低起伏，与高程图一致，从而使地形更加真实和多样化。

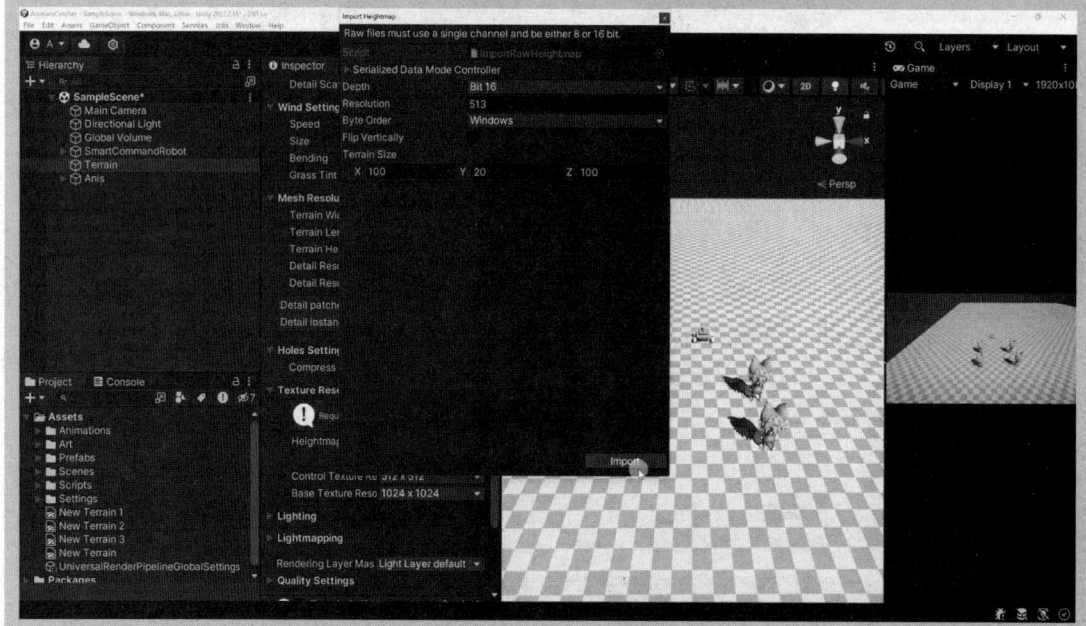

2. 地形笔刷

游戏引擎通常还提供一种所见即所得的地形建造工具——地形笔刷。这种工具在功能上类似于 Photoshop 等图像编辑软件中的画笔工具，但地形笔刷的绘制结果是地形的高度而非颜色。使用地形笔刷，你可以在地形上绘制山脉、平原或洼地，甚至在特定位置创造洞穴。

在使用地形笔刷前，需先手动创建地形。在"AnimarsCatcher"游戏中，地形被分为四个区块。为了连接这些区块，可以利用"连接相邻地形"功能，这一功能允许快速自动地连接相邻的地形区块。仅需单击区块边缘，即可创建相邻地形。

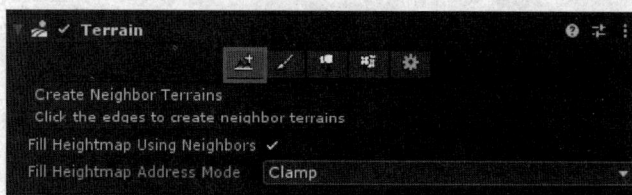

在"AnimarsCatcher"游戏中，使用笔刷工具来提升地面高度以创造山坡，利用"设定

高度"工具来确定山坡的具体高度,使用"平滑高度"工具来优化山坡的过渡。这些工具都可以通过地形笔刷实现使用。地形笔刷还能用于绘制洞穴(通过"绘制洞穴"功能实现),在"AnimarsCatcher"游戏中并未使用此功能,具体使用方法留待读者自行探索。

上机部分

1. 创建地形对象

在 Project 面板中,右击空白处,选择 Create → Folder,将文件夹命名为 Terrains。这个文件夹将用于存放所有与地形相关的素材。

在 Hierarchy 面板中,右击空白处,选择 3D Object → Terrain,Unity 会自动生成一个地形对象以及相关的默认数据文件。在 Project 面板中,找到自动生成的数据文件,将其移动到 Terrains 文件夹中,并重命名为 Terrain1。

【上机 3-1-2】
地形笔刷

2. 创建相邻地形

选择地形对象,在 Inspector 面板中找到地形编辑工具栏。使用 Create Neighbor Terrains 功能,依次创建 3 个相邻的地形,使整个地形变成由 4 个 100m×100m 的小地形组成的一个边长为 200m 的正方形。Unity 会自动生成其他 3 个地形的数据文件,分别将其重命名为 Terrain2、Terrain3 和 Terrain4。

3. 使用地形编辑工具

转到地形组件工具栏,选择 Raise or Lower Terrain 工具,在笔刷区选择适合的笔刷,并调整 Brush Size 和 Opacity 参数。按住鼠标左键在地形上涂抹,观察地形上升的效果。调低 Opacity 参数,可以使地形缓慢上升;调高 Opacity 参数,可以使地形迅速上升。若

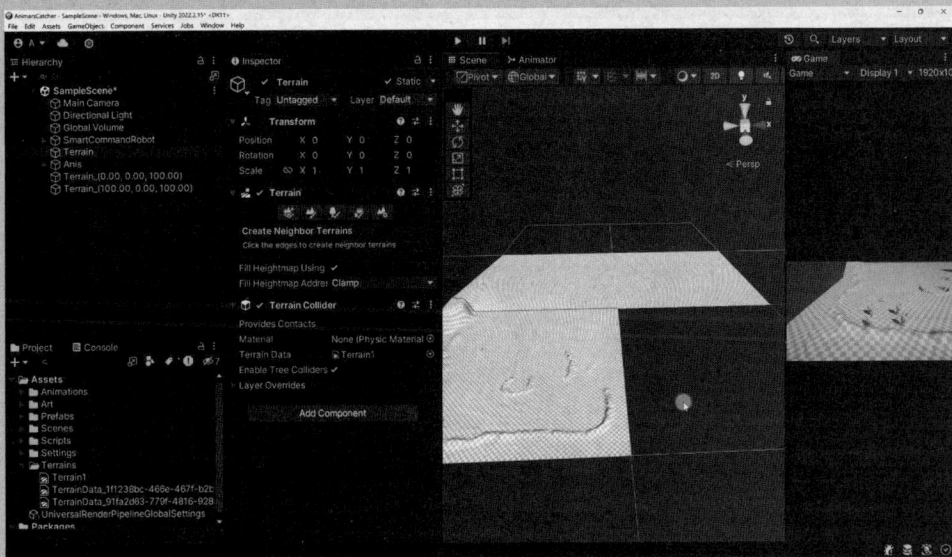

需要降低地形，可同时按住键盘上的左 Shift 键和鼠标左键进行绘制。

接着，选择 Smooth Height 工具，该工具能使较陡峭的地形区域变得更加平滑。在地形上操作，平滑一些不平整的区域，通常与其他工具配合使用，以获得更接近自然的地形效果。

接下来，选择 Paint Holes 选项，可以在地形上制造洞穴。

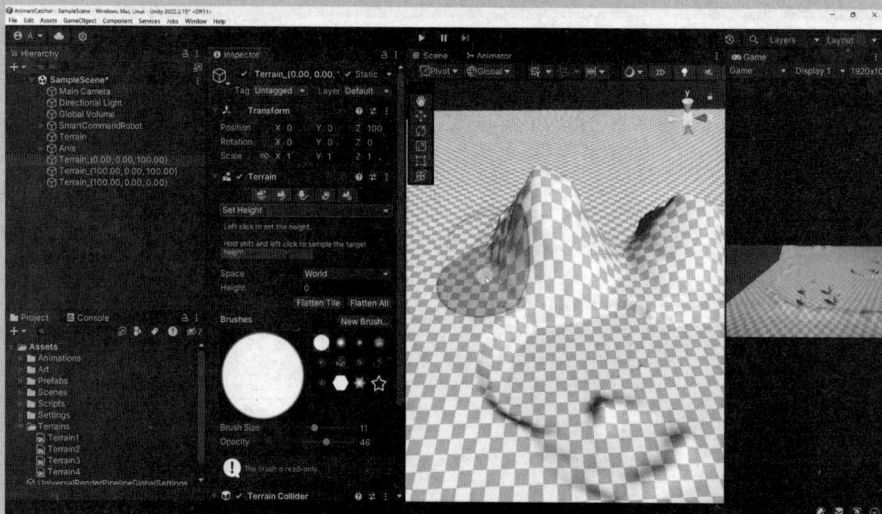

最后，使用 Set Height 选项直接将地形的一块区域设置为特定高度，该选项便于创建特定高度的平坦地区。使用 Flatten Tile 可以将一整块地形的高度设为 0。尝试将 Height 数值调整为 10、20、30，并观察效果。可以发现，当 Height 调整为 30 时，单击 Flatten 按钮没有发生变化。这是因为在 Terrain Settings 中已经规定了地形的长、宽、高。因此得出结论：当这里的数值超过 Terrain Settings 中设置的地形高度时，地形不会有任何变化。

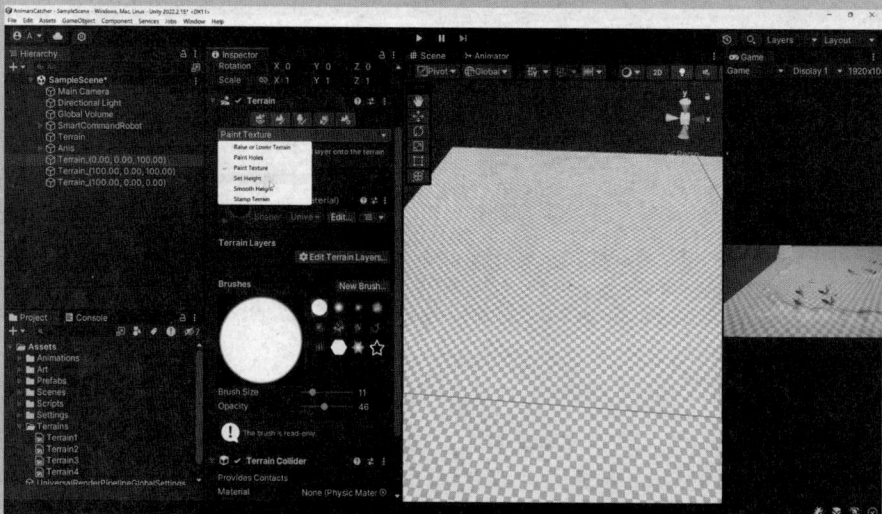

　　本书的附带资源中已经预先绘制好了地形，你可以将其他 3 块地形的高程图导入。第一块地形作为游戏开始时智能指挥机器人和 Ani 的"出生点"，第二块地形的左上角有一个比较小的山洞，在第四块地形中，有一个特别大的洞穴区域。建议你在之后学完地形组件的所有工具后，通过作业来美化地形。

3.1.2　地形覆盖物

　　通过前面介绍的地形编辑方法，可以为游戏设计出基本地貌。在为"AnimarsCatcher"游戏的基础地形添加更丰富的细节时，地形表面的纹理贴图和地形附着物是关键元素。这些元素可以显著增强游戏环境的视觉效果和真实感。

1. 普通纹理贴图

　　类似于普通三维模型，地形表面也可以添加材质，以展现地形的颜色和纹理细节。这使得表现沙地、砖地、沼泽地、草地等不同地表特征变得方便。地形材质主要包含以下几种纹理。

　　（1）漫反射纹理贴图（Diffuse Map）：这是地形图层的基色纹理，为地形提供基本的颜色和纹理样式。

　　（2）法线贴图纹理（Normal Map Texture）：包含地形图层的法线信息，这些信息被游戏引擎用于进行光照计算。在地形设置（Terrain Settings）中，如果未指定法线贴图并启用实例化（Draw Instanced），则地形会使用从高程图生成的法线；如果指定了法线贴图且启用实例化（Draw Instanced），Unity 将使用这些法线贴图纹理。禁用实例化时，内置地形材质将使用从地形几何体生成的法线，即使

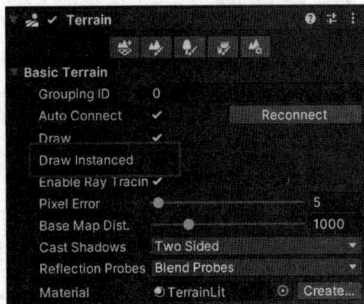

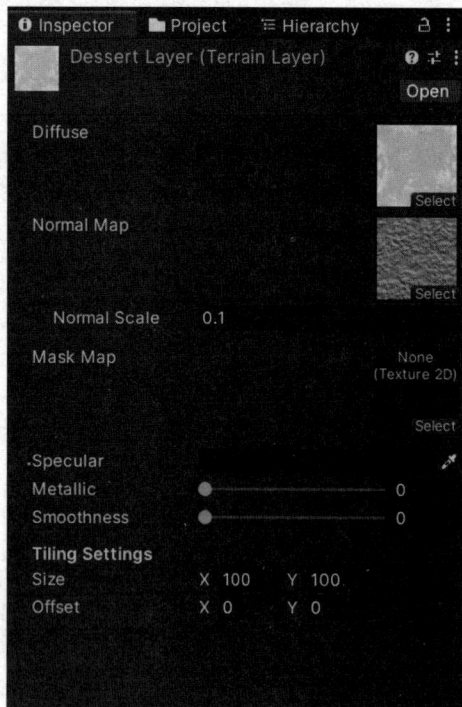

在地形图层上已指定法线贴图纹理。

（3）遮罩贴图（Mask Map）：这是多种贴图的组合，包括 4 个灰度纹理，每个纹理占用一个颜色通道，利用一张图的 RGBA 通道来组合四张贴图。四个纹理分别为：Metallic（金属感）、Occlusion（遮蔽）、Detail Mask（细节）、Smoothness（光滑度）。这种贴图在需要更高质量的地形效果时非常有用，在"AnimarsCatcher"中我们暂时不会使用这种贴图。

设置这些贴图后，还可以调整地形贴图的其他属性以获得更高质量的地形效果。虽然在"AnimarsCatcher"中未使用这些属性，但了解它们的功能对于未来可能的项目需求是有帮助的。现简要介绍如下。

● Normal Scale

为地形材质分配法线贴图后，地形图层设置中将出现一个名为 Normal Scale 的新字段。这个字段的值用来调整法线贴图中法线值的缩放因子。理解这个字段的设置对于调整地形的视觉效果至关重要。

【视频 3-1-1】
Normal Scale 设置演示

【视频 3-1-2】
Metallic 设置演示

【视频 3-1-3】
Smoothness 设置演示

Normal Scale = 0	在此设置下，未打包的法线值将乘以 0。这意味着法线的强度为 0，对光照计算没有任何影响。实际上，地形的网格三角形将使用网格自身的法线进行光照计算
Normal Scale = 1	这个设置将未打包的法线值乘以 1。此时，法线的强度为 100%，即法线将以其原始比例影响光照效果
Normal Scale = 2	此设置将未打包的法线值乘以 2。法线的强度因此增至 200%，显示效果为 Normal Scale=1 时法线效果的两倍
Normal Scale = –1	在此设置下，未打包的法线值乘以 –1。法线的强度仍为 100%，但方向与 Normal Scale=1 时的方向相反，为负

● Specular

这个属性定义了地形图层的镜面反射高光颜色，影响地形在光照下的高光表现。

● Metallic

该属性表示地形图层的总体金属度值。金属度高的材料在光照下表现出更强的反射性和较少的散射。

● Smoothness

该属性表示地形图层的总体平滑度，其设置直接影响材料的光滑与否。平滑度越高，材质看起来越光滑，反射效果也越明显。

2．无缝贴图

在设计地形时需要仔细考虑纹理的缝隙问题，特别是当地形的尺寸相对于贴图尺寸较大时。纹理如同房间地面上的瓷砖，如果处理不当，拼接处可能出现不自然的缝隙，影响整体视觉效果。

在这种情况下，就需要使用无缝贴图。它们的边缘能够完美对接，无论在何种缩放比例下都不会出现明显的接缝。这种贴图可以通过图像编辑软件如 Photoshop 来创建，或从专门提供无缝贴图的资源库中获取。

▶ 上机部分

在创建了地形的基础上，接下来我们为"AnimarsCatcher"游戏地形添加纹理。

1．准备地形纹理资源

在 Project 面板中的 Terrains 文件夹内新建一个名为 TerrainLayers 的子文件夹，用于存放所有与地形纹理相关的素材。导入地形纹理贴图 ground_basecolor.png（第 3 章\上机 3-1-3 素材）到 TerrainLayers 文件夹中。

【上机 3-1-3】
地形纹理

2. 创建地形纹理层

在 Terrain 组件的 Paint Texture 部分，单击 Edit Layers，然后选择 Create Layer 并选择刚刚导入的贴图。Unity 将自动创建一个 TerrainLayer，并放置在 TerrainLayers 文件夹下，将其重命名为 BaseLayer。

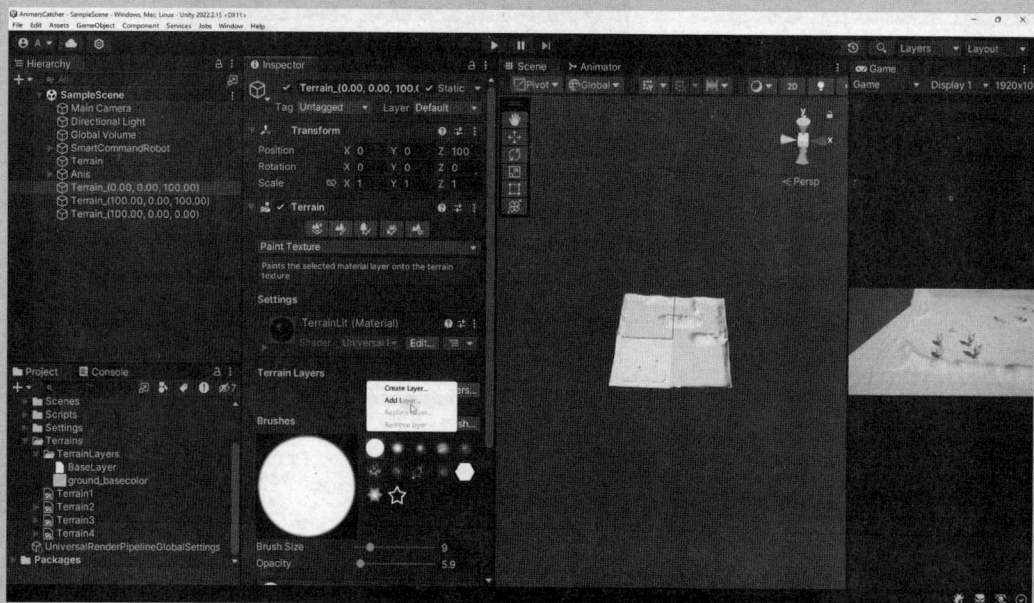

3. 应用纹理到地形

在其他 3 块邻近地形区域中，同样添加已创建的基础层，方法是单击 Edit Layers → Add Layer 并选择 BaseLayer。

在 Scene 视图中放大查看，观察地形贴图在地形上的效果。调整 BaseLayer 的 Tiling Settings 中 X 和 Y 的值都为 100，这样相当于将地形贴图完整地贴在一块 100m×100m 的小地形上，整个 200m×200m 的地形恰好由 4 块地形贴图拼成。

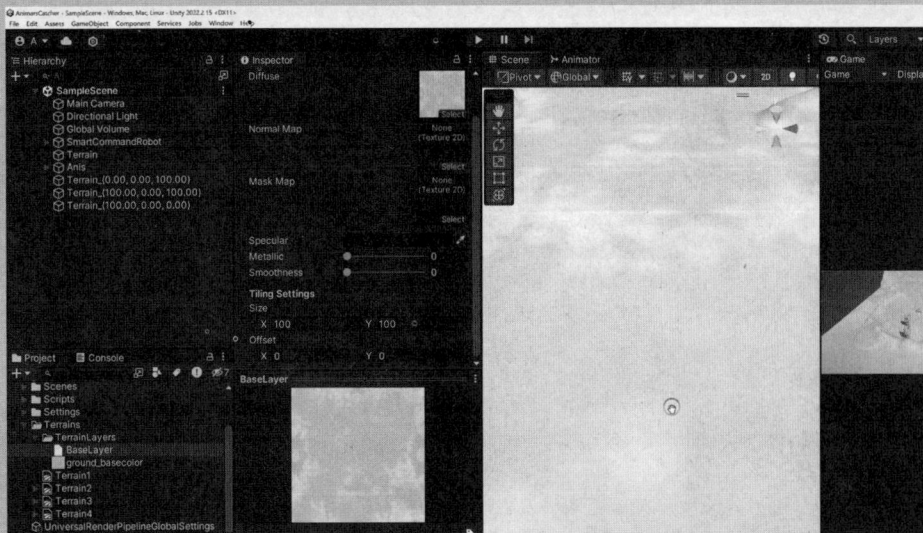

4. 处理纹理的无缝连接

如果发现地形之间存在缝隙，可使用图像处理软件（如 Photoshop）对贴图进行偏移处理，确保其能够无缝连接。

在 Photoshop 中，选择 Filter → Other → Offset，将水平和垂直偏移都调整为贴图边长的一半，确保上下两侧和左右两侧可以无缝拼接。然后使用 Healing Brush Tool 修复图片中的缝隙，最后导出处理后的无缝贴图。

在本书附带的资源中，准备好了所有的无缝贴图素材，你可以直接使用处理好的素材。

5. 重新导入和应用处理后的纹理

在 Unity 中，如果处理后的贴图出现错误，可通过右击图片选择 Reimport 进行重新导入操作。观察地形贴图，确保之前的缝隙已被消除。

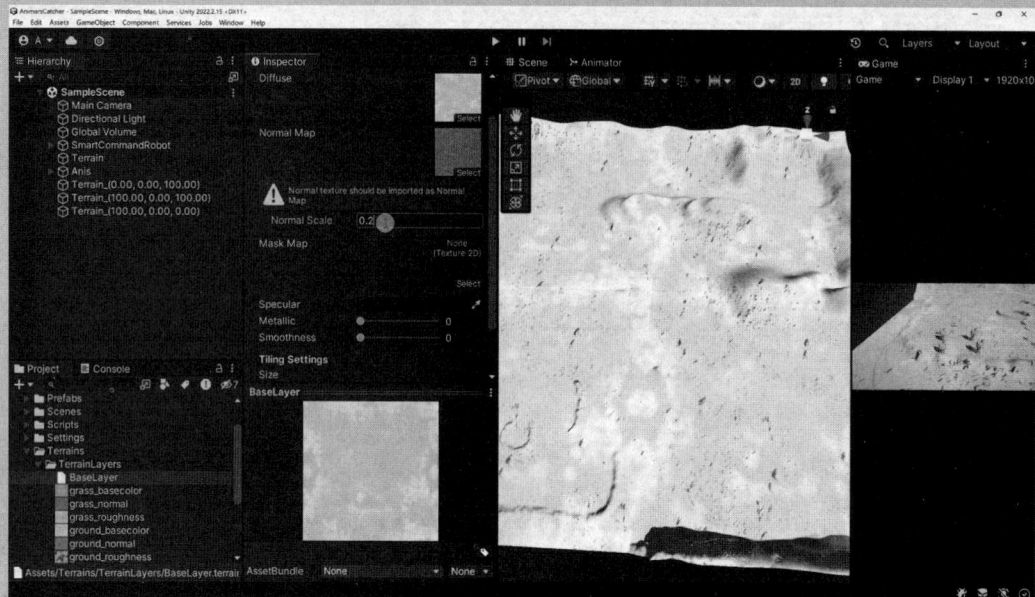

6. 添加法线贴图以增强视觉效果

导入处理好的法线贴图到 TerrainLayers 文件夹。在 BaseLayer 中，将法线贴图拖入法线贴图的位置，并调整 Normal Scale 为 0.2。如果法线贴图未按 Normal Map 格式导入，需要在 Inspector 面板中将 Texture Type 调整为 Normal Map，并单击 Apply 按钮。

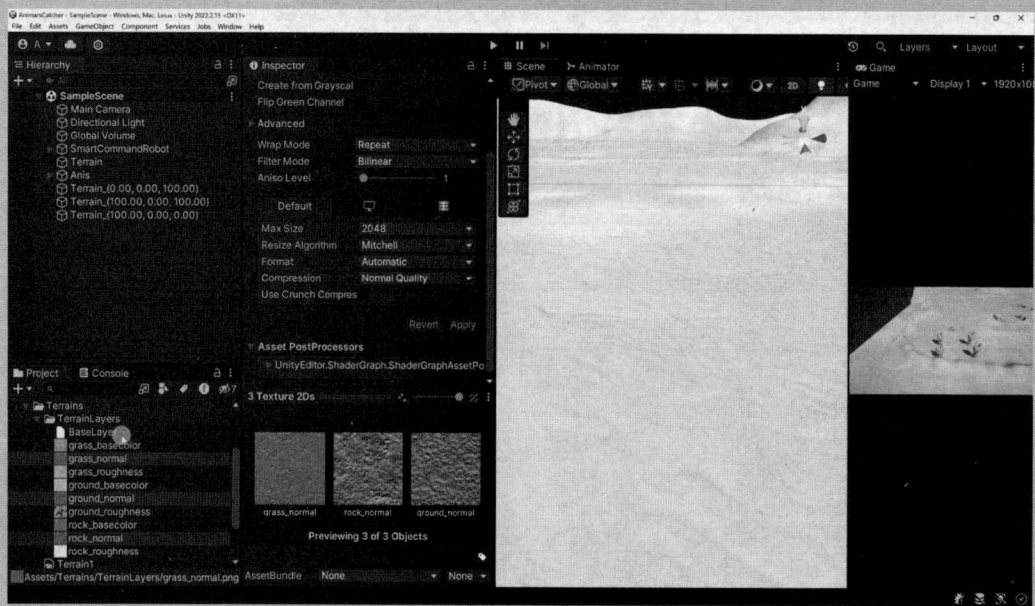

7．创建和应用更多纹理层

在地形组件中添加额外的纹理层，如 GrassLayer 和 RockLayer，为它们分配相应的基色贴图和法线贴图。使用地形的 Paint Texture 功能，采用不同的笔刷大小和强度在地形上绘制，以查看草层和岩石层的效果。最后，在其他 3 块地形的地形组件中也添加上 GrassLayer 和 RockLayer，以备后续使用。

3．地形附着物

到目前为止，我们已经设计出了一个拥有高低起伏的地貌和地表材质的地形。现在可以在这个地形上添加树木、花草等附着物了。

下面介绍实现树木和花草绘制的必要技术，包括 Unity 中的树木 Shader、Unity Terrain 的细节渲染模式，以及 Billboard 的原理。之后是关于场景元素的碰撞体，会介绍如何为树木设置碰撞体。

1）树木

在 Unity 游戏引擎中，有两种主要方式绘制树木：使用 SpeedTree 和 Tree Editor。"AnimarsCatcher" 游戏使用了 SpeedTree，因为其 Shader 被 URP（Universal Render Pipeline）渲染管线所支持。SpeedTree 是一个强大的第三方工具，提供预制的树木资源和专用的树木建模软件。不过，需要注意的是，SpeedTree 的树木通常需要三到四种不同的材质来绘制，因此不建议在性能有限的平台（如移动平台）上大量使用。

2）花草

地形上可能会覆盖草丛、花朵、岩石等物体。在游戏引擎中，这些物体可以通过网格模型或纹理四边形绘制。

当使用网格模型绘制时，有 3 种模式可供选择：实例化网格模型（Instanced Mesh）、顶点光照网格模型（Vertex Lit Mesh）和草网格模型（Grass Mesh）。这 3 种模式分别适用于不同精度、具有可移动性的网格模型绘制。

而纹理四边形（Grass Texture）绘制适用于表现随风摇曳的草的效果，这种模式需要使用布告板技术来实现。

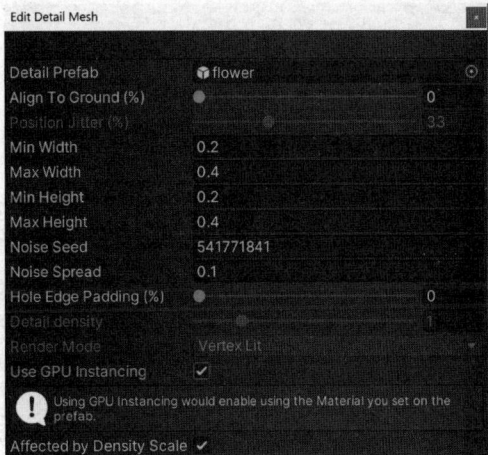

- **Instanced Mesh**

这是 Unity 推荐的模式，适合需要在地形上放置任意数量网格的场景。使用此模式时，通过选择"添加细节网格"并启用"使用 GPU 实例"选项来添加实例化网格。

- **Vertex Lit Mesh**

这种模式不使用 GPU 实例进行渲染，而是将所有的细节实例合并到一个网格中。这种方法使用简单的渲染，并对可以实现的实例数量有限制。要添加顶点光照网格，需要选择添加细节网格，并设置渲染模式为顶点光照。

【视频 3-1-4】
使用 Instanced
Mesh

- Grass Mesh

该模式工作原理类似于 Vertex Lit Mesh，但被 Unity 视为草。这些网格总是有向上的法线，并且会在风中移动。要添加草网格，需要选择添加细节网格，并设置渲染模式为草。

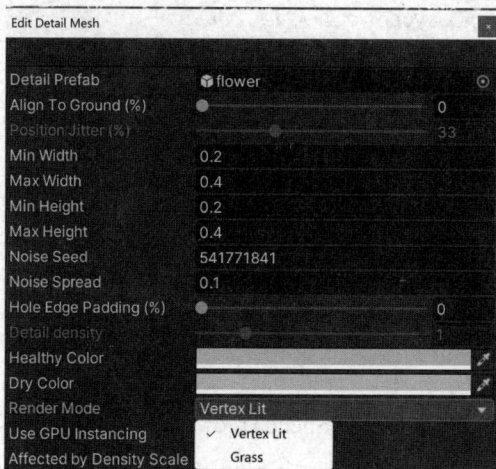

- Grass Texture

该选项允许直接从纹理创建草的四边形网格，并且它们会在风中移动。选择"添加草纹理"时，可以启用使草四边形总是面对相机的布告板效果。

3）布告板

在使用四边形纹理来绘制草的过程中，应用了布告板技术。布告板将复杂的三维对象预先渲染为纹理，并将这些纹理绘制到始终面对相机的平面几何网格（通常是四边形）上。在远距离观察时，相对于相机的方向不会有显著变化，因此尽管使用的是图像，但布告板看起来很像它所代表的物体。这种技术可以显著提高渲染效率，同时对画面质量的影响较小。

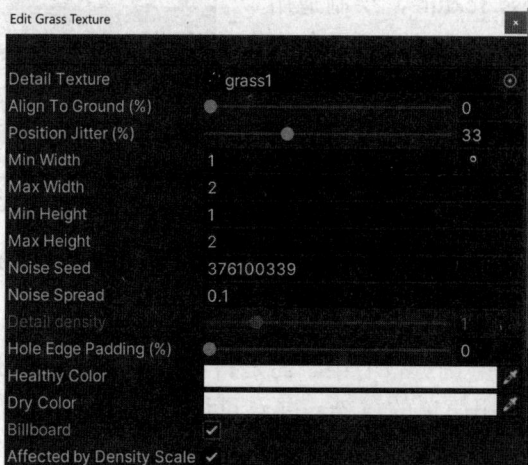

▶ **上机部分**

接下来，我们在"AnimarsCatcher"游戏中为地形添加附着物。

1. 导入树木资源包

在 Project 面板中的 Terrains 文件夹下，右击选择 Import Package → Custom Package，导入本书提供的 Trees.unitypackage（第 3 章 \ 上机 3-1-4 素材）。

【上机 3-1-4】
地形附着物

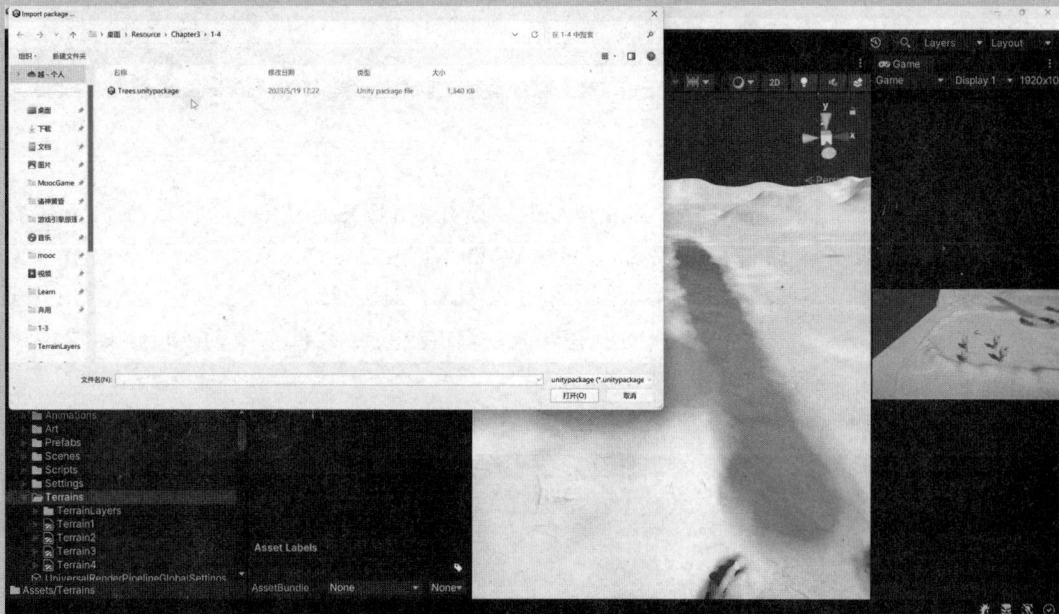

导入后，检查新创建的 Trees 文件夹，它应包括材质（Materials）、模型（Models）、贴图（Textures）及预制体（Prefabs）。确保所有的树木模型都已经拆分出来，并已经添加了碰撞体和层次细节（Level Of Detail，LOD），这有助于优化性能。

2. 绘制树木

单击地形对象，在 Inspector 面板中找到 Terrain 组件，选择 Paint Trees 工具。单击 Edit Trees → Add Tree，选择一个树木预制体，如名为 Brich 的树木，将其拖到 Tree Prefab 槽中以添加到地形的树木列表中。调整画笔大小和树木密度（Brush Size 和 Tree Density），然后在地形上绘制树木。由于添加了 LOD，远距离观看时，树木的细节将根据距离逐渐减少，从而优化渲染性能。

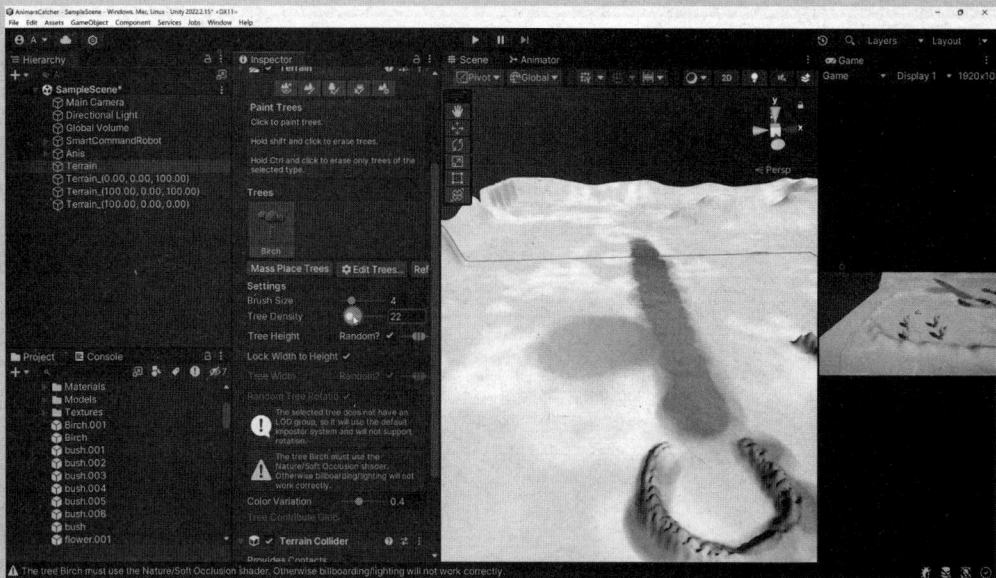

3. 绘制其他附着物

选择 Paint Details 工具。单击 Edit Details，选择 Add Detail Mesh，将名为 Flower 的预制体拖到相应槽中。调整 Min Width、Max Width、Min Height、Max Height 等参数，设置花朵在地形上的大小和分布，然后单击 Add 以添加到地形上。

采用同样的方式，选择 Add Grass Texture，将 Textures 文件夹中的 grass1 贴图拖进来，并调整其尺寸和高度参数。

通过上述步骤，你可以在 Unity 中为"AnimarsCatcher"游戏地形添加丰富的自然元素，如树木和草地，提升游戏环境的真实感和视觉吸引力。同时，确保地形的设计符合

游戏的玩法需求，避免设计过于复杂的地形，以适应游戏的交互和动态环境。

作 业 部 分

　　创建一个尽可能美观的地形，至少绘制 200m×200m 的场地，不要有太多山脉，留一些平缓的路径，游戏中的 Ani 角色可以在上面行走。

　　作业资源：【作业 3-1-1-HW】创建地形。

3.2　天空盒

　　天空盒是可以真实地再现室外场景的一种常用表现手法。它基于一个简单的概念：以相机为中心，在其周围绘制一个大的立方体，每个面上都贴有无缝拼接的天空纹理。

　　游戏引擎通常会首先渲染天空盒，确保天空始终处于所有其他物体的背后。这种渲染方法使天空看起来无限远，因为当玩家移动视角时，天空盒也会相应地移动，但其大小和位置的变化不明显，从而营造出一种广阔的视觉效果。此外，天空盒还可以配置照明效果，以模拟不同天气条件下的光照变化，从而增加游戏场景的真实感和动态美。

　　游戏引擎支持多种类型的天空盒，主要包括以下几种。

　　（1）6 Sided Skybox：由 6 个单独的纹理组成，每个面一个。这种天空盒常用于那些需要更多天空场景细节的游戏中。

　　（2）Cubemap Skybox：使用一张全景图作为输入，通常用于渲染静态的天空。这种天空盒通过 6 个面的立方体映射，提供了更加连贯和真实的视觉效果。在"AnimarsCatcher"中，使用了 Cubemap 天空盒。

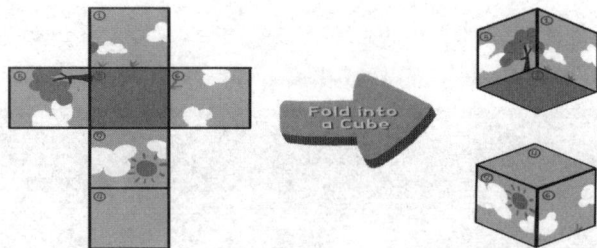

（3）Panoramic Skybox：基于全景图片，适用于那些要求 360°视角无缝连接的应用。

（4）Procedural Skybox：不依赖于预先制作的图像，而是通过算法实时生成天空。这种天空盒非常适合动态表示天空的变化，如天气转换、昼夜更替等。

使用这些不同类型的天空盒可以根据游戏的具体需求和美学风格，选择最合适的方法来表现天空。例如，如果游戏场景中需要频繁地展示天气变化或日夜更替，那么程序生成的天空盒将是一个更佳的选择；反之，如果场景主要围绕特定的时间点或气候条件，则使用静态的 Cubemap 或 6 Sided 天空盒可能更合适。

上机部分

【上机 3-2-1】
天空盒

接下来，我们在"AnimarsCatcher"游戏中添加天空盒。

在 Project 面板中的 Art 文件夹下新建一个 Skybox 文件夹，用于存储所有与天空盒相关的素材。在 Skybox 文件夹下新建一个 Textures 文件夹，并导入随书附带的 Cubemap 贴图（第 3 章\上机 3-2-1 素材）。在 Texture 的属性中，将 Texture Shape 更改为 Cube，适配 Cubemap 格式。

右击 Create，选择 Material 创建一个新的材质。在 Sky 材质的 Shader 设置中选择 Cubemap 选项，并将处理好的 Cubemap 贴图拖入指定区域。

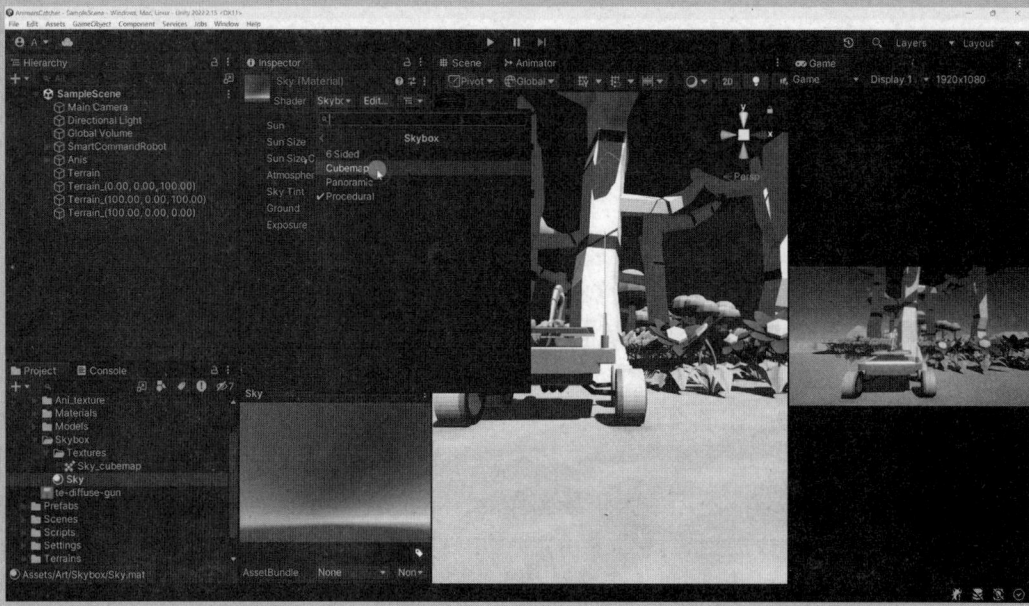

要在游戏中看到效果，需要打开 Window → Rendering → Lighting 设置，在 Environment 栏将 Skybox Material 替换为新创建的 Sky 材质。

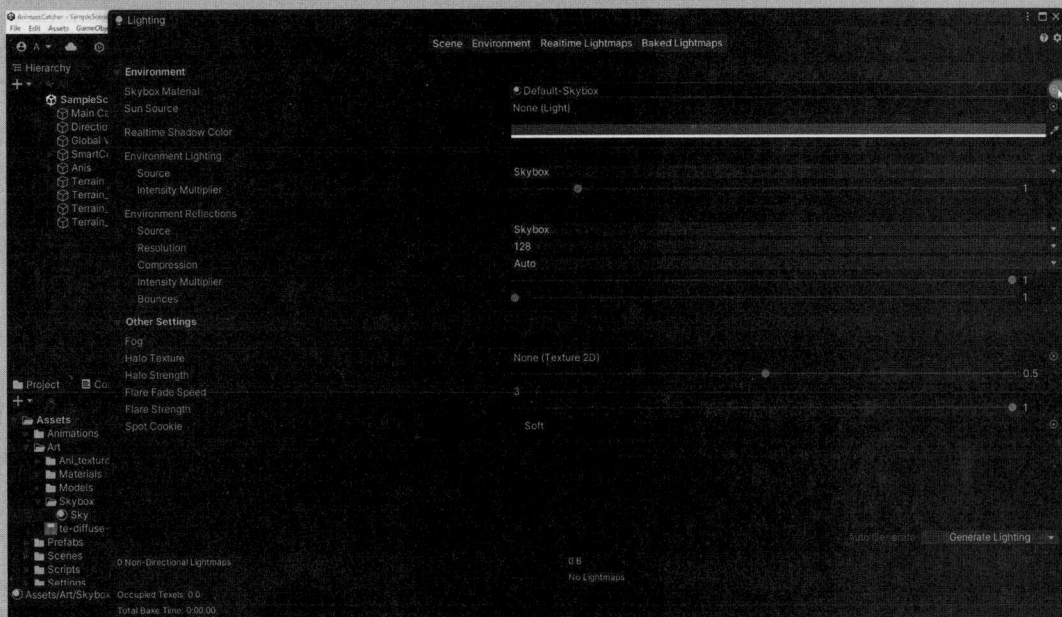

在 Inspector 面板中调整 Exposure 参数来控制场景的亮度。增大此值可使场景变亮，减小此值则使场景变暗。

调整 Tint Color 参数可混合天空盒的颜色，调整 Rotation 参数可旋转 Cubemap 贴图。观察不同设置下的视觉效果。

运行游戏，观察调整后的天空盒如何影响整个游戏环境的氛围。根据需要，调整 Tint Color 参数回到默认的灰色状态，也可以根据个人偏好进行修改。

3.3　场景元素

3.3.1　预制体

【视频 3-3-1】
Prefab 示意

【视频 3-3-2】
Prefab 优势

【视频 3-3-3】
Prefab 嵌套

【视频 3-3-4】
修改实例

【视频 3-3-5】
激光枪特效

在"AnimarsCatcher"游戏中，为了提高制作效率并确保场景中重复出现的元素（如岩石堵住的矿洞）保持一致性，使用了预制体（Prefab）技术。预制体技术可以类比于建筑行业中使用的预制板。这种建筑部件可以在工厂中预先组装完成，然后直接应用到施工现场，从而提高了建设效率。在 Unity 中，预制体是一个存储游戏对象及其组件的模板。开发者可以创建、配置并保存可复用的对象为这种模板，这样可以在多个场景中实例化这些对象。通过修改预制体本身，还可以统一管理和更新所有实例。

使用预制体的优势包括以下几个方面。

（1）高效管理和复用：只需要制作一次，就可以在多个场景或多个地点多次使用，如敌人、树木、岩石等。当你想在运行中实例化一开始在场景中不存在的游戏对象时，使用预制体最合适。例如，游戏中用户交互的时候，会出现的闪电、子弹或生成 NPC（非玩家角色）的情况。

（2）集中控制：对预制体的任何更改都会自动应用到所有基于该预制

体的实例中，这使得管理和更新游戏对象变得非常高效。

（3）支持嵌套：预制体可以嵌套在其他预制体中，便于创建复杂的对象层次结构。

（4）方便的属性覆盖：虽然所有实例默认继承预制体的属性，但也可以轻松地对单个实例进行调整，以满足特定需求，而不影响其他实例。

最后，总结一下预制体常见的使用场合。

（1）环境资产：例如，在一个关卡中多次使用的某种类型的树。

（2）非玩家角色（NPC）：例如，可能会在多个关卡中出现的同一个 NPC，但在不同关卡中的移动速度不同（使用属性覆盖）。

（3）频繁且需要动态生成的物体，如子弹。

（4）玩家角色：几乎每个游戏中，玩家角色都是最复杂的，而且在游戏的每个关卡中都会出现玩家角色，将其制作为预制体可以提升开发效率。

【视频 3-3-6】
Transform 组件

3.3.2　Transform 组件

Transform 组件是 Unity 引擎中非常重要的基础组件之一，每个游戏对象都自动附带一个 Transform 组件，它负责管理和控制游戏对象的位置、旋转和缩放。以下是 Transform 组件的主要属性和说明。

1. 位置（Position）

Transform 组件的 Position 属性定义了游戏对象在世界坐标系中的位置。Position 是一个 Vector3 类型的值，包括 X、Y 和 Z 三个分量。

2. 旋转（Rotation）

Rotation 属性控制游戏对象的旋转。在控制面板中，使用欧拉角（Euler Angles）来表示，但是可以在脚本中使用四元数（Quaternion）来对其进行控制。

3. 缩放（Scale）

Scale 属性控制游戏对象的缩放比例。它也是一个 Vector3 类型的值。

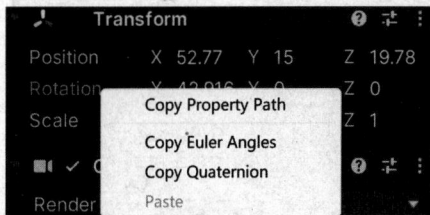

3.3.3　层次化

Transform 组件的位置、旋转和缩放值是相对于其父对象的。如果一个 Transform 没有父对象，则这些值是相对于世界空间的。

可以将父子对象的关系类比成手臂和手的关系。当你的手臂移动时，你的手也会随之移动。子对象还可以有自己的子对象，因此你的手指可以被视为手的"孩子"。任何对象都可以有多个子对象，但只能有一个父对象。这些多层的亲子关系形成了一个 Transform 层次结构，而位于层次结构顶端的对象即为根。

【视频 3-3-7】
层次化

将游戏中有附属关系的物体组织为层次结构有利于对它们进行有效的控制，比如将所有组成洞穴的岩石由一个名为 Cave 的空物体管理，层级结构会显得更加清晰。

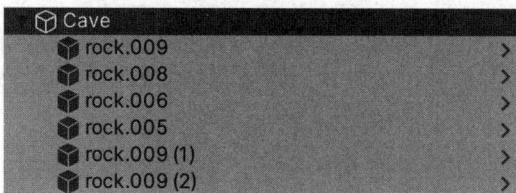

3.3.4　碰撞体

碰撞检测通常是实现游戏中各种功能的基础。比如当玩家与危险的道具碰撞时减少玩家的健康值、玩家到达传送点等。为了让游戏场景中的物体具有碰撞检测功能，要求物体具有碰撞体组件。

碰撞体组件用于为游戏对象定义物理上的形状，它是不可见的，并且不必与游戏对象的网格形状完全相同。下面来介绍常见的碰撞体类型。

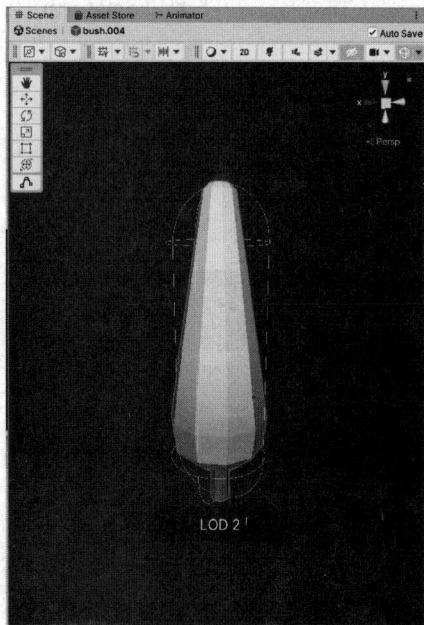

1．基本碰撞体

基本碰撞体是用于快速且高效的碰撞检测的简单几何形状，包括以下几种类型。

（1）盒子碰撞体（Box Collider）：适用于矩形或立方体形状的物体。

（2）球形碰撞体（Sphere Collider）：适用于球形或圆形物体。

（3）胶囊碰撞体（Capsule Collider）：常用于人物或树木等圆柱形物体，因其顶部和底部是半球形，适合覆盖一类的形状。

在"AnimarsCatcher"游戏中，地面上的树使用胶囊碰撞体，因为这些树的形状与胶囊相近。

上述基本碰撞体因其计算效率高而被广泛使用，尤其是在游戏物体的外观较为规整时。

如果使用单个基本碰撞体无法与游戏对象外观匹配，则可以将多个基本碰撞体组合成复合碰撞体，以获得更接近游戏物体外观的碰撞体。由于"AnimarsCatcher"游戏中的物体外观较为规整，因此没有使用复合碰撞体。

2．网格碰撞体

网格碰撞体（Mesh Collider）是 Unity 中一种用于复杂和不规则形状对象的碰撞体。与基本碰撞体不同，网格碰撞体使用游戏对象的网格（Mesh）来定义碰撞边界。这使得网格碰撞体特别适合用于需要进行精确碰撞检测的模型，如地形、建筑物或其他复杂的几何体。

由于网格碰撞体的计算开销较大，因此通常用于静态对象而非动态对象，以避免出现性能瓶颈。因此，网格碰撞体之间不会进行碰撞检测计算。当两个网格碰撞体需要进行碰撞检测时，可以设置为凸壳（Convex），以简化计算并允许碰撞发生。

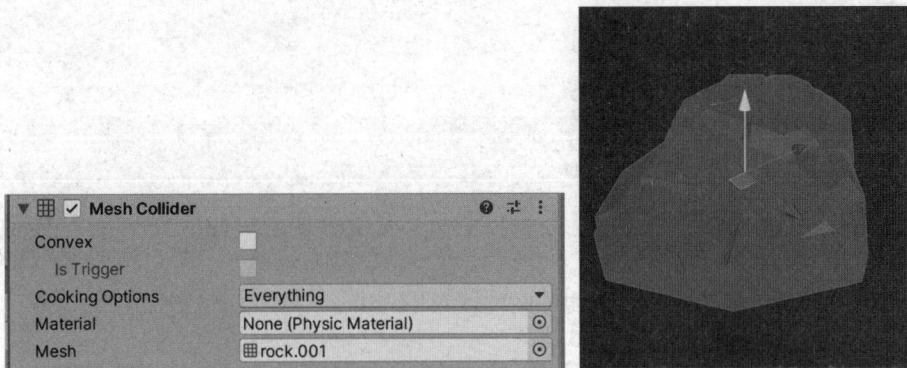

建议只在必要的静态场景物体上使用网格碰撞体，而对于需要进行精确碰撞检测的移动物体，可以使用基本碰撞体或复合碰撞体。

3. 静态碰撞体

场景中的地板、墙壁和其他静止元素，因为不会发生移动，所以它们发生的碰撞都是被动的。如果要为静态物体添加碰撞体，则无须刚体组件，只需在 Inspector 中为这些元素勾选 Static 选项即可。这些物体称为静态碰撞体（Static Colliders）。

在游戏场景中，其他动态元素，如子弹或玩家角色通常都拥有 Rigidbody 组件，并且也可以添加碰撞体，这样的碰撞体称为动态碰撞体。静态碰撞体可以与动态碰撞体互动，但前者不会因碰撞而移动。

在 "AnimarsCatcher" 游戏中，石头作为场景中的障碍物，使用了网格碰撞体，并设置为静态碰撞体，以精确地模拟其形状并处理与玩家或其他动态对象的碰撞；而玩家控制的智能指挥机器人则使用动态碰撞体，确保能够动态地响应游戏中的物理交互。

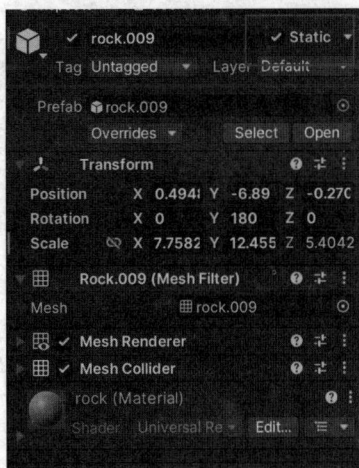

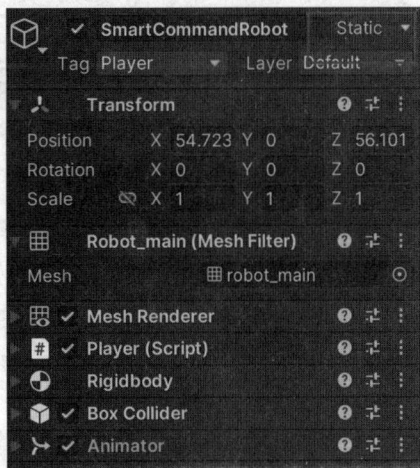

上机部分

【上机 3-3-1】
预制体和碰撞体

接下来，我们利用前面介绍的预制体结合碰撞体，为"Animars Catcher"游戏的地形添加更多的游戏场景元素。

1. 制作预制体

在 Project 面板中的 Models 文件夹下新建一个名为 Rocks 的文件夹，导入随书附带的 Rocks 模型及其对应的贴图（第 3 章\上机 3-3-1 素材）到此文件夹中。将 Rocks 模型拖入 Hierarchy 面板中，可以看到该模型由一系列小模型组成。在 Hierarchy 中，右击 Rocks 选择 Unpack Prefab 选项。

在 Prefabs 文件夹下创建一个新的 Rocks 文件夹，选定所有小模型（rock.001 ～ rock.017），拖动到 Prefabs 文件夹下制作为预制体。

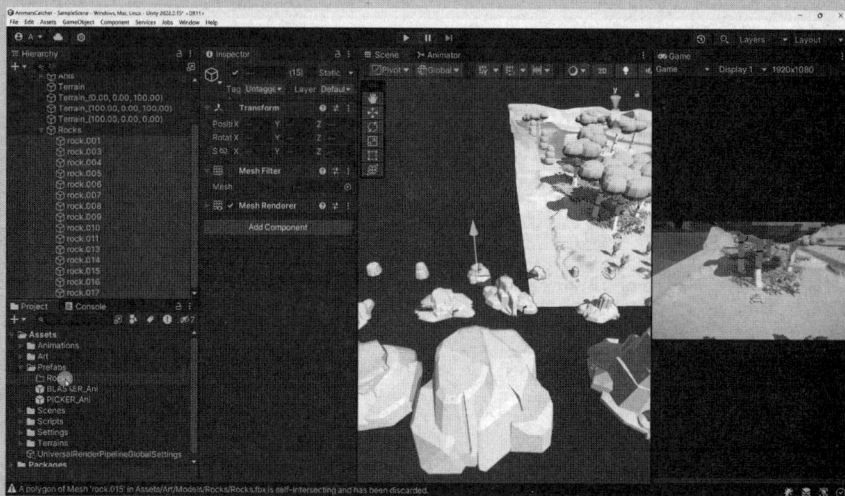

删除 Hierarchy 中用于演示的 Rocks 模型。将 rock.013 预制体重命名为 FragileRock，表示该岩石可以被 BLASTER Ani 击碎，然后将其拖入场景中。

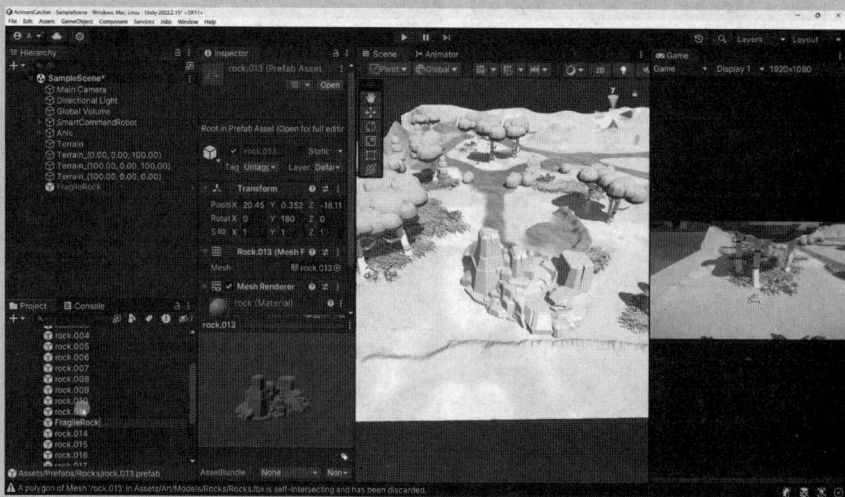

2. 创建山洞

在第二块地形的角落创建一个山洞，使用 FragileRock 作为山洞的入口。

其他岩石预制体可以自由拖入场景中进行摆放，灵活调整岩石的位置、旋转和缩放参数。所有岩石都放在名为 Cave 的空物体下，作为它的子物体，以保持 Hierarchy 面板整洁。

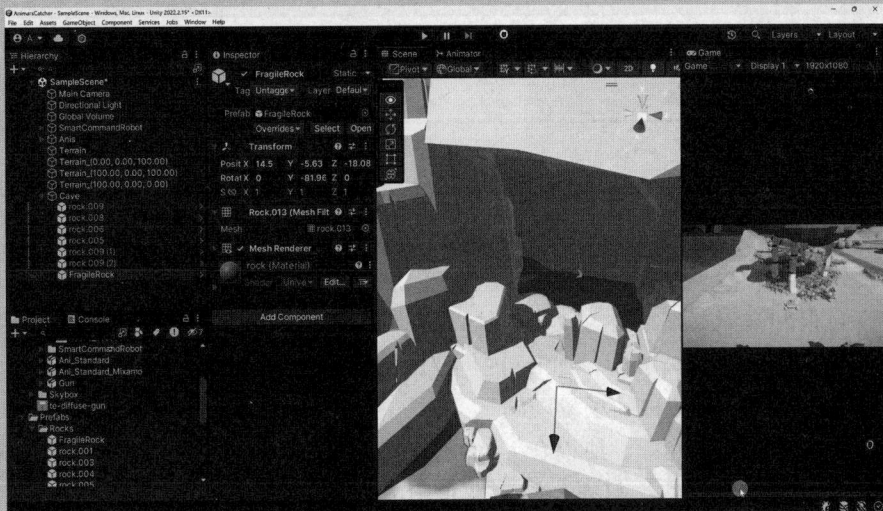

3. 设置碰撞体

在"AnimarsCatcher"游戏中，只有当玩家解锁了 BLASTER Ani 后，才有机会摧毁山洞入口的岩石并进入山洞。在山洞中，可以设置一些奖励，使玩家在发现新区域之后获得成就感。

这需要为所有岩石预制体添加 Mesh Collider 组件，以实现复杂的碰撞检测。将 Cave 中除 FragileRock 外的所有岩石都设置为 Static，用于优化性能。

作业部分

将 rock.001～rock.004 也制作为预制体，并将石头摆放在道路两旁以划分环境，为场景中的石头和仙人掌等不希望角色能够穿越的物体添加碰撞体。在其中某一地形处利用岩石摆放创建一个大的封闭环境，封闭的环境有利于我们利用灯光和阴影创建更好的视觉效果。

作业资源：【作业 3-3-1-HW】制作更多预制体。

3.4 场景动画

为了在游戏中展示一个真实的昼夜变换效果，可以利用第 2 章"角色动画"中介绍的 Animation 动画编辑窗口来实现。这个工具使我们能够创建和编辑动画片段，动画化游戏对象的多个属性，如位置、旋转、缩放，以及组件属性等。这些属性包括材料的颜色、光照强度、声音音量和自定义脚本中的变量，如浮点数、整数、枚举、向量和布尔值。与通过外部专业软件制作角色动画不同，Unity 内创建的这些动画通常是简单、宏观的，密切相关于当前的游戏场景，因此被称为场景动画。

因为太阳是一个方向光源，所以在 Unity 中要得到时间流逝的效果，可以通过简单设置太阳的旋转变量实现。为此，只需在动画剪辑中为太阳的旋转变量设定关键帧，使其在一天内完成 360°的旋转。这样的设置将模拟出游戏中日夜交替的动态变化。

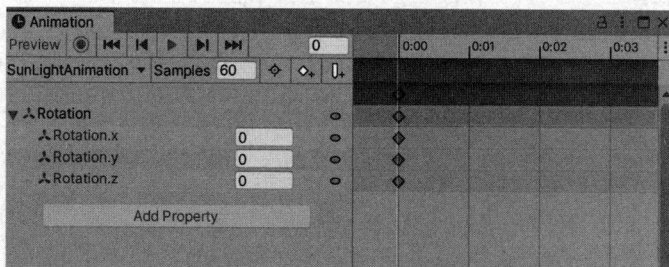

上机部分

1. 设置动画环境

在 Hierarchy 面板中选择主光源 Directional Light，然后单击菜单栏上的 Window，选择 Animation 窗口，打开动画编辑窗口，并将其放置在适当的位置，便于为主光源设置动画效果。

2. 创建动画片段

在 Animation 窗口中单击 Create 按钮，在 Animations/Clips 文件夹下创建一个名为 Light 的动画片段。

设置动画的时长为 60s，这代表游戏中的一天时间，并调整 Samples 为 2，以便动画每秒有两帧，共计 120 帧，以简化动画的编辑。

【上机 3-4-1】场景动画

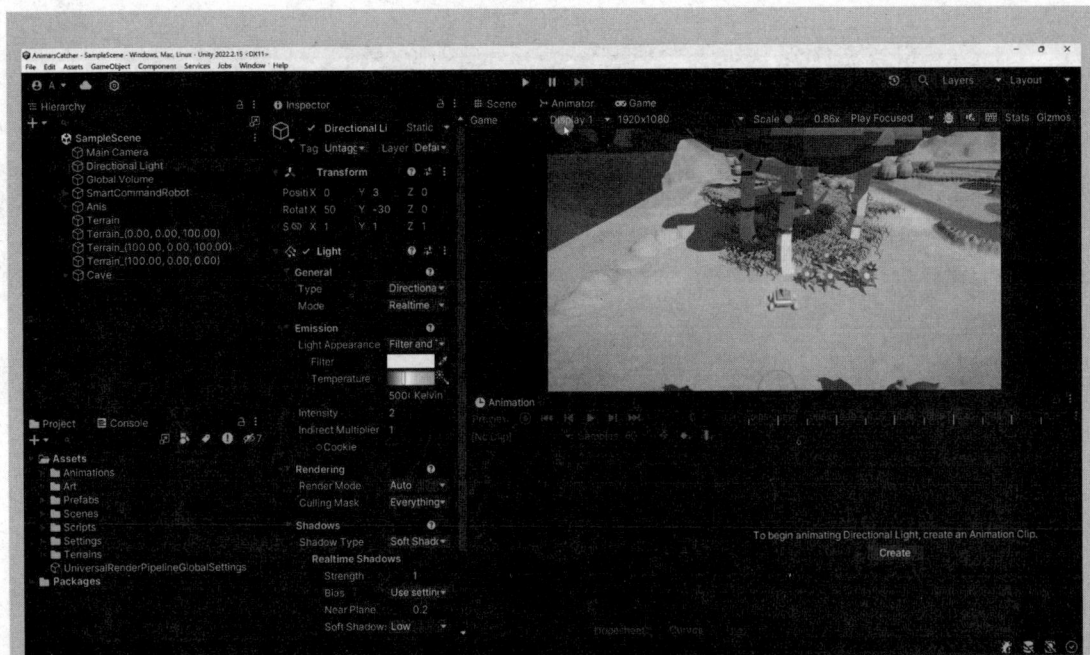

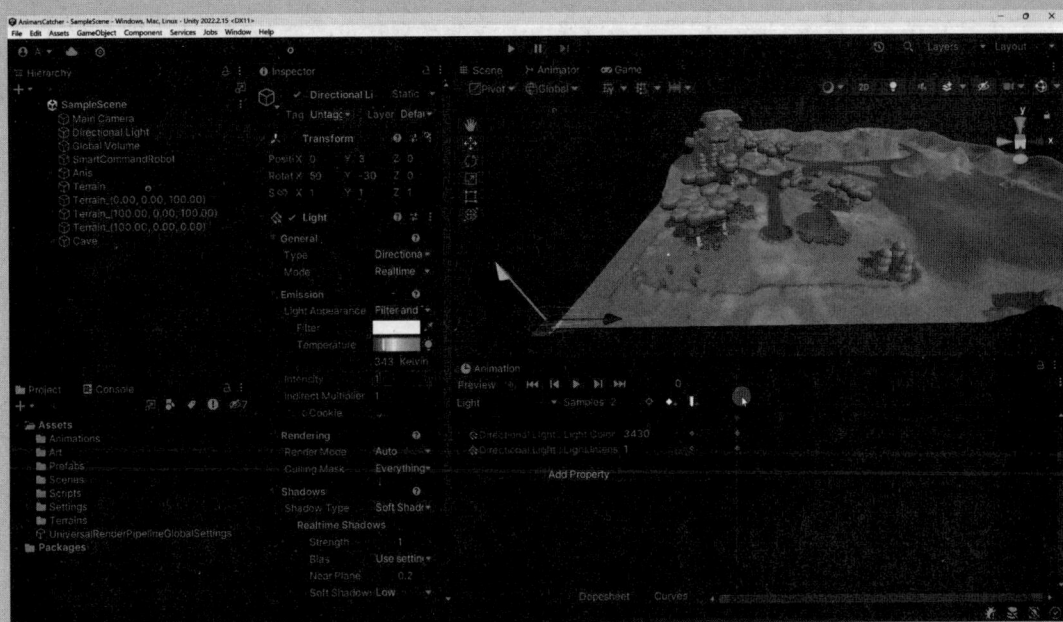

3. 编辑动画关键帧

使用动画编辑器的录制功能开始录制动画。在动画的起始帧（0s），调整光照的 Temperature 和 Intensity 参数为 1，设置为较暗的色温和强度，模拟夜晚的环境；在 60s 处，调整 Intensity 到 2，色温增加，模拟中午时的光照效果；在 120s（最后一帧）处，再次调整 Intensity 为 0.5，色温进一步增加，模拟接近夜晚的效果。

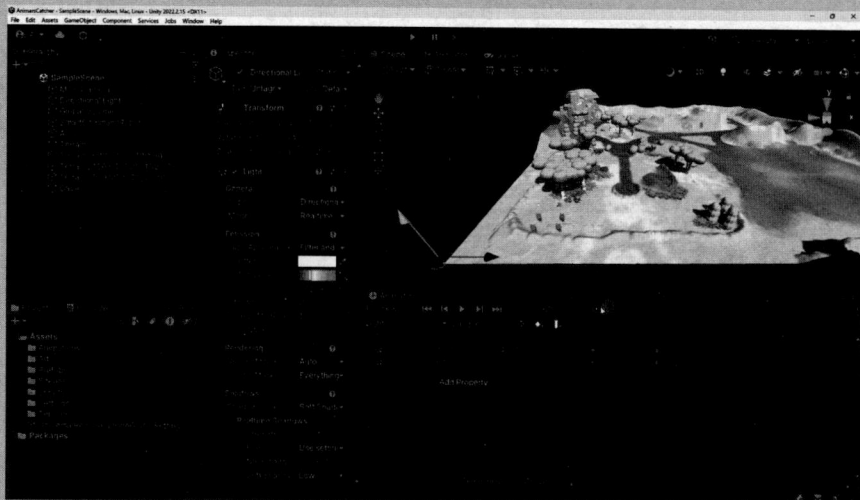

除了光照的强度和色温，还应该调整 Directional Light 的旋转角度，使光源的方向随着时间的推移而改变，以更真实地模拟太阳的运动轨迹。

完成动画编辑后，停止录制并保存动画。将动画控制器从 Animations/Clips 文件夹拖到 Controllers 文件夹中，以便管理。

运行游戏，并观察 Game 视图下的效果。应该能看到从游戏开始到结束，场景的光照和颜色随着动画的播放逐渐变化。

作 业 部 分

为天空盒添加一个动画，使场景更具有动态效果。

作业资源：【作业 3-4-1-HW】天空动画。

3.5 总结

本章探索了"AnimarsCatcher"游戏场景的设计和实现，创建了一个异世界风格的外星球地形。

我们设计了起伏多变的地形，包括沙地、草坪等不同的地表材质。这种多样性不仅美化了游戏环境，也为玩家提供了丰富的探索体验。

环境元素中，集成了草丛、花朵和石头等地表元素，这些设计元素为游戏世界增添了生动的细节，提高了场景的真实性和沉浸感。

利用天空盒和太阳动画系统创造了时间流逝的效果，使游戏场景随着时间的变化展现不同的光影和天气状态，增强了游戏的动态美感。

如果你顺利完成了本章布置的作业，将能够实现一个更加炫酷和完善的完整游戏版本，使"AnimarsCatcher"在视觉表现和玩家体验上达到新的高度。你可以继续增加动态元素，如动态天气系统、场景中的交互性生物等，为玩家提供更加丰富和多变的游戏体验。

第 4 章

渲染

画面质量在游戏开发中占据着至关重要的地位。它不仅是玩家与游戏内容交互的主要媒介，而且对许多玩家而言，也是评价游戏好坏的首要标准。游戏引擎通过其渲染系统将三维场景呈现到显示设备上，这使得渲染技术在游戏引擎的发展中一直处于核心地位。从宏观角度来看，开发过程中所选用的渲染管线和方式将直接决定游戏的视觉风格；而从微观角度来看，材质、灯光和阴影的处理则是游戏画面真实感和细节丰富度的决定因素。

【视频 4-1】
第 4 章 demo 效果

4.1 渲染管线

渲染管线是将游戏场景内容呈现在屏幕上的关键过程，通常包括剔除、渲染和后期处理这三个宏观步骤。游戏引擎根据不同的游戏类型和运行平台，提供了多种渲染管线。

4.1.1 渲染管线类型

可以按照是否支持自定义渲染过程，将渲染管线分为两种，分别是内置渲染管线和可编程渲染管线。

内置渲染管线（Built-in Render Pipeline）是 Unity 游戏引擎的默认选项。这个渲染管线的自定义选项相对有限，因为它是设计成通用型的，需要考虑广泛的兼容性问题。这种广泛性可能导致它在某些特定需求上的表现不尽如人意。

与之相对的，Unity 引擎提供的可编程渲染管线（Scriptable Render Pipeline）允许开发者使用 C# 脚本来自定义渲染过程。但定制自己的渲染管线具有较高的编程难度，Unity 为此提供了两种预制的可编程渲染管线，基本满足了不同的游戏开发需求。这两种预制的可编程渲染管线分别是通用渲染管线和高清渲染管线。

这两种渲染管线都是基于 Unity 的可编程渲染管线技术，并支持如 Shader Graph 和 Visual Effect Graph 等先进功能，同样兼容虚拟现实（VR）环境。然而，它们在光照支持和 Shader 功能上存在显著差异。

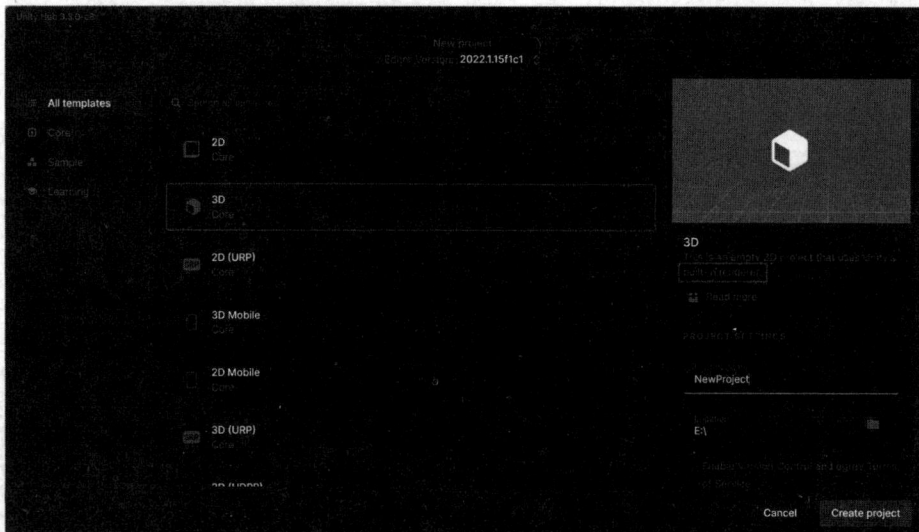

4.1.2 通用渲染管线

通用渲染管线（Universal Render Pipeline，URP）原名轻量级渲染管线（LightWeight Render Pipeline，LWRP），URP 的设计重点是提高了渲染性能，适用于从移动端到 PC 和主机等多个平台。URP 通过简化某些处理过程来优化性能，但它依然保持了一些高清渲染管线的功能，允许在各种平台上高效渲染出高质量的游戏画面。

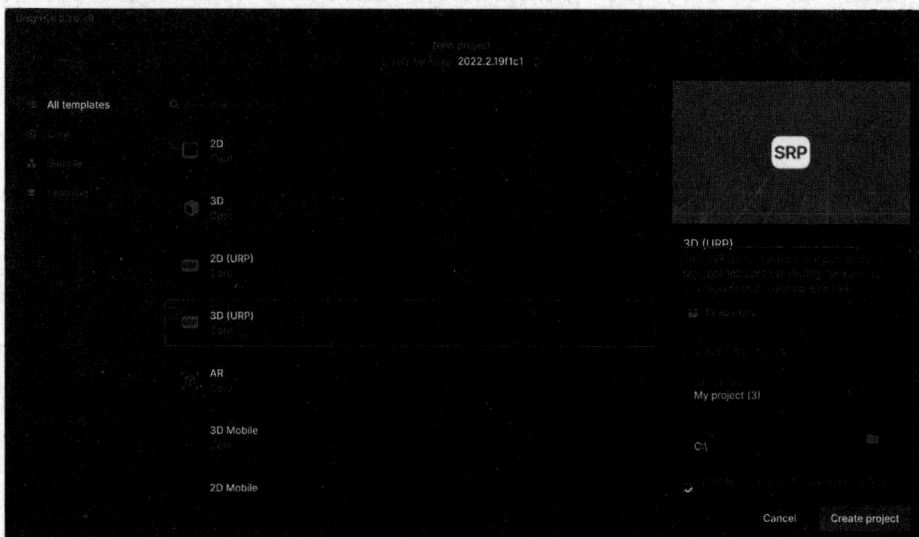

4.1.3 高清渲染管线

另一个可编程渲染管线是高清渲染管线（High Definition Render Pipeline，HDRP），应用 HDRP 可以在高端平台上创建卓越的高保真画面效果。这个管线特别适合 PC、Xbox 和

PlayStation 等高端硬件配置，能够提供极具真实感的游戏画面。使用 HDRP 需要大量的贴图资源，如漫反射、高光、金属、平滑、AO、法线、凹凸和高度贴图等，因此对资源和工作量的要求较高，可能不适合资源有限的小团队。此外，对于追求 Low Poly 或卡通风格的游戏开发，使用 HDRP 可能并不必要。

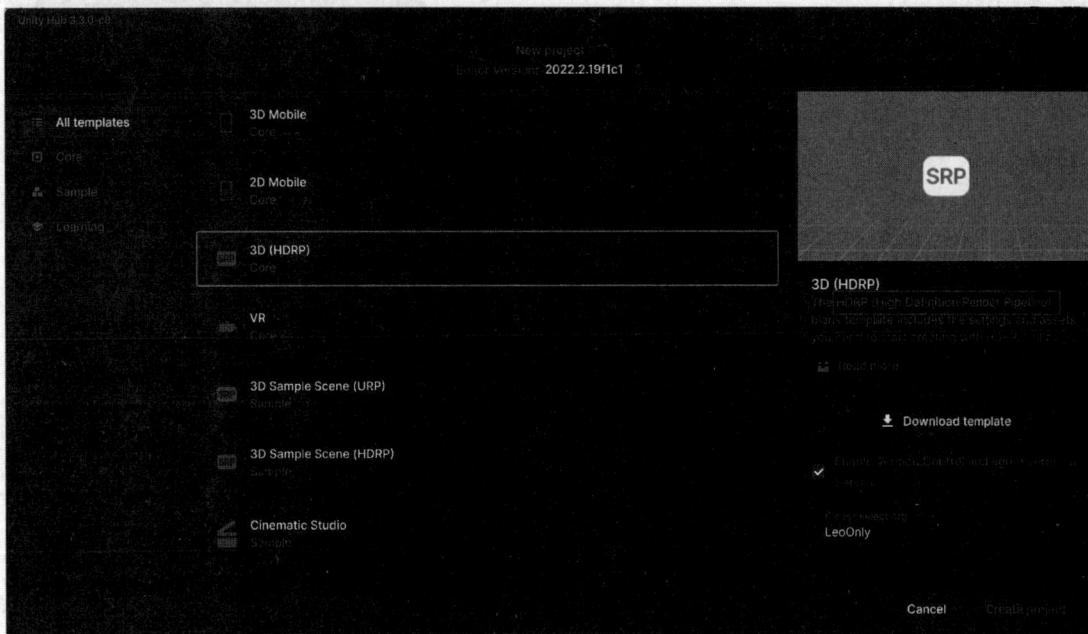

　　HDRP 提供了高级和丰富的光照功能，包括实时全局光照（Real-Time Global Illumination, RTGI），这一功能能够模拟光线在真实世界中的反射、体积光效果以及与物体的复杂交互。HDRP 还支持光线跟踪技术，这项技术追踪光线在场景中的传播路径，为游戏画面提供更高级的视觉效果。

　　总的来说，内置渲染管线适合需要广泛兼容性和简单开发流程的项目；通用渲染管线适合需要良好性能和一定视觉效果的中大型项目，特别是跨平台发布的项目；而高清渲染管线适合追求极致视觉效果的高端项目，适用于高端 PC 和次世代主机平台。

　　鉴于 URP 能够在任何平台上提供最佳的性能和效果折中方案，本书在"AnimarsCatcher"游戏中选择使用 URP 渲染管线。以下介绍的所有渲染内容均基于 URP 渲染管线实现。

▶ 上机部分

1. 导入预设场景

　　在 Unity 的 Project 面板中找到 Assets 文件夹，右击选择并导入 Surrounding Rocks.unitypackage（第 4 章 \ 上机 4-1-1 素材），它包含一个预设的游戏场景文件。导入后，场景中已有的岩石模型和设置会自动呈现。

【上机 4-1-1】
渲染管线

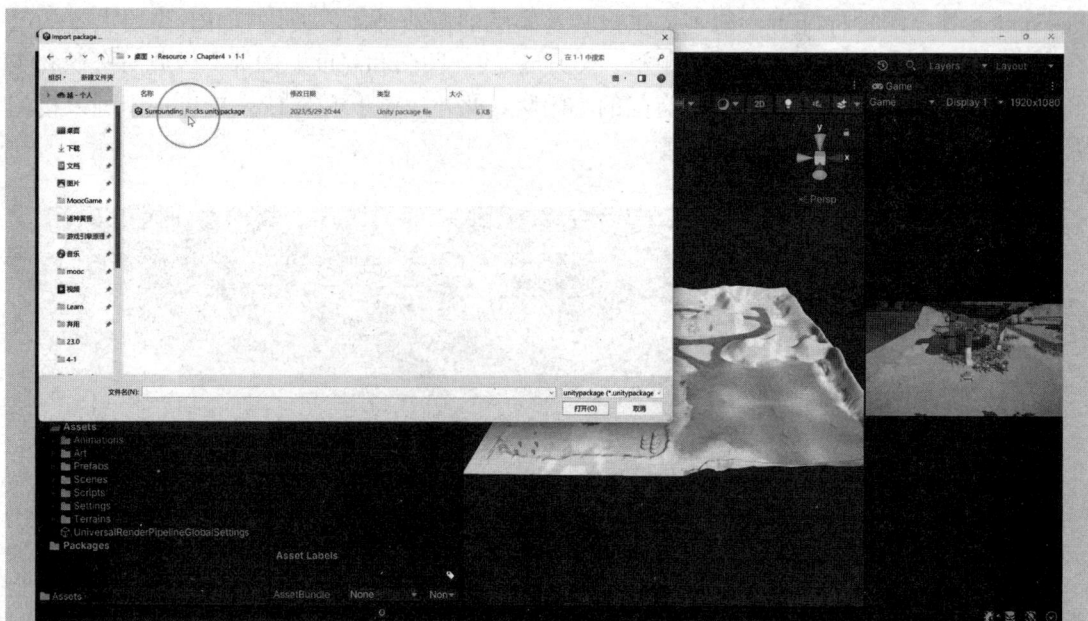

打开 Scenes 文件夹下的 ExportScene 场景，查看已摆放好的岩石模型。将这些模型复制到 SampleScene 场景中，并删除 ExportScene 场景。

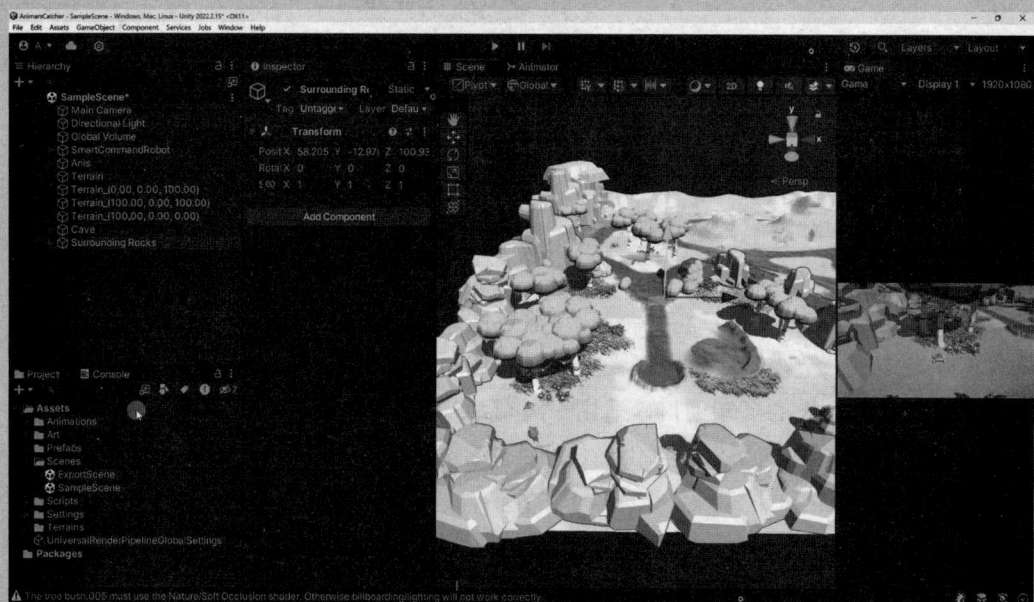

在 Hierarchy 面板中选择 Ani 和智能指挥机器人等关键对象，调整它们的位置至场景中央，便于后续操作和观察。检查 Prefabs/Rocks 文件夹下的岩石模型是否已正确添加碰撞体，确保游戏运行时的交互和物理效果。

2. 设置渲染管线

确保项目开始时使用了 URP 模板。在 Project Settings 的 Graphics 设置中，检查 Scriptable

Render Pipeline Settings 项下是否列出了 URP 配置文件。进一步检查 URP Global Settings 以确保全局渲染设置正确。

在 Project 面板中找到 URP-HighFidelity 配置文件，检查其 Inspector 面板中的可配置属性，特别是 Renderer List，确保渲染器设置正确。若项目中缺少相关文件，可参照 Unity 官方文档将项目从内置渲染管线转换至 URP。

4.2 材质

4.2.1 游戏物体外观

在大多数情况下，游戏对象的网格几何形状仅提供一个近似的粗略外观，而大部分的精细细节则由纹理（贴图）来增加。为了将纹理应用于对象，必须通过材质来完成。材质利用称为着色器的专用图形程序，在网格表面渲染纹理。着色器不仅能实现光照和着色效果，模拟物体表面的光泽或凹凸感，还能同时使用两个或更多纹理，通过组合这些纹理来增加渲染的灵活性。

接下来，介绍这几个和游戏物体外观联系紧密的概念。

（1）网格：网格是定义游戏对象形状的结构，通常由三角形面片构成。

（2）材质：材质通过引用纹理、调整纹理的平铺、颜色调整等方式来定义物体表面的渲染效果。可用的材质选项依赖于所采用的着色器。

（3）着色器：着色器是用于实现图形渲染的程序，它取代了传统的固定功能渲染管线。在经典渲染管线中，主要包括顶点着色器和像素着色器：顶点着色器负责处理顶点的几何数据，像素着色器则负责计算像素的颜色值。除了这些基本类型，还有如壳着色器（Hull Shader）、域着色器（Domain Shader）和几何着色器（Geometry Shader）等，它们能够细化输入的三角形，创建更多细节。随着技术的进步，新型着色器如 Mesh Shader 和 Amplifying Shader 也已经问世。

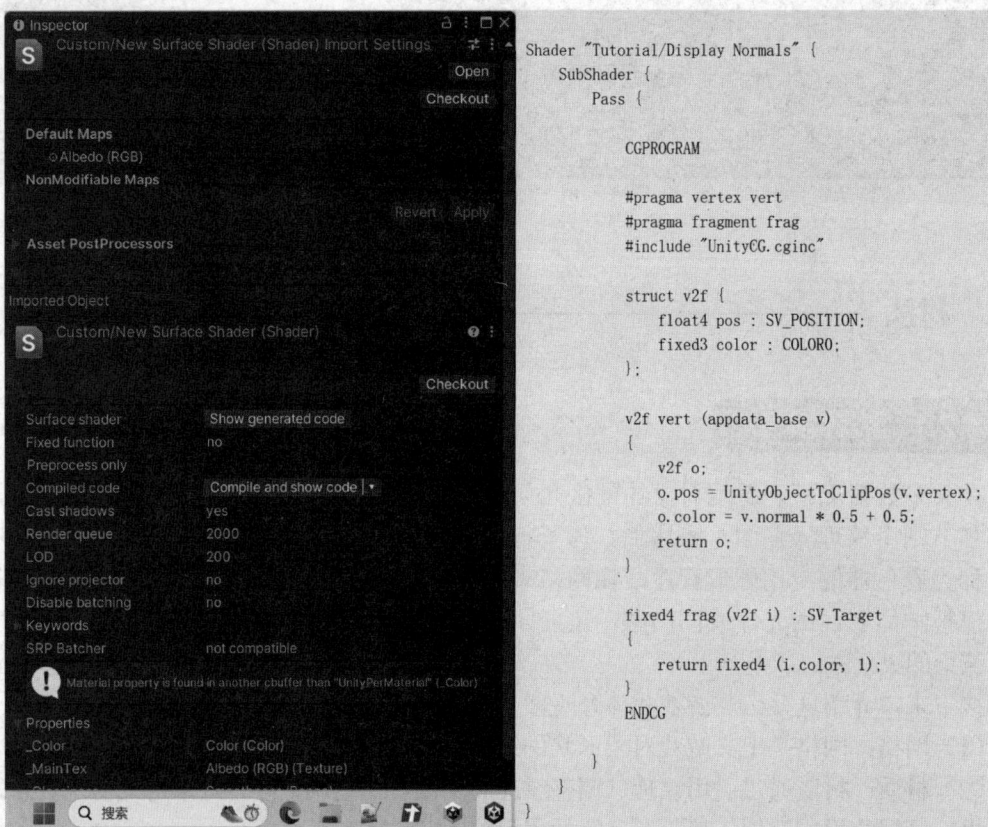

（4）纹理：纹理是位图图像，可被材质所引用，从而在计算游戏对象表面颜色时被着色

器使用。纹理不仅表达基本的色彩，还能呈现材质表面的其他特性，如反射性或粗糙度等。

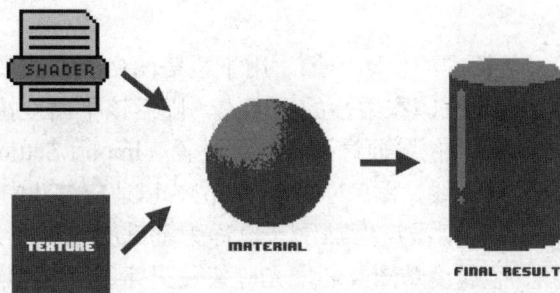

4.2.2 材质设置步骤

在 Unity 中设置物体表面效果，通常需要通过创建和配置材质（Material）来完成。下面介绍典型的对材质进行设置的步骤。

1. 创建材质

在 Unity 编辑器中，右击项目面板（Project Panel）中的一个文件夹，选择 Create → Material 来创建一个新的材质。

2. 选择 Shader

在材质的属性面板（Inspector）中，可以选择一个 Shader。Shader 决定了材质的渲染方式，包括光照、颜色、纹理等属性如何显示。Unity 内置了多种 Shader，如 Standard（标准）、HDRP/Lit（高清渲染管线）等。

3. 设置材质属性

根据选定的 Shader，设置相应的属性。这些属性可以包括颜色（Albedo）、光滑度（Smoothness）、金属度（Metallic）、透明度（Opacity）、法线贴图（Normal Map）等。

可以通过拖曳的方式添加纹理贴图，例如，将一张图片拖到 Albedo 槽中来给物体添加颜色贴图。

4. 应用材质到物体

将材质拖曳到场景中的一个 GameObject 上，或者在 GameObject 的 Mesh Renderer 组件中选择这个材质。

5. 调整灯光和相机

确保场景中的灯光和相机设置得当，以展现材质和物体的最佳效果。材质的外观会受到灯光类型、光线强度和方向的影响。

6. 预览和调整

在编辑器的游戏视图中预览材质效果。根据需要调整材质属性或场景设置，直到达到满意的视觉效果。

【视频 4-2-1】
创建材质

【视频 4-2-2】
创建着色器

【视频 4-2-3】
为材质赋值

【视频 4-2-4】
使用材质

【视频 4-2-5】
调整材质参数

4.2.3 纹理

纹理（也称为贴图）是标准的位图图像，用于覆盖网格表面。在使用建模软件创建网格的过程中，纹理图像首先被打印在柔性的平面上，随后该平面被拉伸并固定到网格的适当部位，从而实现纹理的精确定位。通过调整导入设置（Import Settings），纹理还可以转换为立方体贴图（Cubemap）或法线贴图（Normal Map），以适应游戏中不同的应用场景。

游戏中常见的贴图类型包括漫反射贴图（也称为基础颜色贴图）、法线贴图、反射贴图、光泽度/粗糙度贴图、金属度贴图及环境光遮蔽贴图等。其中，漫反射贴图和法线贴图尤为常用：漫反射贴图为物体表面赋予丰富的色彩，而法线贴图则赋予物体适当的质感。例如，在"AnimarsCatcher"游戏中，Ani 所穿宇航服的基础颜色来源于漫反射贴图，其表面的凹凸质感则由法线贴图提供。

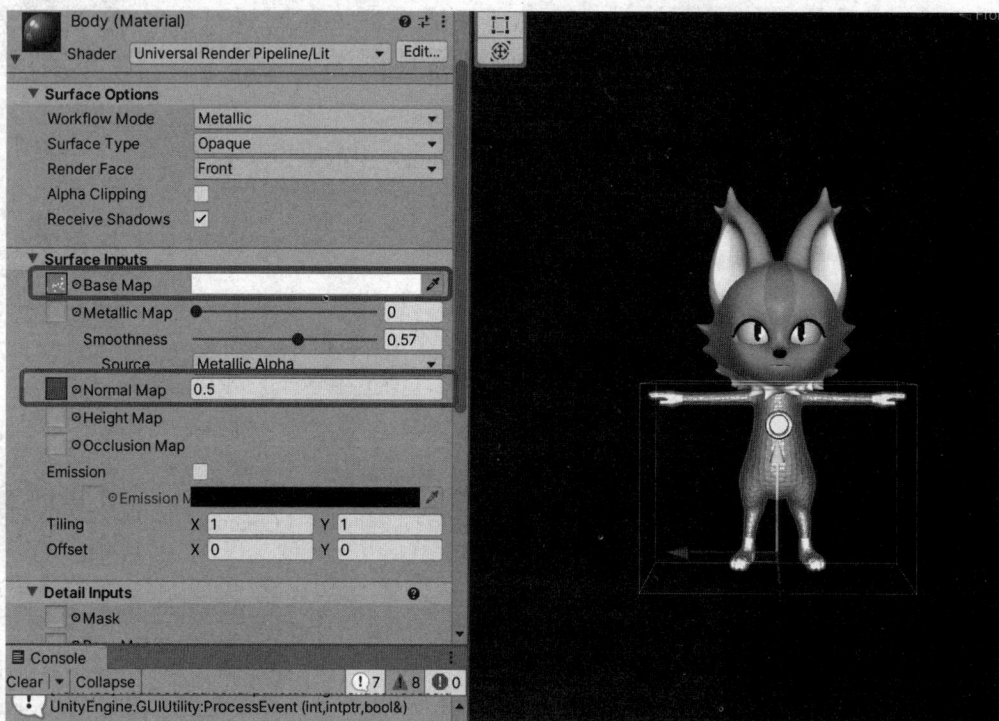

4.2.4 着色器

着色器程序（通常简称为着色器）是一种运行在图形处理器（GPU）上的程序，用于控制三维图形渲染过程中的光照、颜色、纹理等视觉效果的具体表现。在现代图形渲染中，着色器是核心组件之一，用于在图形管道的不同阶段处理渲染数据。以下是 3 种常见着色器的详细说明。

1. 图形管道中的着色器

图形管道中的着色器通常指的是顶点着色器、几何着色器、片段着色器等，这些都是传统的渲染管道中处理渲染数据的程序。

- 顶点着色器（Vertex Shaders）：负责处理每个顶点的数据，如位置、颜色和纹理坐标，可用于执行变换、裁剪和其他顶点级操作。
- 几何着色器（Geometry Shaders）：处理整个图元（如点、线、三角形）的形状，可以生成新的图元或对现有图元形状进行改变。
- 片段着色器（Fragment Shaders）：负责处理最终像素的颜色和其他属性，每个像素都会通过片段着色器来确定其最终显示在屏幕上的颜色。

2．计算着色器

计算着色器（Compute Shaders）是用于进行非图形计算的程序，它们不直接参与常规的图形渲染流程，而是利用 GPU 的高并行计算能力执行大规模的数据处理任务。

计算着色器通常用于物理模拟、图像处理、粒子系统等需要大量计算的场景。它们可以直接管理数据的读 / 写操作，使复杂计算能够更高效地执行。

3．光线追踪着色器

随着实时光线追踪技术的发展，专门的光线追踪着色器（Ray Tracing Shaders）被引入图形管道，这种着色器用于处理光线追踪算法中的光线生成、碰撞检测和光线效果计算。

光线追踪着色器包括光线生成着色器（Ray Generation Shaders）、任意命中着色器（Any-Hit Shaders）、最近命中着色器（Closest-Hit Shaders）和遗漏着色器（Miss Shaders）等。

这些着色器使得实时渲染中可以实现高质量的光影效果，如软阴影、反射、折射和环境光遮蔽等，提高了视觉真实感。

游戏开发中主要使用的是第一种类型的着色器，即作为图形管线的一部分的着色器。以下关于着色器的介绍，默认都是第一种类型。

在 Unity 的通用渲染管线（URP）中，提供了几种预制的着色器。其中，Lit 和 Particles Lit 采用了基于物理的渲染技术（Physically Based Shading），这使它们能够生成更接近真实世界的光照效果。相反，Simple Lit 和 Particle Simple Lit 采用了简化的着色技术，这种技术适合风格化的游戏，因其对光照的处理不遵循能量守恒定律。此外，Baked Lit 着色器专门用于渲染静态光照，不适用于动态光源环境。

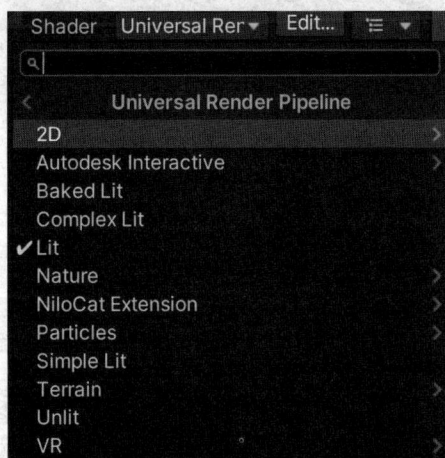

在游戏"AnimarsCatcher"中，角色 Ani 的材质使用了 Universal Render Pipeline/Lit 着色器。Lit 着色器能够将游戏物体的表面渲染得非常逼真，适用于各种材料，如石头、木材、玻璃、塑料和金属等。这种着色器能够栩栩如生地模拟物体表面对各种光照条件的响应，无论是明亮的阳光还是黑暗的洞穴环境。然而，需要注意的是，由于 Lit 着色器在 URP 中属于计算量最大的着色模型之一，其计算开销相对较大。

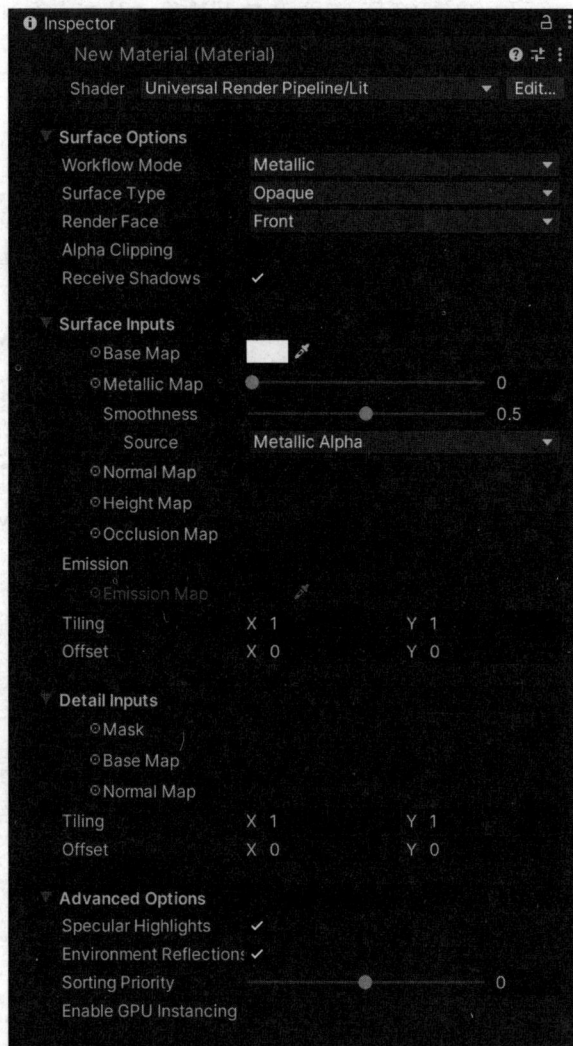

在 Unity 的属性面板（Inspector）中，Lit 着色器提供了众多可调整的选项。以 Ani 角色为例，其衣服包括了 3 种不同的材质：宇航服、宇航服上的发光球及镶嵌发光球的金属环。这 3 种材质的主要区别在于 Lit 着色器的 Surface Inputs（表面输入）设置。

Surface Inputs 是 Lit 着色器提供的一组选项，允许开发者修改物体表面的各种属性。通过这些设置，可以调整物体表面的外观，使其看起来更潮湿、干燥、粗糙或光滑等。这些选项的灵活运用有助于提升游戏场景的真实感和视觉效果。

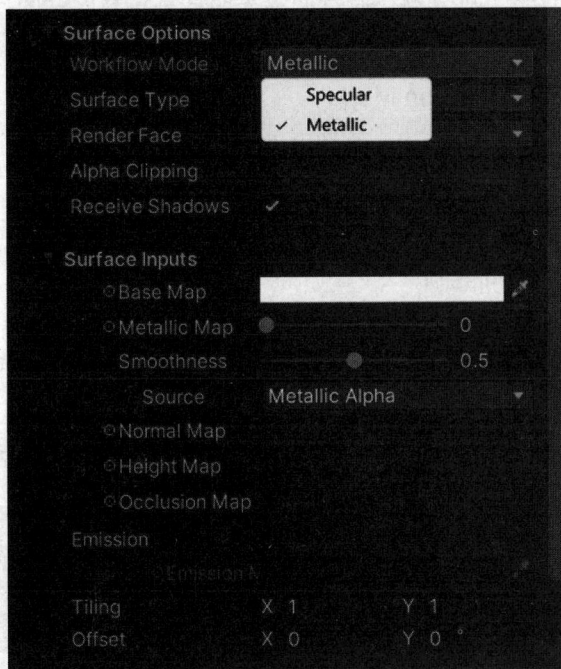

4.2.5　Surface Inputs 参数

1. Base Map

Base Map（基础贴图）用于为物体表面添加颜色，也称为漫反射贴图。可以为 Base Map 分配纹理或使用颜色选择器选择颜色。旁边的颜色显示器展示了指定纹理的色调。

2. Metallic Map

Metallic Map（金属贴图）控制高光反射的强度和色调。平滑度参数决定了镜面高光的清晰度。平滑度较低时，即使强烈的镜面反射也会显得模糊和散射；平滑度高时，反射更为清晰。在 Metallic Map Workflow 中，使用滑块调节表面的金属效果，范围从 0（完全非金属，如塑料或木材）到 1（完全金属，如银或铜）。Specular Map Workflow 允许直接控制高光的亮度和色调。

3. Normal Map

Normal Map（法线贴图）通过增加表面的凹凸、划痕和凹槽细节来增强物体的视觉效果。旁边的浮动值控制法线映射的效果强度，较低的值减弱效果，高值则增强效果。

【视频 4-2-6】
Base Map 设置纹理

【视频 4-2-7】
Base Map 设置颜色

【视频 4-2-8】
Metallic Map 设置

4．Height Map

Height Map（高度贴图）使用视差映射技术来模拟表面的遮挡效果，而不改变几何体的顶点位置。这种技术通常与法线贴图结合使用，用于增强表面的凹凸效果。通过调整光照计算，高度贴图使得某些凹凸部分相互遮挡，看起来像是真实的三维几何体。

5．Occlusion Map

Occlusion Map（遮挡贴图）模拟环境光和反射产生的阴影效果，允许更少的光线到达物体的角落和缝隙。图像为灰度，白色区域表示接收完全间接光，黑色区域表示无间接光照。

6．Emission

Emission（发光）设置允许物体表面发出光芒。启用此功能后，可以通过 Emission Map 和 Emission Color 进行设置。如果设定超过 100% 的白色，如对于熔岩等发光强烈的物体，这将是非常有用的。如果未分配 Emission Map，则仅使用 Emission Color 中指定的色调。

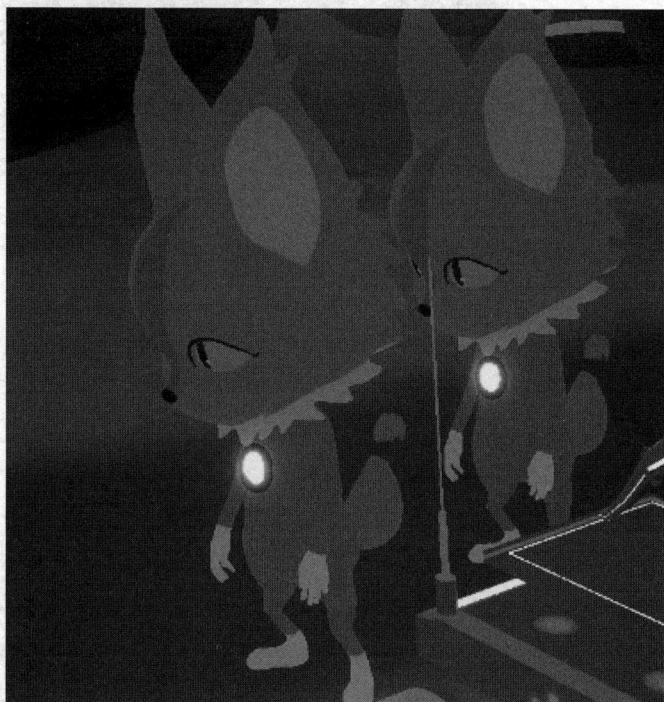

7．Tiling

Tiling（贴图平铺）设置根据 U 轴和 V 轴来调整 2D 纹理的缩放，默认值为 1，表示不进行缩放。设置更高的值会使纹理在整个网格模型上重复，较低的值则会导致纹理被拉伸。

8．Offset

Offset（偏移）用于在网格上调整纹理的 2D 位置。

上机部分

接下来，介绍如何在"AnimarsCatcher"游戏中为角色 Ani 设置材质。

在 Hierarchy 面板中选择并展开 Ani 模型，观察可知 Ani 由 Body、Head 和 Root 三部分组成，每一部分通过 Skinned Mesh Renderer 组件被渲染到场景中。

【上机 4-2-1】
材质设置

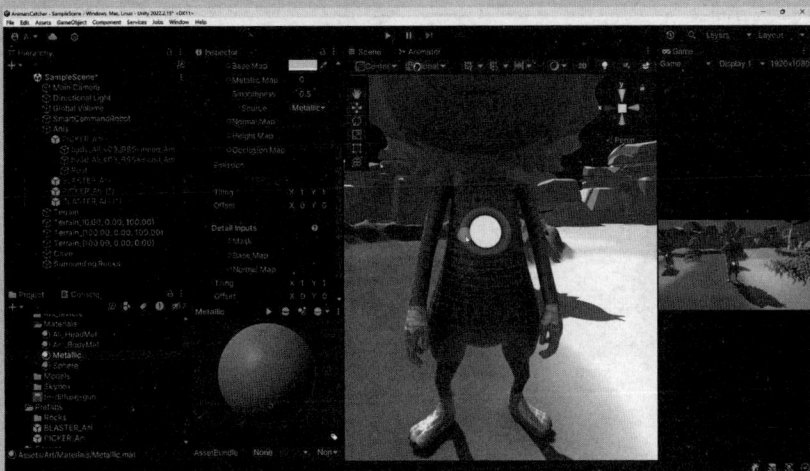

- 头部材质：找到并选择 Ani 头部的材质球（Ani_HeadMat），调整其 Surface Inputs 中的 Smoothness 参数值至 0.4，以减少头部的光滑度和反光。
- 身体材质：查看 Ani 身上衣服的材质，调整 Smoothness 值至 0.84，以适应金属质感的宇航服；同时调整 Normal Map 的值至 0.2，使得衣物纹理具有自然的凹凸感。
- 胸口金属材质：调整胸口金属圆环的 Smoothness 值至 0.5，平衡反光与实体感。

- 发光材质：调整 Ani 胸口的黄色球体（材质名为 Sphere）的 Emission 属性。通过设置 Intensity 的值为 2.83，达到既显著又不过度刺眼的发光效果。注意，这种效果在 Game 窗口中观察最为明显。

作 业 部 分

对智能指挥机器人的材质进行调整，达到你想要的表面效果。

作业资源：【作业 4-2-1-HW】智能指挥机器人材质。

4.3 灯光

前面讨论的渲染管线和材质为游戏物体的表现力提供了强大支持，而要实现这些视觉效果的完全体现，不可忽视的另一关键元素是灯光。Unity 提供了多种不同类型的光照和灯光效果，可根据不同的游戏风格与需要进行选择和配置。

4.3.1 环境光

【视频 4-3-1】
环境光设置

环境光（Ambient Lighting）也称为漫反射环境光，是一种普遍存在于整个环境中的光线，它不源自于任何特定的光源。这种光线为场景的整体外观和亮度提供了基础贡献，是调整场景氛围的重要工具。

环境光的作用显著，可以根据游戏的艺术风格和所需氛围进行调整。在 Unity 中，环境光的设置可以通过编辑窗口进行配置。也可以通过脚本来动态控制，使得光照效果可以随游戏环境或者场景的变化而变化。例如，可以根据游戏中的时间（如日夜更替）调整环境光的强度和色调，从而增加游戏的真实感和沉浸感。

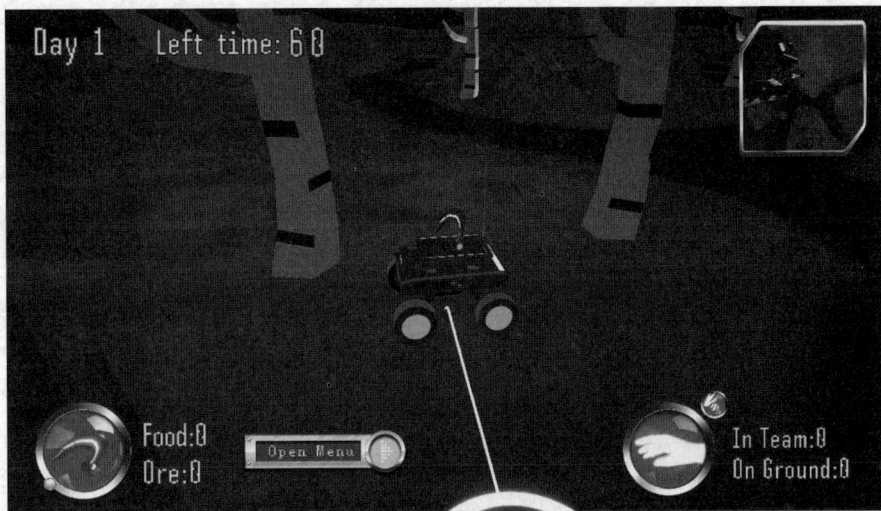

 上机部分

接下来，我们依据游戏氛围的设定，为"AnimarsCatcher"调整环境光。

在 Unity 的 Project 面板中，找到并单击使用的 URP-HighFidelity 文件。查看其中的 Lighting 设置，主要关注 Main Light 和 Additional Lights 的配置。

【上机 4-3-1】
设置环境光

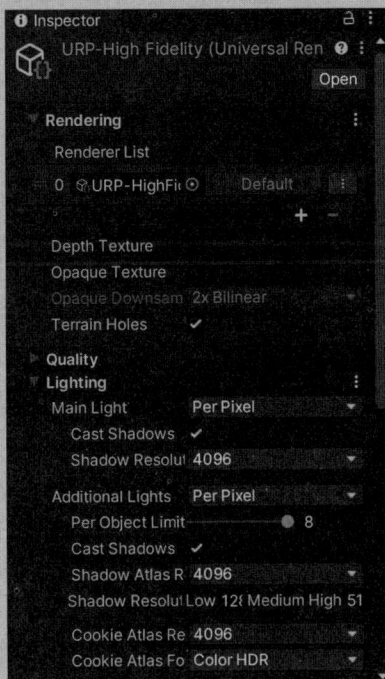

通过 Unity 菜单栏上的 Window 选项，选择 Rendering/Lighting，并将此窗口拖动到 Scene 窗口旁边，以便同时调整参数和观察效果。在 Environment 标签中的环境光照来源中，有以下 3 个选项可选。

- Skybox：默认的环境光来源是 Skybox。我们在第 3 章中使用自定义材质和 Cube 贴图设置了天空盒，因此，可以在场景中观察到天空盒的紫色晕染到了场景物体表面。
- Gradient：改变环境光来源为 Gradient，通过调整 Sky Color、Equator Color、Ground Color，来形成游戏环境的整体色调。
- Color：此选项将环境光设置为单一颜色，可以自由调整颜色和其强度，以达到希望的自然环境光效果。

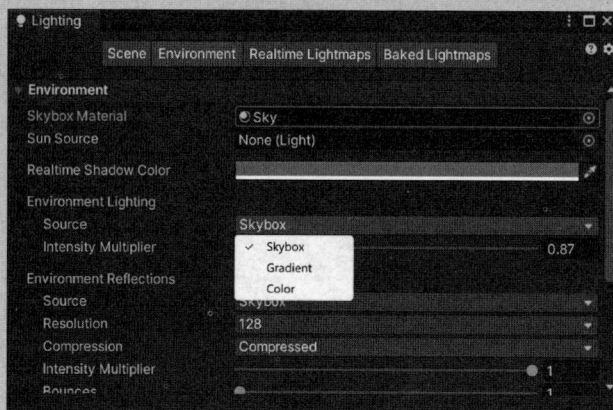

我们最终选择将 Skybox 作为环境光的来源，设置 Intensity 为 0.87。调整完毕后，关闭 Lighting 窗口，并最大化 Game 窗口以查看调整后的光照效果。

4.3.2 其他光源

除了环境光，Unity 引擎还支持 4 种光源，它们可以像创建其他游戏对象一样被创建。这四种光源各有其特定用途和特性，可以根据不同场景的需求灵活地创建和配置，以达到最佳的视觉效果。

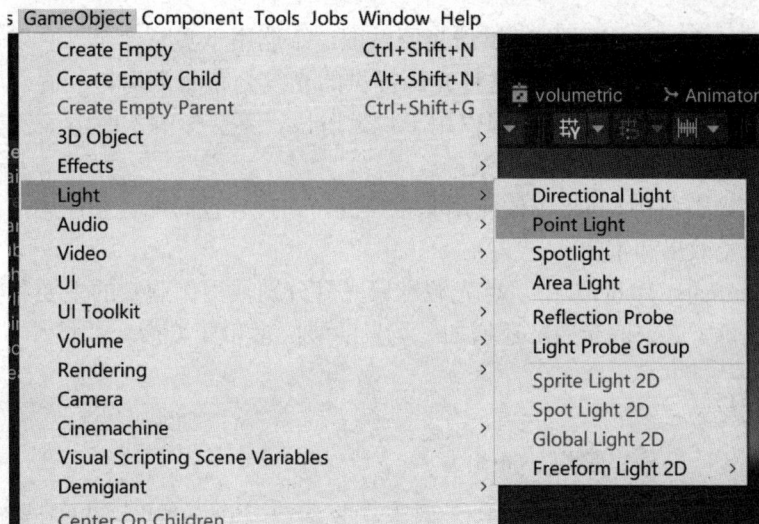

1. 方向光源

方向光源（Directional Light）模拟远处的光源，如太阳，其发出的光线在整个场景中是平行的。这种光源的特点是没有具体的位置坐标，其影响是全局的，只有方向会影响光线的照射结果。方向光源是实现日光和其他大范围光照效果的理想选择，适用于户外场景。

2. 点光源

点光源（Point Light）像一个灯泡一样，从一个固定的位置向所有方向发出光线，影响其周围一定范围内的所有对象。点光源的亮度会根据与光源的距离增加而逐渐减弱，遵循"平方反比定律"。这种光源非常适合用于局部照明，如室内灯光或特定场景的高亮效果。

3．聚光灯

聚光灯（Spot Light）发出的光线是定向的，并形成一个圆锥形的光束，只照亮这个圆锥内的区域。聚光灯常用于模拟手电筒、舞台灯光或其他需要聚焦光线的场合。聚光灯的角度和范围可以调整，光束的边缘随着角度的增加而变得更加柔和，形成一种"半影"效果。聚光灯是比较耗费图形处理器资源的光源类型。

4．面光源

面光源（Area Light）主要用于烘焙光照贴图，不能用于实时光照。它以一个平面区域发出光线，照亮相对较大的面积。这种光源提供的光线分布非常均匀，适合用作模拟天花板灯或其他广域的光源。由于面光源仅用于烘焙阶段，不会影响实时渲染性能，因此适用于那些对光照细节有高要求的静态场景。

上述这些灯光类型在 Unity 中的应用非常广泛，通过合理的配置和使用，可以极大地增强游戏场景的视觉效果和氛围。

在游戏"AnimarsCatcher"中，点光源和聚光灯分别被用作洞穴的主要和辅助照明，这样的应用不仅提供了必要的光照，还增加了场景的层次感和真实感。

▶ 上机部分

【上机 4-3-2】
室内光照

1．设置方向光

在 Hierarchy 面板中选择场景的 Directional Light，调整其 Rotation 的 X 和 Y 值来改变场景中物体的阴影方向，保持默认值 X=50 和 Y=−30 即可。如果调整了方向光的位置，你会发现这对光照效果并没有影响。

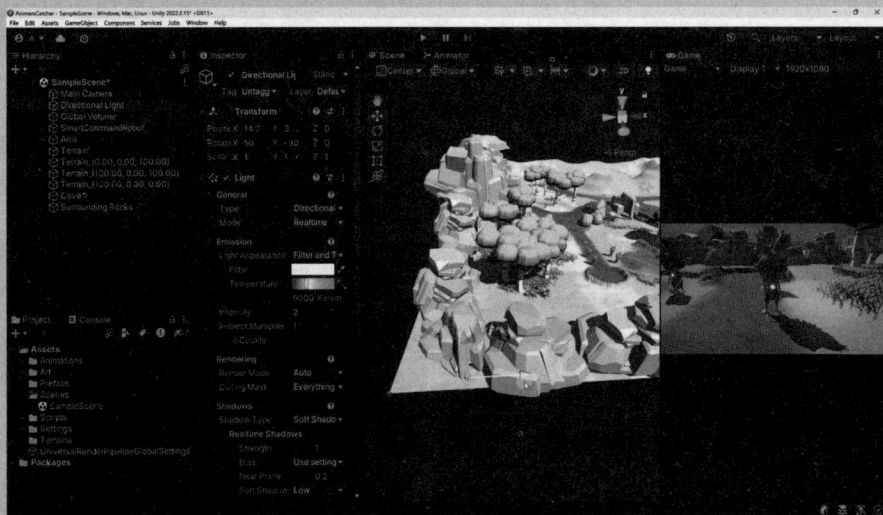

2．调整全局光照设置

这时候，在洞穴场景中，可以看到方向光未被遮挡，导致内部过于明亮。这是因为当前游戏中还没有设置全局光照效果，所以 Unity 不会主动计算物体之间因为遮挡产生的光线的阻碍。

打开 Window 菜单中的 Lighting 窗口，创建一个新的 Lighting Settings 文件，并重命名为 AnimarsCatcher，用于自定义场景的光照设置。在 Lighting Settings 文件中，关闭烘焙的全局间接光照效果，开启实时的全局间接光照；调整 Indirect Resolution 至 0.4，提高光照烘焙的效率。单击 Generate Lighting 按钮，等待光照信息生成。

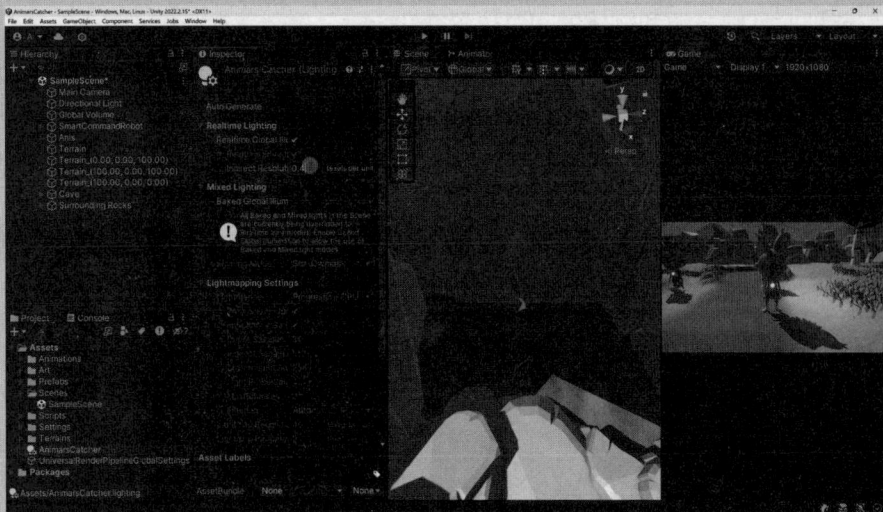

3. 布置附加光源

在洞穴内通过右键菜单创建新的点光源，调整位置、颜色、强度和范围等参数，以适应场景需要。复制并调整点光源到洞穴的对面或其他区域，以平衡光照。

添加一个 Spot Light，调整其位置和旋转，以及其他参数，并观察效果。

最后，复制两个点光源并将颜色改为紫色，放置于洞穴的角落，创造出奇幻的光照效果。

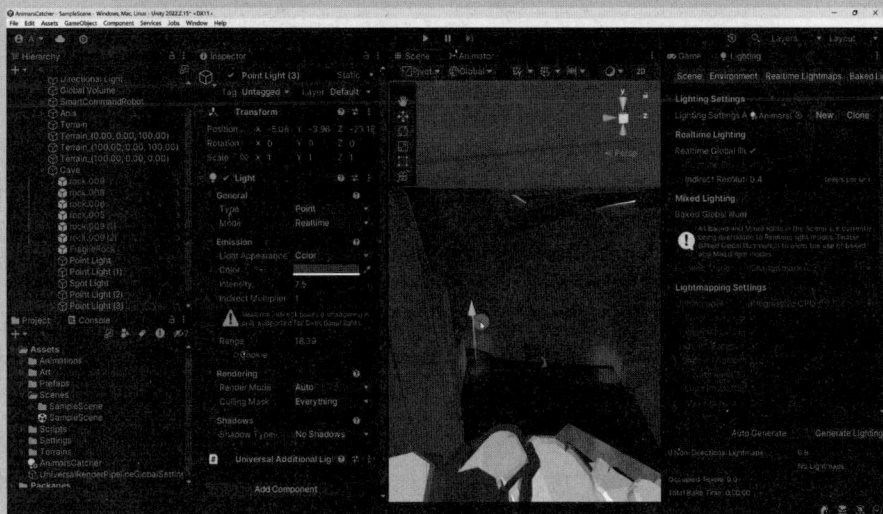

4.4 全局光照明系统

在 Unity 中,实现场景光照的方法大体上可以分为直接照明和间接照明两种方式,每种方式都有其特定的应用和技术要求。

直接照明源自直接的光源照射,如太阳、灯泡或其他任何形式的光源。这种照明方式直接作用于场景中的对象,可以产生清晰的阴影和高对比度的光效,对于动态场景尤其关键,因为它能即时反映光源和物体的相对位置变化。

间接照明则是指光线照射到一个物体上后,再由该物体反射或折射到其他物体上。这种照明方式能增加场景的真实感和深度,因为它模拟了现实世界中光线的行为,如其在不同表面间的反射和散射。然而,间接照明的计算通常要复杂得多,因为它涉及光线与环境的多次交互。

为了优化渲染效率和实现更真实的光照效果,Unity 使用了几种技术来预计算和模拟间接光照。

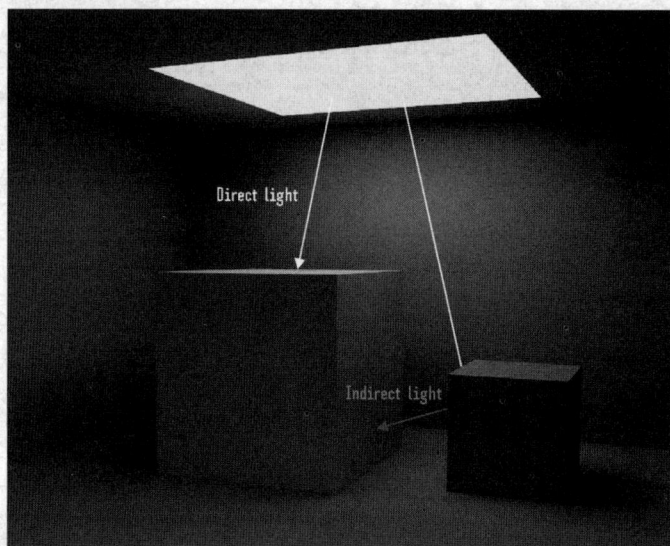

4.4.1 光照贴图

在 Unity 中使用光照贴图(Lightmap)是优化游戏性能同时保证视觉质量的一项重要举措。光照贴图技术预先计算场景中所有静态物体的光照——包括直接光照、间接光照和阴影——并将这些信息存储在一种特殊的纹理中。这种方式使得在游戏运行时可以直接调用这些纹理,而无须再进行复杂的光照计算。这不仅提高了性能,还能在视觉上实现更加复杂的光照效果。

光照贴图的一个限制是它仅适用于静态物体。这是因为光照贴图是在游戏或场景打包前预先计算并烘焙的,一旦烘焙完成,光照信息就固定不变,无法适应运动中的物体或动态改变的光源。

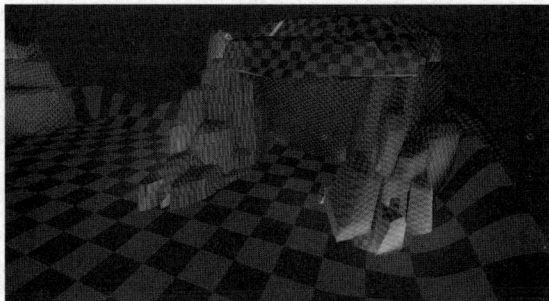

在一个典型的 Unity 场景中，通常会使用多种照明技术来处理不同类型的对象。

- 静态物体：对于静态物体，使用光照贴图来模拟所有类型的光照效果是非常高效的，包括间接光（如反射和散射光）和直接光照影响。
- 动态物体：动态物体不能使用静态的光照贴图，因此通常采用实时照明技术。直接光源会实时计算影响动态物体的光照，而间接光照效果可以通过光照探针（Light Probes）来模拟。

● 4.4.2 灯光的渲染方式

现在，让我们来思考如何为"AnimarsCatcher"游戏场景中的洞穴选择合适的灯光渲染模式。

对于"AnimarsCatcher"游戏中洞穴场景的照明配置，考虑到场景中的静态物体（如石头）与动态物体（如智能指挥机器人）共存，选择合适的灯光渲染方式就显得尤为重要。因为这些对象不涉及颜色变化或闪烁，若将它们设置为实时照明，将造成不必要的性能负担。然而，若使用烘焙光，当智能指挥机器人进入洞穴时，现有的照明无法实时反映其表面的变化。

为了确定合适的灯光渲染类型，我们首先了解一下 Unity 中灯光的渲染方式。

（1）实时（Realtime）：Unity 在运行时实时计算灯光，会更新每一帧的光照效果。实时灯光不进行预先计算，且默认情况下不生成光照贴图。然后，若启用 Realtime Global Illumination，系统将生成光照贴图，以支持复杂的光照场景。

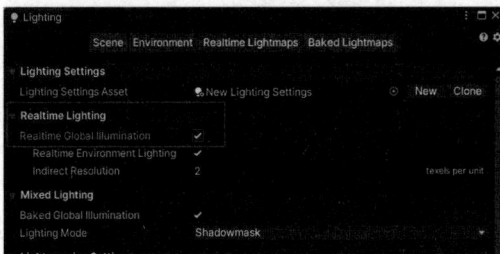

（2）烘焙（Baked）：烘焙光照是在运行前预先计算的，包括直接光照和间接光照，这些光照信息被存储在光照贴图中。烘焙光源的光照不参与运行时的任何光照计算，从而减少了资源消耗。

（3）混合（Mixed）：混合模式的灯光结合了实时和烘焙的特点。在运行前进行部分光照计算，并在运行时根据需要完成余下的计算。此模式下是否生成光照贴图，取决于选定的照明模式（Lighting Mode，后面详细介绍）。

照明模式（Lighting Mode）有以下 3 种。

（1）烘焙间接光照（Baked Indirect）：此模式结合了实时直接光照与烘焙间接光照，实现了性能与效果的平衡。其适用于对设备性能要求适中的情况，能够有效地平衡资源消耗和视觉表现。

（2）减法模式（Subtractive）：在这一模式下，直接光照和间接光照均采用烘焙方式。它不能提供极为逼真的照明效果，因此更适合风格化的渲染或运行在低端硬件上的应用。此模式对设备的性能要求较低。

（3）阴影遮罩（Shadowmask）：类似于 Baked Indirect 光照模式，Shadowmask 光照模式将实时直接光照与烘焙间接光照结合在一起。但是，Shadowmask 光照模式允许 Unity 在运行时结合烘焙阴影和实时阴影，并允许渲染远处的阴影。Shadowmask 光照模式在所有光照模式中提供最高保真度的阴影，但需要的性能成本和内存要求也是最高的。此模式适用于在高端或中档硬件上渲染远处游戏对象可见时的真实场景，如空旷的空间世界。

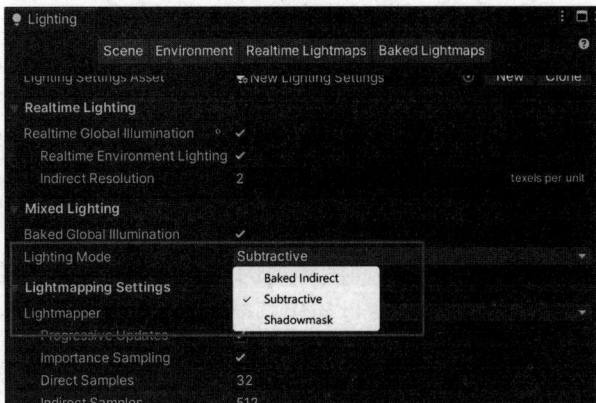

在"AnimarsCatcher"游戏中，当智能指挥机器人进入洞穴时，需要其拥有随动态移动产生的阴影效果。对于场景中的静态物体，如洞穴内的石头，其阴影可以通过烘焙的方式直接固定在场景中，这有助于减少实时渲染的计算负担。

为了实现动态与静态元素的光照效果相结合，洞穴中的灯光应设定为混合光照模式（Mixed Light）。在这种模式下，可以同时使用实时直接光照和烘焙间接光照，以达到效果与性能的平衡。具体操作如下。

（1）在 Unity 的光照设置中，确保勾选了 Realtime Global Illumination（实时全局照明）和 Baked Global Illumination（烘焙全局照明），以支持动态和静态光照的需求。

（2）将 Mixed Light 的 Lighting Mode（照明模式）设定为 Baked Indirect（烘焙间接光照）。这样可以确保实时直接光照对动态物体的影响，同时利用烘焙间接光照提升静态物体的渲染效果。

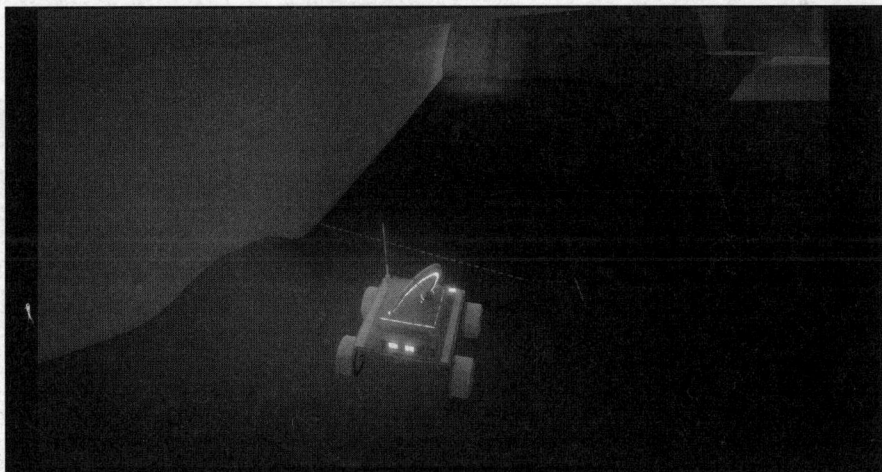

4.4.3 探针

探针主要分为两种类型：光照探针（Light Probes）和反射探针（Reflection Probes）。它们的核心作用是为动态物体提供逼真的光照和反射信息，而无须实时计算全局光照和反射，从而优化性能。

　　光照探针捕捉和记录场景中特定点的光照信息，包括来自环境的间接光。这些信息随后被用来影响在其附近移动的动态物体的光照表现。通过布置一组光照探针，动态物体可以在移动时连续地更新其光照状态，以匹配周围环境的光照变化。这使得动态物体在接收间接光时能显得更加自然和逼真。

【视频 4-4-1】
探针效果

　　反射探针用于捕捉周围环境的反射信息。它们的工作方式类似于 360°的相机，记录其周围环境的全景图像，这些图像随后被用作动态物体表面的反射贴图。通过使用反射探针，动态物体的表面可以实时反射出其周围环境的变化，增加了场景的真实感。

　　尽管在"AnimarsCatcher"游戏中没有使用探针，但在许多其他游戏和实时渲染项目中，探针的使用可以显著提高动态场景的光照和反射质量，而不会显著增加性能开销。因此，接下来介绍如何结合光照贴图和探针，来使游戏场景得到较好的光照效果。

▶ **上机部分**

【上机 4-4-1】
光照贴图和探针

1. 生成光照贴图

（1）调整光照映射设置。

打开 Lighting 窗口，勾选 Baked Global Illumination 选项。在 Lighting Mode 中选择 Baked Indirect，专注于烘焙间接光照，以提高性能和光照质量。将 Lightmapper 设置为 GPU 模式，以加速光照烘焙过程。

设置 Direct Samples 为 16，Indirect Samples 为 128，Environment Samples 为 64，提高采样质量。设置 Lightmap Resolution 为 2.5，提升光照贴图的分辨率。

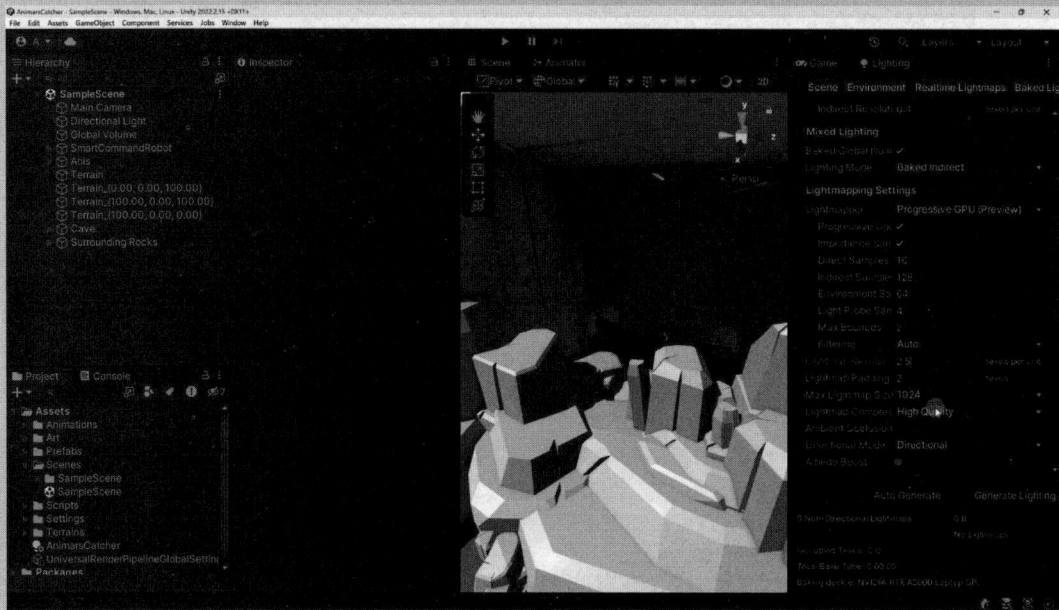

（2）优化场景光照。

创建两个空物体 Rocks 和 Lights，用于统一管理所有岩石和灯光，简化场景结构。确保所有静态物体如 Rocks 设置为 Static，以利用静态光照优化。

将场景中的点光源（Point Light）和聚光灯（Spot Light）的模式从 Realtime 改为Mixed，使它们在静态环境中使用烘焙光照，而对动态对象提供实时光照。

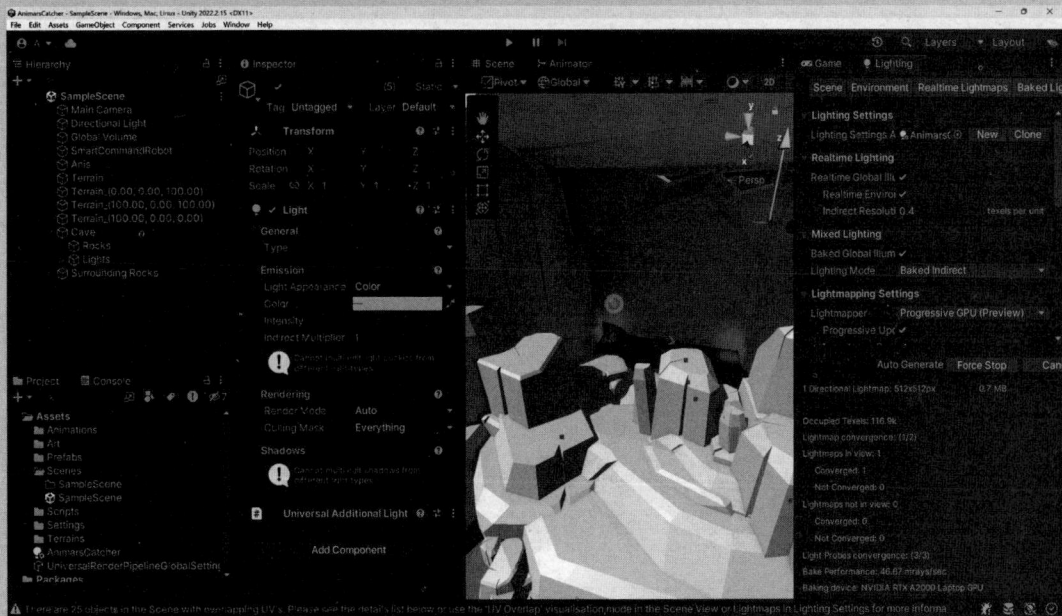

保存场景后，生成光照贴图，可以在场景窗口中选择烘焙光照图模式查看光照贴图的效果，还可以隐藏所有光源以检查静态物体的光照贴图。

隐藏洞穴入口处的 Fragile Rock，运行游戏并驱动智能指挥机器人进入洞穴，验证Mixed 模式光源对动态对象的实时光照效果。

2. 使用探针

接下来，我们在游戏场景中使用光照探针。

（1）设置光源模式。

将所有点光源和聚光灯光源的 Light Mode 设置为 Baked。这意味着这些光源将只参与烘焙过程，不会在游戏运行时动态计算光照。

（2）部署光照探针。

在场景中，特别是在一个点光源附近布置一些光照探针。单击烘焙以生成光照信息。在烘焙过程中将计算并保存光照探针中的数据。

完成烘焙后，隐藏所有光源，运行游戏并观察效果。将智能指挥机器人或其他动态对象移动到洞穴内，检查它们是否能正确接收和显示光照探针存储的光照信息。

（3）评估和调整光照效果。

如果发现实时计算的光照效果优于烘焙的结果，可考虑将光源模式从 Baked 改回Mixed。Mixed 模式允许光源在静态场景中使用烘焙光照，同时对动态对象提供实时光照，以实现更自然的光照效果。

重新打开洞口处 Fragile Rock 的隐藏状态，并重新烘焙整个场景，以确保所有光照信息都是最新的。

作 业 部 分

在作业 3-3-1-HW 中，要求在地形的空白区域创建一个封闭环境。请运用本节学到的知识，在该封闭环境中加入一些灯光，并进行光照贴图的烘焙。

作业资源：【作业 4-4-1-HW】渲染效果改进。

4.4.4 光照设置

对于不同类型的物体和灯光，建议进行如下的设置。

1. 静态物体在静态灯光下

使用烘焙模式（Baked Mode）设置静态灯光。

在光照设置中的 Mixed Lighting 选项下，勾选 Baked Global Illumination。

2．动态物体在静态灯光下

对静态灯光选择混合模式（Mixed Mode）。

在 Mixed Lighting 设置中勾选 Baked Global Illumination，并在动态物体的活动区域布置光照探针。

3．静态物体在动态灯光下

对动态灯光采用实时模式（Realtime Mode）。

在 Mixed Lighting 设置中勾选 Baked Global Illumination。

4．动态物体在动态灯光下

使用实时模式（Realtime Mode）设置动态灯光。

在 Mixed Lighting 设置中勾选 Baked Global Illumination，并在动态物体的活动区域布置光照探针。

这种设置方式旨在最大限度地减少场景烘焙时的硬件负担和时间消耗。

5．混合烘焙方式

对于静态灯光，选择混合模式（Mixed Mode）；对于动态灯光，采用实时模式（Realtime Mode）。

在 Realtime Lighting 设置中勾选 Realtime Global Illumination，而在 Mixed Lighting 中勾选 Baked Global Illumination。

这样配置可确保混合灯光自动对应 Baked Global Illumination，而实时灯光对应 Realtime Global Illumination。

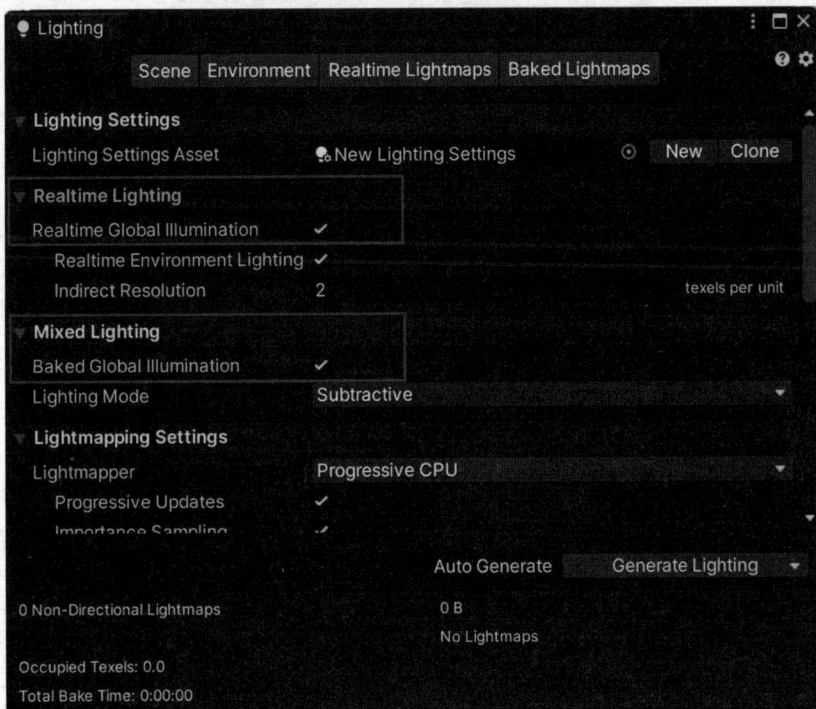

4.5　阴影

在游戏画面渲染中，光源对场景的最终效果有决定性的影响。光照不仅照亮了被照射的场景表面，还通过被物体阻挡而在其背面形成阴影，从而为场景增添深度和真实感。这些阴影帮助突出物体的规模和位置关系，赋予它们立体感。

在 Unity 中，灯光系统能够实现从游戏对象投射阴影，到自身的其他部分，或邻近的游戏对象上。Unity 提供了两种主要的阴影实现方式：烘焙阴影和实时阴影。

4.5.1　烘焙阴影

烘焙阴影利用光线追踪技术来模拟光与物体相互作用的物理特性，如反射、折射和衰减，因此可以产生接近真实的阴影效果。这种阴影类型由于计算量较大，通常用于预计算场合，适用于静态环境中的不动物体，如地形、建筑等。

我们可以为光源进行阴影设置，通过调整阴影的详细参数来得到所需的视觉效果。此外，场景中的每个 Mesh Renderer 组件都具备"投射阴影"（Cast Shadows）和"接收阴影"（Receive Shadows）的属性，可以根据需要进行配置。

- 投射阴影：此属性决定是否以及如何从该网格投射阴影。可以在下拉菜单中选择 On 以启用网格的阴影投射。此外，选择 Two Sided 允许在物体的任意一侧投射阴影，从而忽略背面剔除；选择 Shadows Only 则允许来自不可见 GameObject 的阴影投射。

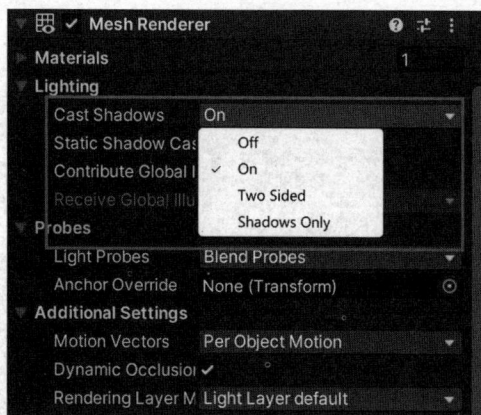

- 接收阴影：此属性决定该网格是否能接收来自其他物体的阴影。

4.5.2　实时阴影

对于动态物体，通常采用实时阴影生成技术来处理阴影，因为烘焙阴影只适用于静态场景。实时阴影采用阴影映射（Shadow Mapping）技术，这是一种有效的实时阴影生成方法，它利用了阴影贴图（Shadow Map）这种特殊的纹理。

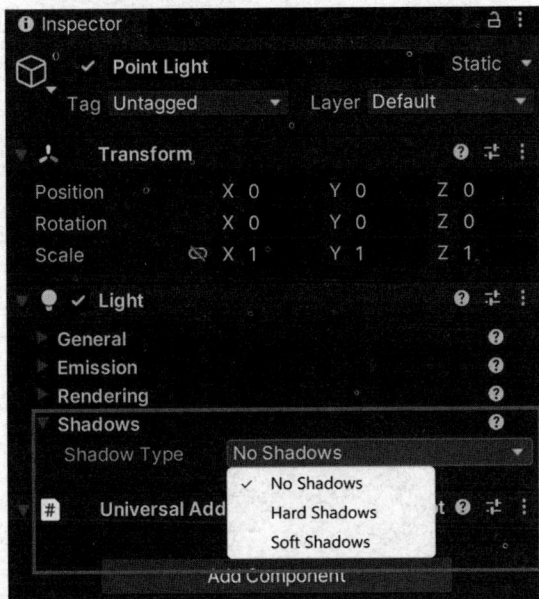

阴影贴图是一种深度纹理，在这种纹理中存储了光线击中物体表面之前的距离信息。当一个物体处于另一个物体与光源之间时，即存在遮挡物，这个物体就会被投射阴影。如果从光源到某点的距离大于阴影贴图中存储的对应点的距离，则表明该点处于遮挡之后，因而处于阴影中。

如下图所示，左图展示阴影贴图保存了场景元素表面相对于光源的深度值；右图展示了渲染场景的过程，从视点出发观察场景。V_a 点所对应的阴影贴图是 a 点，其深度值不小于 V_a 到光源的距离，所以 V_a 点不在阴影中；而 V_b 点所对应的阴影贴图中的点 b 存储的深度值小于 V_b 到光源的距离，因此 V_b 处于阴影中。

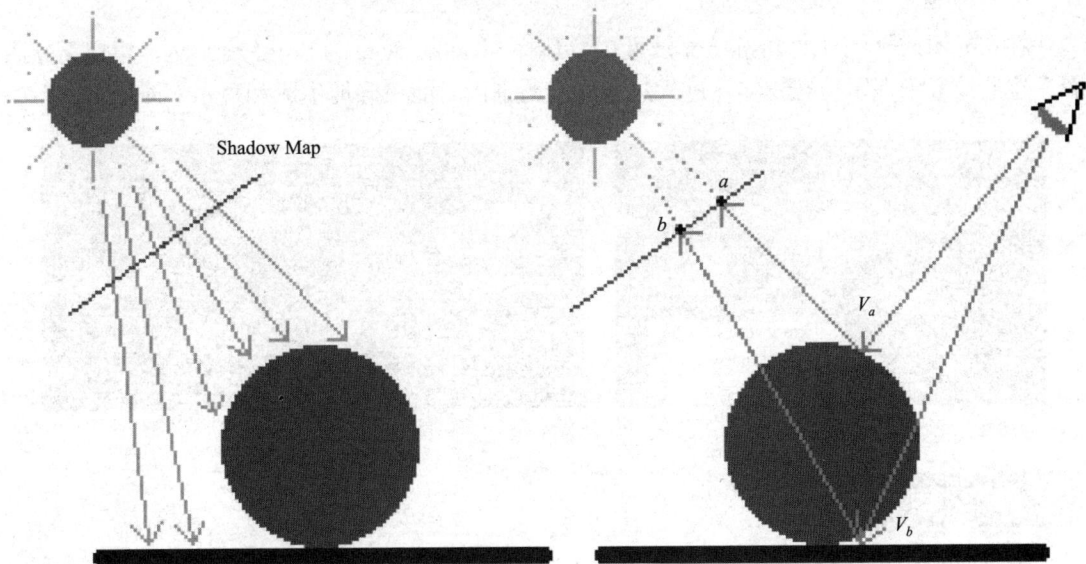

尽管我们已经为"AnimarsCatcher"游戏中的洞穴设置了 Mixed Light 模式，并选择了 Baked Indirect 作为 Lighting Mode，但实时阴影的缺失可能会影响动态物体，如智能指挥机器人的视觉效果。这是因为 Unity 默认只为主光源（主方向光）投射实时阴影，而附加的点光源或聚光灯通常不自动投射阴影。

为解决这个问题，需要进行以下操作。

确保在 Universal Render Pipeline（URP）设置中启用了附加光源的阴影投射选项。

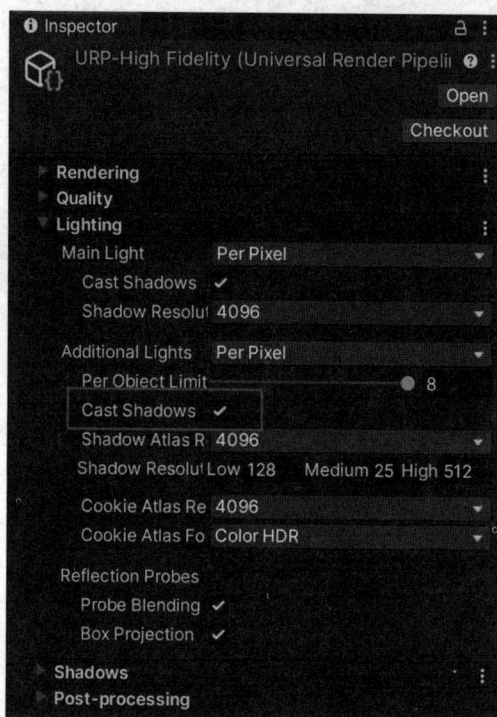

在点光源或聚光灯的 Inspector 属性中，选择 Shadow Type 为 Soft Shadows，以启用软阴影。这些设置确保了动态物体在进入这些灯光范围内时能正确地生成和显示实时阴影。

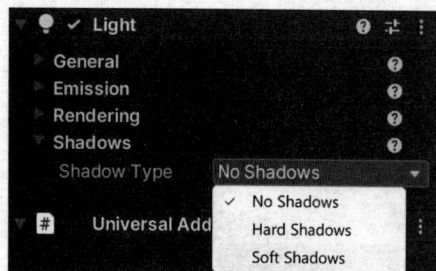

4.5.3 阴影质量

方向光常用于模拟阳光，并能照亮整个场景。然而，由于方向光的阴影贴图通常覆盖了广泛的场景区域，这可能引起透视锯齿（Perspective Aliasing）的问题。透视锯齿现象表现为靠近摄像机的像素相比远处的像素更大，导致阴影在视觉上出现失真和块状效果。

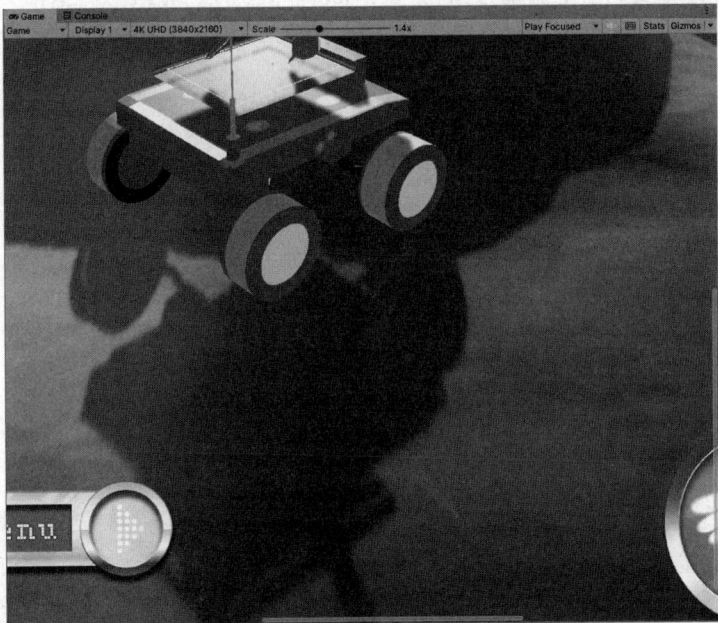

为了解决这个问题，URP 管线采用了多层次阴影贴图（Cascade Shadow Maps）技术。这种技术将摄像机视锥内的阴影区域根据场景元素所占比例分成几个不同的层级。这样的分层可以更加精细地控制阴影的质量，尤其是在摄像机近处，能有效减少锯齿问题。增加阴影层叠（Shadow Cascades）的数量能进一步提高近距离的阴影质量，但同时也会增加计算开销。尽管增加了开销，使用多层次阴影贴图的成本通常仍低于使用单一高清阴影贴图的成本。

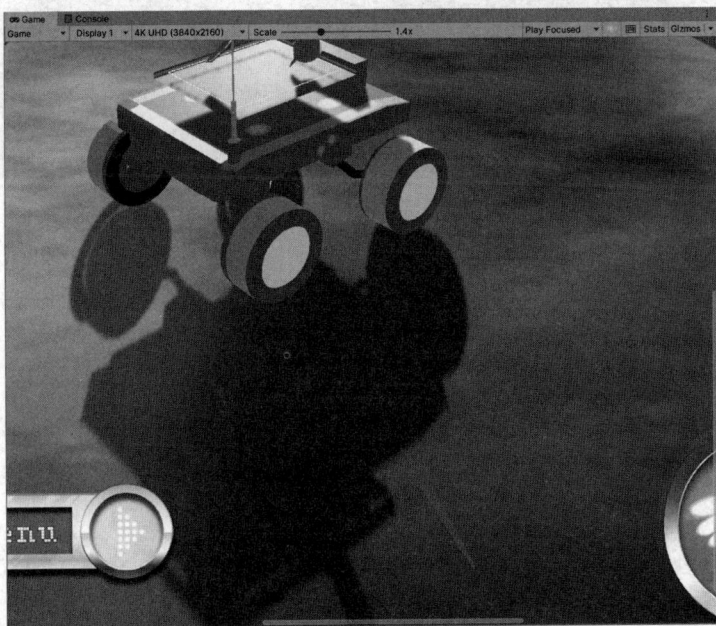

在"AnimarsCatcher"游戏中，为了在性能和视觉效果之间达到平衡，选择使用了较少的阴影层叠。这种设置旨在优化阴影的质量，同时控制渲染成本，以适应不同的硬件环境。通过这种方法，游戏可以在不牺牲太多性能的情况下，提供更清晰和逼真的阴影效果。

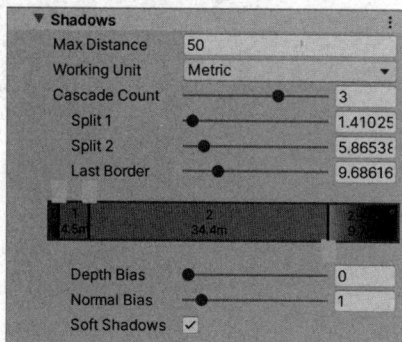

上机部分

接下来，我们为"AnimarsCatcher"游戏场景设置阴影。

【上机 4-5-1】
阴影

1. 方向光与动态阴影

通过为 Directional Light 添加动画，模拟光源随时间变化的效果，观察树木和其他对象的阴影如何随光源变换而变化。注意，URP 默认使用实时阴影，虽然效果真实但消耗较高。

2. 使用烘焙阴影优化静态物体

在 Lighting 窗口中，将 Mixed Lighting 的 Lighting Mode 改为 Subtractive，对静态物体如岩石使用烘焙阴影，以减少渲染消耗。单击 Generate Lighting 按钮生成光照，观察烘焙后阴影的变化。

运行游戏后，关闭方向光源的 Animator 组件，改变光源的旋转，观察阴影是否改变。由于使用了烘焙阴影，会发现静态物体的阴影不会随光源旋转而变化。

而我们的游戏需要模拟时间变化，常变的方向光不适宜使用烘焙阴影。因此将 Lighting Mode 改回 Baked Indirect 并重新生成光照，以适应动态阴影需求。

3. 优化阴影性能

观察洞穴内的 Point Light 是否产生实时阴影，若没有，找到 Hierarchy 中的点光源，将 Shadows 中的 Shadow Type 从 No Shadows 改为 Soft Shadows，以产生较真实的阴影效果。

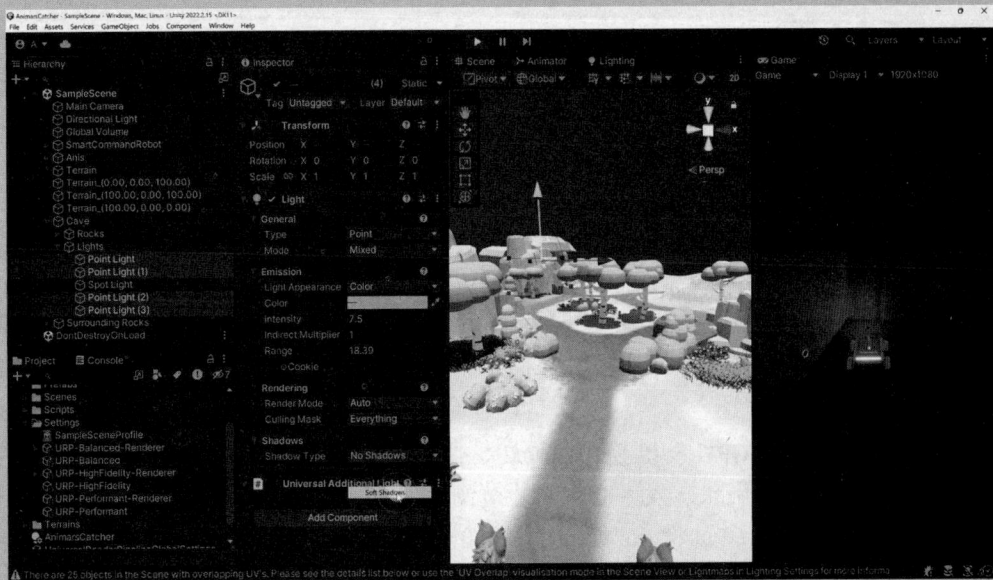

在 URP 配置文件中调整阴影级联参数，如将 Cascade Count 设为 2，调整第 0 层的距离，以拉远观察距离并减少阴影渲染的性能损耗。这使得与摄像机距离越近的地方阴影质量越高，远处则更模糊。

4.6 渲染优化

在游戏运行阶段，渲染通常是最耗时的工作之一，经常成为制约游戏性能的瓶颈。为了在渲染效果和效率之间达到平衡，必须对渲染流程进行优化，以确保游戏在现有的硬件条件下能够高效且高质量地完成渲染任务。

4.6.1 渲染流程

游戏的渲染流程通常包括以下步骤。

（1）对象选择：CPU 检查场景中的每个对象，确定哪些对象应该被渲染。只有符合特定条件的对象才会进入渲染流程。

（2）信息收集和分类：CPU 收集将要被渲染的对象信息，并将它们按照渲染需求分类为不同的渲染指令（draw calls）。当多个对象共享相同的设置时，它们可能会通过 batching 合并成一个 draw call。

（3）创建 batch：CPU 为每个 draw call 创建一个数据包，称为 batch，每个 batch 包含至少一个 draw call。

（4）设置渲染状态：CPU 发出 SetPass call，这是一个指令，通知 GPU 如何渲染下一个网格。SetPass call 仅在渲染状态发生变化时才被调用。

（5）发送 draw call：CPU 将 draw call 发送给 GPU，指示 GPU 使用最近的 SetPass call 来渲染指定的网格。

（6）处理多 pass：有时，一个 batch 可能需要多个 pass 来完成渲染。每个新的 pass 可能需要改变渲染状态，对于 batch 中的每个 pass，CPU 必须发送新的 SetPass call 和 draw call。

（7）GPU 处理：GPU 按照接收到的指令顺序处理这些任务。

（8）执行 SetPass call：如果任务是 SetPass call，则 GPU 更新渲染状态。

（9）执行 draw call：如果任务是 draw call，则 GPU 执行网格的渲染。渲染网格的过程包括多个阶段，其中顶点着色器处理网格顶点，片元着色器处理像素绘制。

（10）重复流程：以上过程将重复进行，直到 CPU 发送的所有任务都由 GPU 完成。

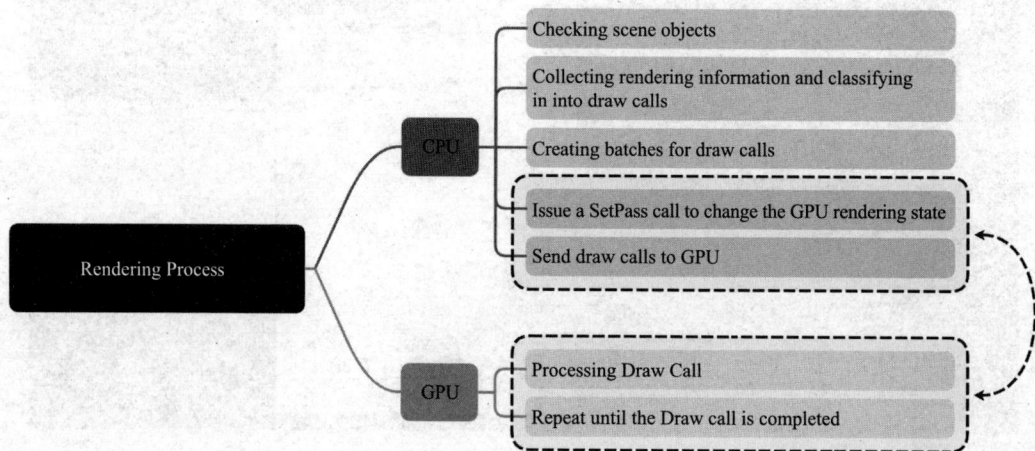

　　理解并优化渲染流程的重要性在于，为了顺利渲染一帧画面，CPU 和 GPU 必须高效完成各自的任务。任何一方处理时间过长都将导致渲染延迟。

　　渲染性能问题通常有两种情况。

　　（1）渲染管线低效：渲染管线中的某一步或多步处理时间过长，打断了数据流的顺畅性，导致效率低下，这种情况被称为瓶颈。

　　（2）数据过载：即使渲染管线高效，一帧中处理的数据量过多也会导致出现问题。

　　为了优化渲染性能，首先需要借助性能分析工具找到性能瓶颈。然后，通过减少渲染工作量和控制数据输入，确保渲染流程的高效运行。

4.6.2　性能分析工具

　　Unity Profiler 是 Unity 中一款极为强大的官方性能分析工具，专门用于帮助开发者在游戏开发过程中分析 CPU、GPU 及内存的使用情况，从而定位性能瓶颈。这个工具能够提供游戏各个方面的详细性能数据，包括 CPU、GPU、渲染、内存、音频、视频、物理、UI 和全局光照等。

　　在 Unity Profiler 中，可以通过选择 CPU Usage 来查看 CPU 相关的性能瓶颈，这并不局限于与渲染相关的瓶颈。在 CPU Usage 视图中，可以切换到 Hierarchy 显示模式，在面板的下半部分将展示选中 Profiler 的当前帧的详细内容。此处，可以根据列标题对信息进行排序，以便更好地分析数据。

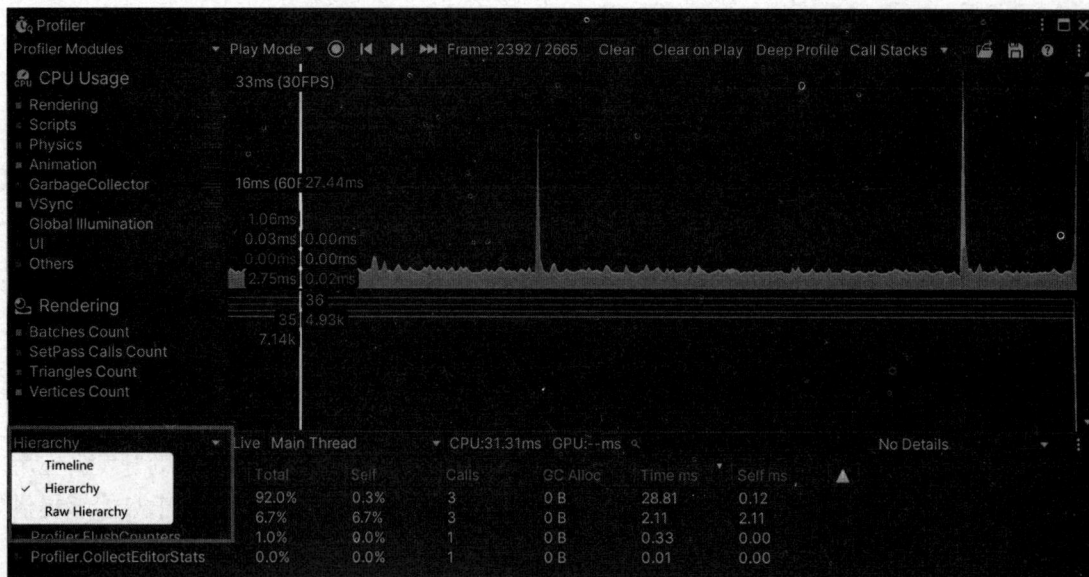

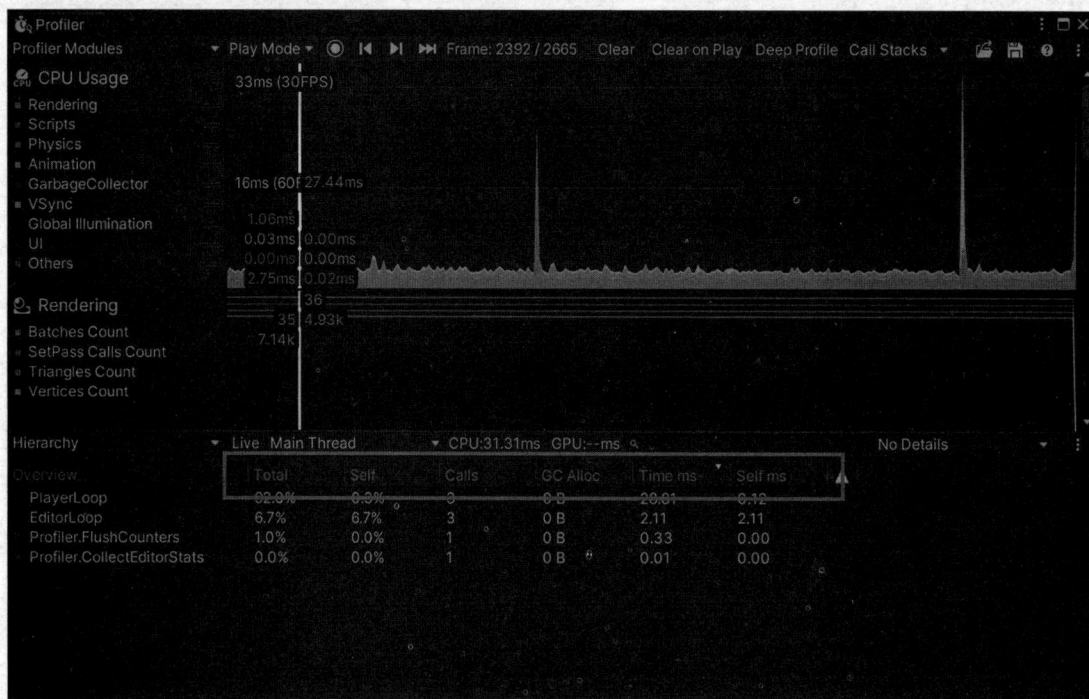

在 CPU Usage Profiler 中，列的定义如下。

- Total：当前任务占当前帧 CPU 总消耗时间的比例。
- Self：任务自身消耗的时间比例，不包括其子任务。
- Calls：当前任务在当前帧内的调用次数。
- GC Alloc：当前任务在当前帧内进行的内存回收和分配次数。
- Time ms：当前任务在当前帧内消耗的总时间（毫秒）。

- Self ms：当前任务自身（不含子任务）消耗的时间（毫秒）。

还可以选择左下角下拉菜单中的 Timeline，以查看 CPU 任务的执行顺序和各线程的责任范围。线程允许不同的任务同时执行，主线程、渲染线程和工作线程（Worker Threads）是与 Unity 的渲染过程密切相关的线程。

我们需要观察的目标有如下几点。

- GC Alloc：应关注任何单次内存分配超过 2KB 的操作，以及每帧有超过 20B 内存分配的操作。频繁的堆内存分配会触发 Mono 的垃圾回收（GC.Collect），可能导致游戏出现卡顿。
- Time ms：应注意任何一个函数在单帧中占用时间超过 5ms 的情况，这通常是性能优化的关键点。

内存方面主要是以下 3 个。

- Texture：检查是否存在重复资源，考虑是否需要对超大资源进行压缩。
- AnimationClip：重点检查是否有重复的动画资源。
- Mesh：重点检查是否有重复的网格资源。

4.6.3 CPU 渲染优化

前面介绍的性能分析工具，可以帮我们判断渲染对游戏性能的影响。接下来讨论如何优化渲染性能。

优化 CPU 渲染性能是提高游戏整体表现的关键环节。当游戏的渲染过程优化得当时，可以显著提升游戏的流畅性和响应速度。渲染过程可以利用多线程来提高效率，通过将任务分配到主线程、渲染线程和工作线程，可以并行处理多个任务，从而提高整体性能。

- 主线程：负责处理游戏的主要逻辑，包括输入处理、AI 决策、物理计算及部分渲染任务。
- 渲染线程：专门负责生成渲染命令并发送给 GPU。
- 工作线程：处理如剔除、动画更新等独立任务。

多线程渲染的有效性依赖于硬件的能力，尤其是 CPU 的核心数。在目标硬件上进行性能分析至关重要，可以确保游戏能够在不同设备上均展现良好性能。

发送命令到 GPU 花费时间过长是引起 CPU 性能问题的常见原因，其中最耗时的操作是 SetPass Call。如果 CPU 性能问题是由发送命令到 GPU 引起的，那么降低 SetPass 的数量通常是最好的提高性能的方式。可以在 Statistics 窗口中观察到其数量。

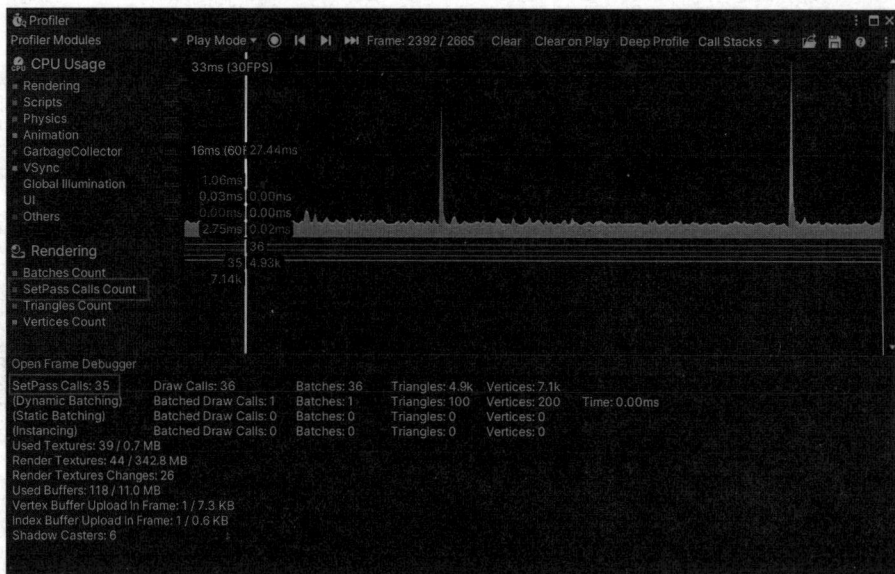

SetPass Call 通常可以从以下 3 个方面来进行优化。

（1）减少对象数量：通过减少场景中活动的渲染对象数量，可以减少必要的 SetPass Calls 和 Draw Calls，这通常通过优化场景设计和使用更高效的剔除技术来实现。

（2）减少渲染次数：优化对象的材质和着色器，使用更简洁的材质，合并可以共享同一材质或着色器的对象，以减少必须进行的 SetPass 操作。

（3）合并渲染批次：通过静态和动态批处理可以减少 Draw Calls 的数量。静态批处理适用于不会移动的对象，动态批处理则可用于小型且共享相同材质的移动对象。

4.6.4　GPU 渲染优化

针对 GPU 渲染问题的优化，我们可以从以下 3 个方面入手。

1．顶点处理

GPU 负责渲染网格中的每一个顶点，顶点处理的效率受到两个主要因素的影响。

- 顶点数量：游戏中的三维模型应尽可能减少接缝和硬边，这些都会导致引擎在渲染时分割这些顶点，进而增加需要处理的顶点数量。应优化模型，合并共享相同材质和属性的顶点，以减少顶点的总数。
- 顶点操作数量：优化顶点着色器中的操作，尽量减少每个顶点上的计算量。可考虑简化着色器逻辑或者使用更简单的材质，尤其是对于场景中大量出现的对象。

2．填充率

填充率是指 GPU 每秒可以处理的像素数。如果游戏受到填充率限制，通常表明每帧尝试绘制的像素数量超过了 GPU 的处理能力。

- 减少屏幕像素覆盖率：优化渲染过程中的透明和半透明材质，这些材质会增加多次绘制同一像素的情况，从而增加 GPU 负担。尽量减少这类材质的使用或优化其效果。

- 使用 LOD（层次细节）技术：对于远处的对象使用较低详细度的模型和纹理，减少这些对象的渲染负担。
- 优化后处理效果：后处理效果如景深、动态模糊等都对填充率有较大影响。适当调整这些效果的质量，或在性能受限的硬件上禁用某些效果。

3. 显存带宽

显存带宽是指 GPU 读 / 写其专用内存的速度。显存带宽过载通常是由于使用了过大的纹理或数据过于复杂。

- 优化纹理使用：使用纹理压缩技术缩减纹理大小，合理设置纹理分辨率，避免使用不必要的大纹理。
- 合理使用显存：避免在显存中存储过多不必要的数据。使用更高效的数据格式和减少重复数据的存储。

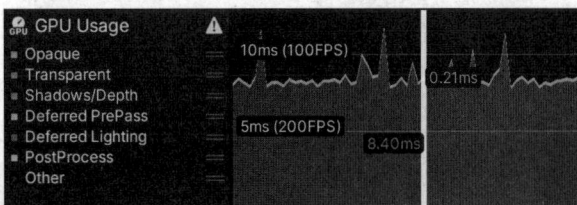

借助 Unity Profiler 等工具分析显存使用情况和 GPU 时间，确定是否存在显存带宽瓶颈，并对症下药。

▶ 上机部分

接下来，我们为"AnimarsCatcher"游戏进行渲染方面的优化。

1. 使用 Profiler 监控性能

打开 Unity 的菜单栏，选择 Window → Analysis → Profiler，并将 Profiler 窗口放置于 Scene 窗口右侧。在游戏运行时，观察 CPU 和 GPU 的帧率及资源占用情况，以便识别性能瓶颈。

【上机 4-6-1】
游戏优化

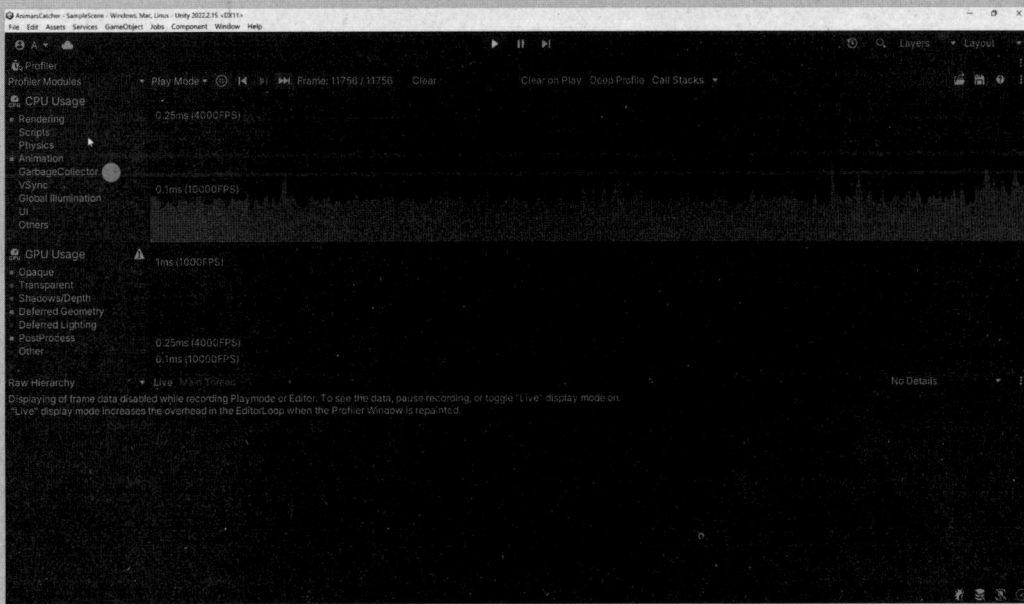

在 Game 窗口单击右上角的 Stats 按钮，关注 Batches 值及其他关键性能指标。尽可能减小 Batches 值，以适配不同性能的玩家机型。

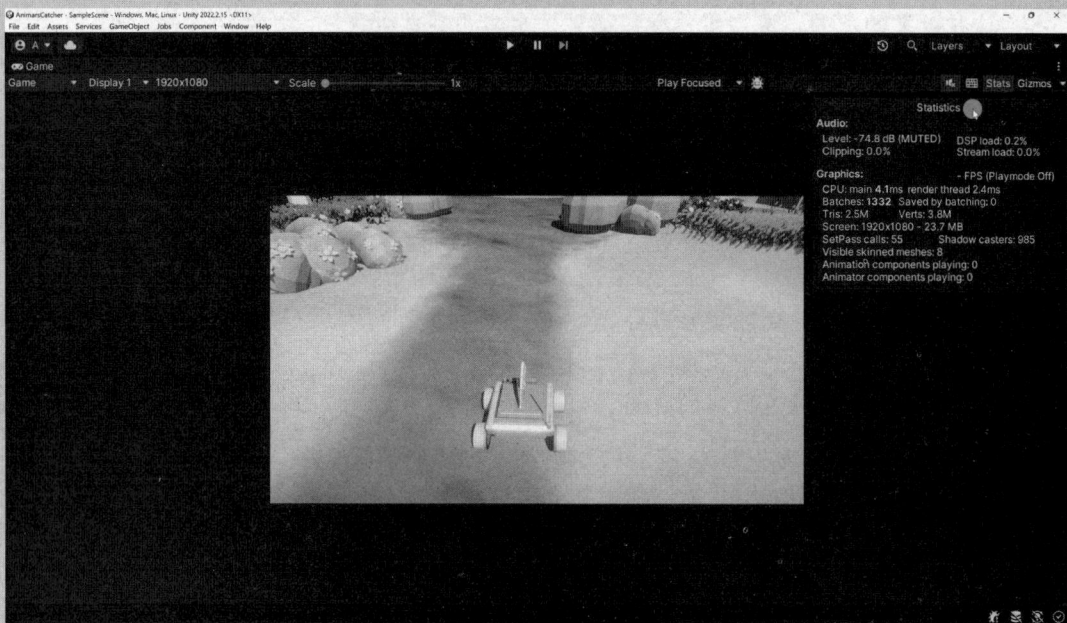

2. 实现遮挡剔除优化

确保场景中的静态物体如岩石和地形的 Static 属性已勾选。通过选择 Window → Rendering → Occlusion Culling，在 Inspector 中单击 Bake 按钮执行遮挡剔除操作，从而只渲染摄像机视野中的对象。

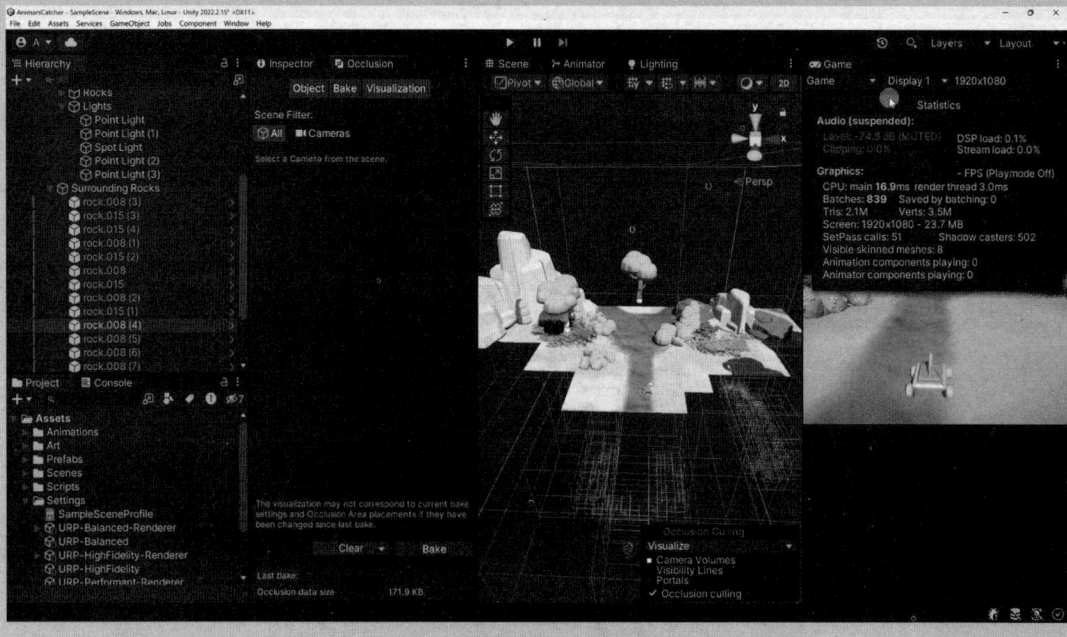

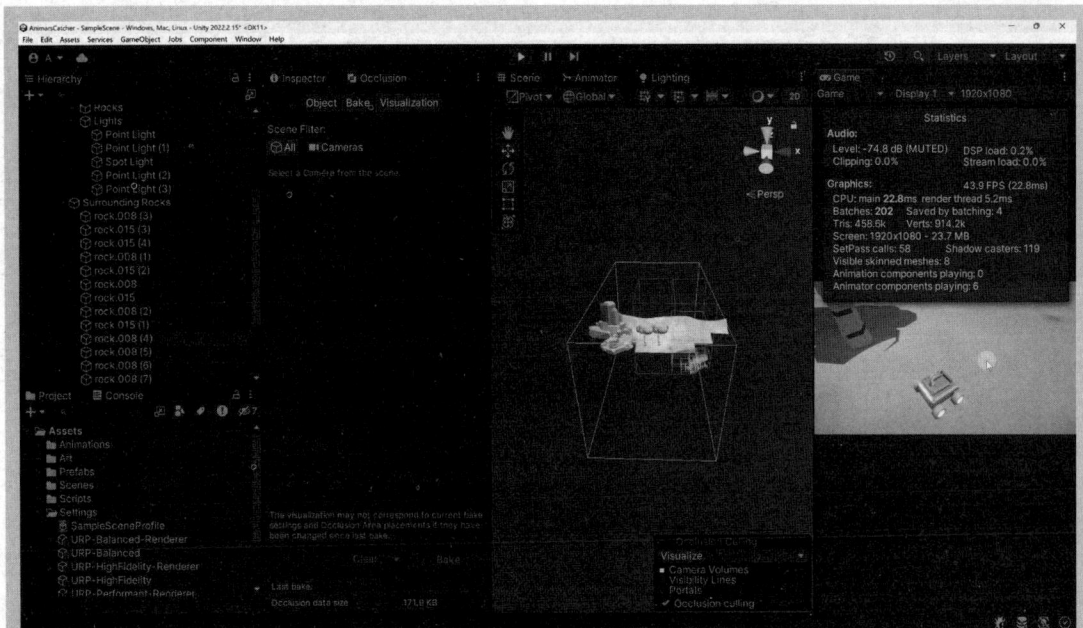

3. 调整摄像机剪辑平面

在 Main Camera 的 Inspector 面板中调整 Clipping Planes 的 Far 和 Near 参数，以控制渲染距离。适当减小 Far 参数可以避免渲染场景中不必要的远处物体，减少渲染负担。

4. 优化阴影设置

在阴影级联设置中将 Cascade Count 调整为 2，缩小第 0 层的距离，并调整 Max Distance 参数为 30，减少远处不可见阴影的渲染，从而降低性能消耗。

5. 使用 LOD 技术

对于复杂模型，如岩石，添加 LOD Group 组件，以在不同观察距离下展示不同复杂度的模型，进一步降低渲染负担。

4.7　总结

本章探讨了游戏引擎中的渲染系统，涵盖了从渲染管线选择到材质设置、灯光应用及阴影生成技术的各个方面。本章不仅阐释了渲染技术的基本原理，还提供了如何在游戏开发中应用这些技术来提升视觉效果和优化性能的实践指导。

　　游戏开发最开始需要依据游戏类型，特别是游戏画面类型来选择适当的渲染管线。在开发过程中，要为游戏场景中的物体设置材质属性，来达到游戏设计人员对画面风格的要求。

　　本章分析了各种类型的灯光（如方向光、点光源和聚光灯）及其对游戏视觉效果的影响，提供了如何使用灯光来增强场景氛围和深度的策略。

　　本章还探讨了不同的阴影生成技术，包括实时阴影和预计算阴影，以及如何通过优化阴影的质量和性能来增强游戏的真实感和视觉效果。

　　最后，我们学习了如何使用渲染优化技术来提升游戏运行效率。

　　通过对本章内容的学习，你已经能够理解并应用游戏引擎中关键的渲染技术，这将直接影响游戏的视觉质量和性能表现。希望你能完成本章的课后作业，设计出更加精美和引人入胜的游戏世界。

第5章

Chapter 5

摄像机控制

【视频 5-1】
第 5 章 demo 效果

　　摄像机是游戏引擎中极为重要的组件，对游戏的整体效果具有深远影响。缺少摄像机，玩家便无法观察到游戏世界。在 3D 游戏中，摄像机系统的作用是控制玩家的视角。摄像机可以像场景中的其他对象一样，轻松调整各种参数。不同类型的游戏需采用不同的摄像机控制策略。本章将带你实现 "AnimarsCatcher" 游戏中的摄像机控制，并利用 Timeline 与 Cinemachine 插件创建游戏的过场动画。

5.1 游戏视角

　　在现实世界中，我们通过眼睛观察周遭的环境和物体；在游戏中，观察世界的方式则更为多样化与自由。在此，游戏中的"眼睛"——即摄像机，其位置不受空间限制，可以设定在游戏世界的任意位置。游戏开发者与玩家之间已形成了一些公认的游戏视角，如"上帝"视角、第一人称视角和第三人称视角等。

　　在游戏中，摄像机担任替代玩家眼睛观察游戏世界的角色。因此，实现各种视角的核心在于控制摄像机的位置、旋转等参数。通常，在游戏引擎中，摄像机和其他 3D 物体一样，可以通过调整 Transform 组件的参数来移动和旋转。根据游戏中的不同情境，我们可以设定不同的摄像机参数，这便是实现摄像机控制的过程。

5.1.1 发展趋势

　　随着时间的推移，越来越多的游戏开始借鉴电影的镜头语言，采用电影风格的摄像机设定来呈现游戏中的故事情节。例如，电影中的长镜头（也称一镜到底），如希区柯克的《夺魂索》所使用的技巧，通过镜头的精确设计与控制，有效掩盖剪辑痕迹。尽管在游戏中难以采用相同的手法控制游戏摄像机，且可能会限制剧情的表达方式，但技术的进步已逐渐克服这些挑战。

　　2018 年，老牌动作游戏"战神"系列的最新作品利用其精致的战斗体验和出色的剧情表现，获得了 TGA 年度最佳游戏奖。该作品创新地采用了一镜到底的摄像机控制方式，极大地增强了游戏体验，推动了系列作品的创新高峰。"战神"系列的成功告诉我们：在游戏开发中，我们可以借鉴电影拍摄中的一些技巧。

5.1.2 常见视角

3D 游戏中最常见的摄像机视角类型是：第一人称视角和第三人称视角。这两种视角不仅是经典的，也是在游戏引擎中最易实现的控制方式。在当前许多射击类型的游戏中，基本上都提供了这两种视角供玩家选择。

First Person　　　　　　　　　　Third Person

1．第一人称视角

第一人称视角是指玩家的视角与游戏角色的视角一致。玩家看到的画面就像是通过角色的眼睛看到的一样。这种视角主要应用于射击游戏等。这种视角的优点在于无须渲染角色本身，直接通过角色的状态决定摄像机动作，使得与游戏环境的交互（如捡拾物品、瞄准敌人等）变得容易；然而，缺点在于玩家无法看到角色本身，某些动作（如跳跃深坑）可能难以执行。

2．第三人称视角

第三人称视角是指玩家通过角色后方或旁边的虚拟摄像机来观察游戏世界。玩家可以看到整个角色的动作和其周围的环境。它包括基于角色的视角和更广义的第三人称视角（如俯视角）。这种视角常见于动作冒险游戏、角色扮演游戏、开放世界游戏等。

第三人称视角通过提供广阔的视野和对角色的全面观察，增强了游戏的策略性和互动性。但它的沉浸感略弱于第一人称视角。

在"AnimarsCatcher"游戏中，我们采用了一种灵活的第三人称视角，玩家可以通过鼠标右键和滚轮控制摄像机的观察角度与高度。

5.2 摄像机参数

实现游戏中各种视角的关键，在于对摄像机的各种参数进行精确控制。下面介绍摄像机控制过程中的一些核心参数。

5.2.1 控制向量

摄像机的结构通常由以下 5 个向量组成，这些向量有助于在空间中定位摄像机，并确切地指定摄像机的拍摄方向。

- View（注视点）：存储摄像机视线的目标位置。
- Position（位置）：记录摄像机的具体位置。
- Up（向上方向）：指示摄像机的垂直向上方向。
- Look（观察方向）：定义摄像机的镜头方向。
- Right（向右方向）：为摄像机的 Look 向量和 Up 向量的法向量。

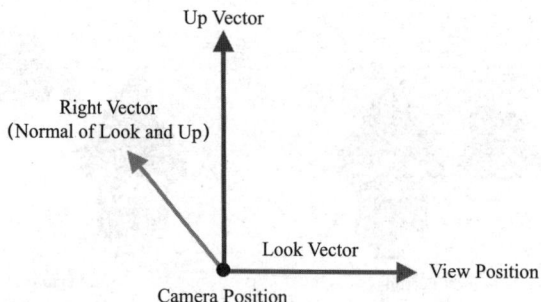

在 Unity 引擎中，通过调整 Transform 组件的 Position 和 Rotation 两个参数，可以模拟出第一人称和第三人称视角的效果。

5.2.2 视场角

单凭上述的摄像机控制向量，仍无法完全确定游戏中摄像机"拍摄"的画面样式。此时，镜头的视场角（Field Of View，FOV）变得至关重要。

在光学仪器中，视场角是指从仪器的镜头顶点到被测目标的物像所能通过镜头捕捉到

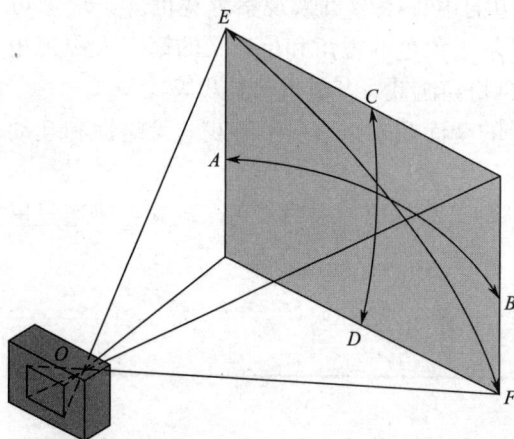

的最大视野范围的边缘构成的角度。在游戏中，摄像机的 FOV 特指显示系统中的 FOV，即显示器边缘与观察点（即眼睛）连线所形成的夹角。这通常包括水平和垂直方向的最大可见范围。游戏引擎默认使用纵向的 FOV，横向的 FOV 可以根据纵向 FOV 和屏幕比例进行计算。人眼的 FOV 通常在 90°～110°之间，而许多 VR 设备则需要至少 110°的视场角以提供沉浸式体验。对于使用传统平面屏幕的游戏，通常一个 40°～60°的 FOV 就足够了。

5.2.3 裁剪面

摄像机的远 / 近裁剪面是定义摄像机视野限制的重要参数，这些参数在人眼中是不存在的功能，但在游戏引擎中扮演了至关重要的角色。摄像机位置作为参照点，任何位于远裁剪面之外或近裁剪面之内的物体都将被裁剪掉，不会被渲染。

裁剪面的概念与第 4 章中介绍的渲染系统的渲染流水线紧密相关。在渲染流程中，场

景内的图元数据首先经过投影变换到摄像机空间，经过裁剪后，位于裁剪体之外的图元被剔除，而剩余的图元则通过视口变换投影到屏幕空间。

在透视投影中，裁剪空间呈四棱柱形状，在正交投影中，则呈现为长方体形状。只有处于裁剪空间内的物体才能被最终渲染到屏幕上，从而优化了渲染性能。

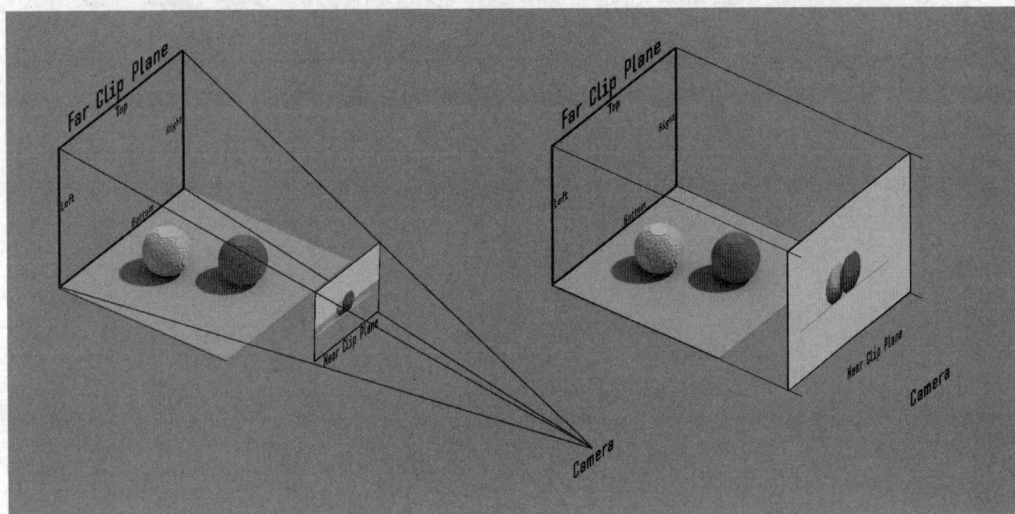

5.2.4 游戏视角

在"AnimarsCatcher"游戏中，我们采用了即时战略游戏常见的全局视角，摄像机位置大约位于斜面45°角，以便更好地观察游戏场景。为了增强玩家对视角的控制灵活性，我们设计了一套机制，允许玩家通过鼠标滚轮进行视角的缩放和旋转。在学习本章节的内容后，读者可以根据介绍的方法，自行改进摄像机控制策略，调整到适合自己游戏项目的视角。

【视频 5-2-1】
游戏视角

▶ 上机部分

1. 准备工作

为了让智能指挥机器人能够在 Unity 地形系统上灵活移动，需要更改其移动方式。移除智能指挥机器人上面的 Rigidbody 和 Box Collider 组件。添加 Character Controller 组件，设置 Center 的 Y 为 1，Height 为 2，Radius 为 1。在 Player 脚本中替换移动代码，使用 Character Controller 的 SimpleMove 方法代替原来的 velocity 属性。

【上机 5-2-1】
简易摄像机控制

将 RobotMove 方法的调用从 Update 转移到 FixedUpdate，以匹配 Unity 物理更新的频率，解决卡顿问题。

调整 Character Controller 的 Slope Limit 为 15 和 Step Offset 为 0.1，避免角色在陡峭的斜坡上移动。调整 Skin Width 为 0.001，解决车轮悬空的问题。

2. 调整摄像机为第三人称视角

将摄像机定位使智能指挥机器人位于画面中央。调整 Camera 组件的 Clipping Planes Far 为 50，Field of View 为 80，扩展玩家的视野。

5.3 Cinemachine

尽管通过编程实现摄像机控制可以为游戏增添乐趣，但这一任务的复杂性及其对稳定性和灵活性的要求不容小觑。因此，许多游戏引擎采取了将常见摄像机控制功能封装成插件的方式，使开发者能够更轻松地实现各种摄像机效果。

Unity 引擎提供的 Cinemachine 插件是此类工具的杰出代表，自 2016 年推出以来，它已成为 Unity 官方支持的插件之一。Cinemachine 提供了广泛的摄像机控制效果，包括影视级别的镜头切换，极大地简化了开发者的工作。

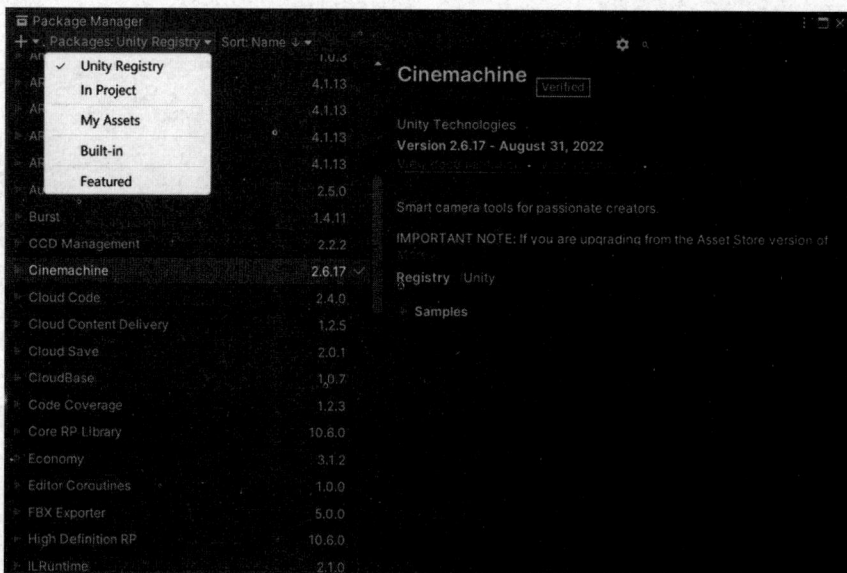

5.3.1 典型应用

在 5.2 节 "摄像机参数" 中，已经实现了一种基本的摄像机控制方式。然而，这种简单的编码方式在灵活性方面有所不足。使用 Cinemachine 插件则能大幅简化这一过程。

【视频 5-3-1】
实时动画

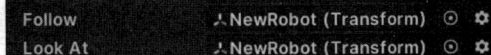

当利用 Cinemachine 插件创建一个虚拟摄像机（Virtual Camera）时，会出现两个关键参数——Follow 和 Look At。

- Follow：这个参数决定了虚拟摄像机应该跟随的目标对象。当将一个游戏对象（如一个玩家角色）设置为 Follow 目标时，Cinemachine 虚拟摄像机会在游戏中自动跟随该对象移动。这样，

| Follow | ↗ NewRobot (Transform) ⊙ ✿ |
| Look At | ↗ NewRobot (Transform) ⊙ ✿ |

摄像机就可以保持对目标对象的相对位置和角度，此参数适用于如第三人称视角中常见的跟随摄像机。

- Look At：这个参数定义了虚拟摄像机应该注视的目标对象。设置此参数后，无论摄像机的物理位置如何变化，它的视角都会保持对目标的注视，确保目标对象始终处于摄像机的视野中。此参数常用于需要摄像机固定看向某个对象的场景，比如对话场景或特定事件的聚焦。

接下来，展示如何使用该插件以简单的方式实现前文 "摄像机参数" 中实现的摄像机功能。

🔵 上机部分

1．安装 Cinemachine

通过菜单命令 Window → Package Manager 打开窗口，搜索并选择 Cinemachine 包，单击 Install 按钮进行下载和安装。

2．创建和配置 Virtual Camera

【上机 5-3-1】
Cinemachine

在 Hierarchy 面板中右击选择 Cinemachine → Virtual Camera，创建新的虚拟摄像机，重命名为 SimpleCamera。确认 Main Camera 自动添加的 Cinemachine Brain 组件，保持默认的 Update Method 属性。

3．调整视野和跟随目标

在 SimpleCamera 的 CinemachineVirtualCamera 组件中，设置 Vertical FOV 为 80，与 Main Camera 的设置保持一致。

设置 Follow 和 Look At 指向智能指挥机器人的 Transform，并移除 Main Camera 上原有的 Camera Follow 脚本。

4．设置摄像机位置

在 Body 参数中，调整 Y 值为 6，Z 值为 -8，定位摄像机以符合预期的游戏视图。

5. 调整 Binding Mode

在 SimpleCamera 的 Body 参数中，将 Binding Mode 更改为 Simple Follow With World Up，运行游戏以观察不同设置下的效果。也可以尝试其他 Binding Mode，以观察游戏运行效果。

5.3.2 CinemachineBrain

在 Cinemachine 插件中，CinemachineBrain 组件充当整个 Cinemachine 摄像机系统的中枢，负责调度各种类型的摄像机及其显示时机。这些受 Cinemachine 插件控制的摄像机，被统称为虚拟摄像机（Virtual Camera）。Cinemachine 提供了众多常用的虚拟摄像机类型，以便开发者根据不同的使用场景选择合适的摄像机配置。

在 CinemachineBrain 的众多参数中，Update Method 和 Blend Update Method 两个参数比较重要，这两个参数分别控制摄像机更新的时间点和摄像机之间切换时混合效果的更新方式。

Update Method 可以有多个选择。其中 Fixed Update 和 Late Update 分别对应 Unity 的脚本生命周期的固定更新和延迟更新。选择 Smart Update 模式意味着启用智能更新，而 Manual Update 模式允许开发者在脚本中手动指定更新的具体时机。推荐使用 Smart Update 设置。

Blend Update Method 则推荐使用 Late Update 设置。

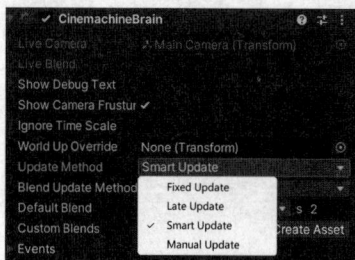

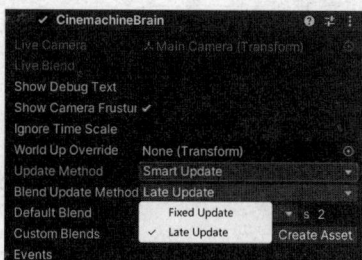

5.3.3 虚拟摄像机

前面探讨了 Cinemachine 系统中的调度中心——CinemachineBrain 组件。接下来详细介绍虚拟摄像机，这些摄像机由 CinemachineBrain 控制，负责实际的画面拍摄。

Cinemachine 插件中所有类型的摄像机均继承自 CinemachineVirtualCamera。了解 CinemachineVirtualCamera 的相关参数，将有助于清晰理解 Cinemachine 系统中虚拟摄像机的工作机制。在实际开发中，根据具体需求选择最适合的虚拟摄像机类型是关键。

1. Status 参数

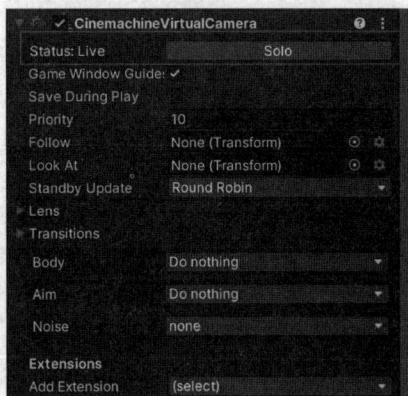

Status 参数表示摄像机的状态，有以下 3 种情况。

（1）Live（在线）：此状态下的虚拟摄像机主动控制具有 CinemachineBrain 的 Unity 摄像机。当 CinemachineBrain 从一个虚拟摄像机切换到另一个时，两个摄像机均处于 Live 状态；切换完成后，仅后一个摄像机保持 Live 状态。

（2）Standby（待机）：虚拟摄像机不控制 Unity 摄像机，但仍跟随并瞄准其目标，每帧更新。处于此状态的虚拟摄像机已激活，其优先级不高于实时虚拟摄像机。

（3）Disabled（禁用）：虚拟摄像机既不控制 Unity 摄像机，也不跟随或瞄准任何目标，因此不消耗计算资源。

2. Priority 参数

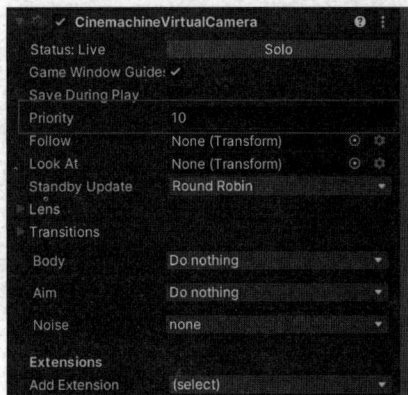

Priority 参数表示优先级，数值越大优先级越高。CinemachineBrain 会从所有激活的虚拟摄像机中，选择优先级与当前实时虚拟摄像机相同或更高的摄像机。另外，使用时间轴的虚拟摄像机此属性无效。

3．Follow 参数和 Look At 参数

这两个参数已经在前面介绍过，此处不再赘述。

4．Standby Update 参数

这个参数指的是相机在 Standby 状态下更新的模式。

5．Lens 下的 Vertical FOV 属性

Lens 负责控制虚拟摄像机的镜头参数，其中的 Vertical FOV 负责控制摄像机的 FOV。

6. Body、Aim 和 Noise 参数

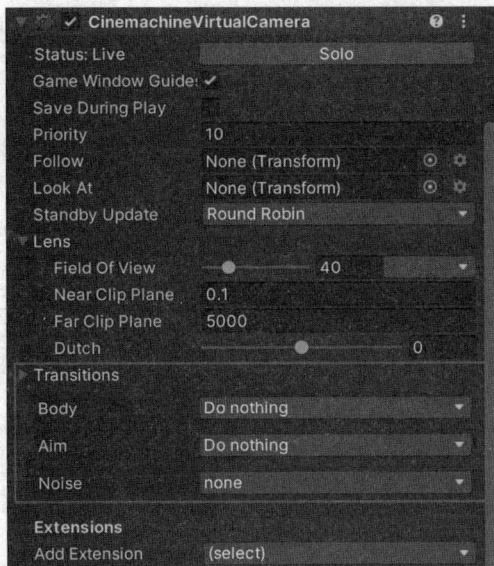

这些参数定义虚拟摄像机如何为位置、旋转和其他属性设置动画。当 CinemachineBrain 或 Timeline 将 Unity 摄像机的控制权转移给虚拟摄像机时，这些参数设置会应用于 Unity 摄像机。其中，Body 属性用于定义相机的运动行为，即相机如何跟随目标；Aim 属性用于定义相机的对准行为，即相机如何看向目标；Noise 属性用于为相机添加噪声效果，以模拟相机抖动或环境影响。

对于"AnimarsCatcher"游戏的开发，这些参数已经够用。接下来，将介绍其中一种虚拟摄像机——FreeLook Virtual Camera 的使用方式，并展示如何利用该摄像机实现本游戏中的视角控制。

【视频 5-3-2】
Cinemachine
摄像机控制

上机部分

1. 设置 Cinemachine FreeLook 摄像机

删除现有的 SimpleCamera 摄像机，创建一个 Cinemachine FreeLook Camera，重命名为 PlayerCamera。

设置 Follow 和 Look At 属性指向智能指挥机器人的 Transform 组件。调整 3 个摄像机环（TopRig, MiddleRig, BottomRig）的 Height 和 Radius，分别设置为 25、15 和 6（高度）以及 25、15 和 10（半径）。更改 Binding Mode 为 World Space，以根据场景全局坐标更新摄像机位置。

【上机 5-3-2】
FreeLook 摄像机

2. 自定义摄像机控制

在 Cinemachine FreeLook 的 Y Axis 参数中，更改 Input Axis Name 为 Mouse ScrollWheel，Accel Time 为 0.1，使得鼠标滚轮控制高度变化；调整 X Axis 的 Speed 为 0，表示只在按下鼠标中键时，通过外部脚本控制水平方向的摄像机旋转。

3．编写摄像机控制脚本

创建并编辑 Camera Controller 脚本，添加 Cinemachine FreeLook 类型的私有变量，通过 GetComponent 在 Awake 函数中获取。

在 Update 函数中使用 Input.GetMouseButton(2) 检测鼠标中键状态，根据状态动态调整 FreeLook 相机的 X 轴速度。

4．优化和解决摄像机问题

在 PlayerCamera 上添加 Cinemachine Collider 扩展组件，以处理摄像机与环境间的碰撞和遮挡问题。调整 Cinemachine Collider 的参数，如 Smoothing Time 和 Damping，以优化摄像机在复杂环境中的表现。

作 业 部 分

实现第一人称的摄像机控制。当按键盘上的 F1 键时，可以让游戏在第三人称摄像机和第一人称摄像机之间切换。

作业资源：【作业 5-3-1-HW】视角切换。

5.4 过场动画

前面介绍的摄像机控制，不仅用于提升游戏的用户交互体验，同时也可以用于动画制作，以展现丰富多彩的镜头语言。例如，游戏中的过场动画（CG）就可以通过摄像机控制实现。

过场动画一般分为两种形式，一种是通过游戏引擎进行实时渲染，另一种是播放录制好的视频。前者更加生动，并能和游戏内容无缝衔接；后者则形式更加多样，如可以进行后期处理，使用一些剪辑手法等。

游戏中的过场动画效果，需要使用 Unity 的 Timeline（时间轴）组件。

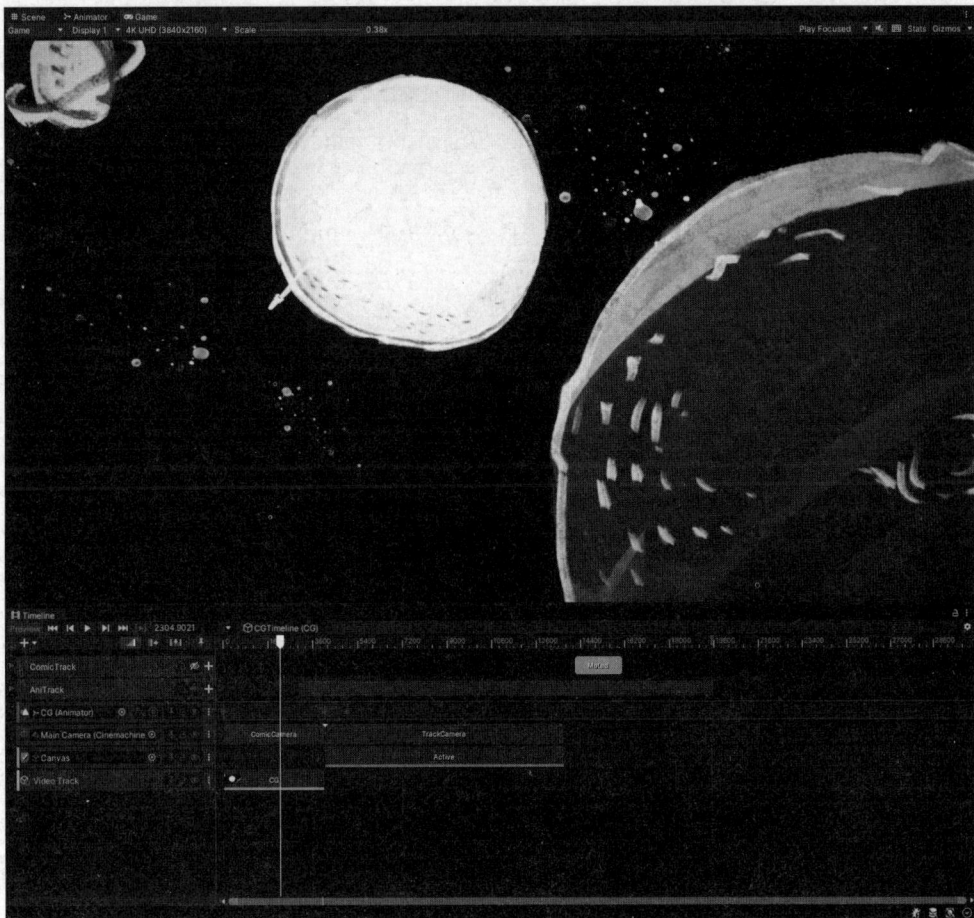

5.4.1 时间轴

Timeline 是 Unity 官方提供的时间轴工具，用于创作影视级别的内容、音频序列、粒子特效等。Timeline 可以包含多个轨道，每个轨道上可以包含多个片段，这些片段可以移动、剪切，或在它们之间进行融合。与 Animation 不同，Timeline 能够使多个物体协同运动。在一个 Timeline 中，可以同时对多个物体进行动画控制，例如，播放动画时发出对应的声音、播放特定的粒子系统特效、进行摄像机跟随等。

▶ 上机部分

1. 导入和设置飞船模型

【上机 5-4-1】
Timeline

使用组合键 Ctrl+D 复制 Main 场景，重命名为 Start，用于制作开场动画。在 Start 场景中移除 SmartCommandRobot 上的 Player 脚本，删除场景中所有的 Ani 对象。

在 Art 文件夹下创建一个名为 Aircrafts 的子文件夹，并导入 3 个飞船模型（严重破损、破损、完好无损）（第 5 章\上机 5-4-1 素材）。将严重破损的飞船放入场景中，调整其位置和大小，使其适合场景。将飞船设置为 Static 并解除预制体绑定（Unpack Prefab）。

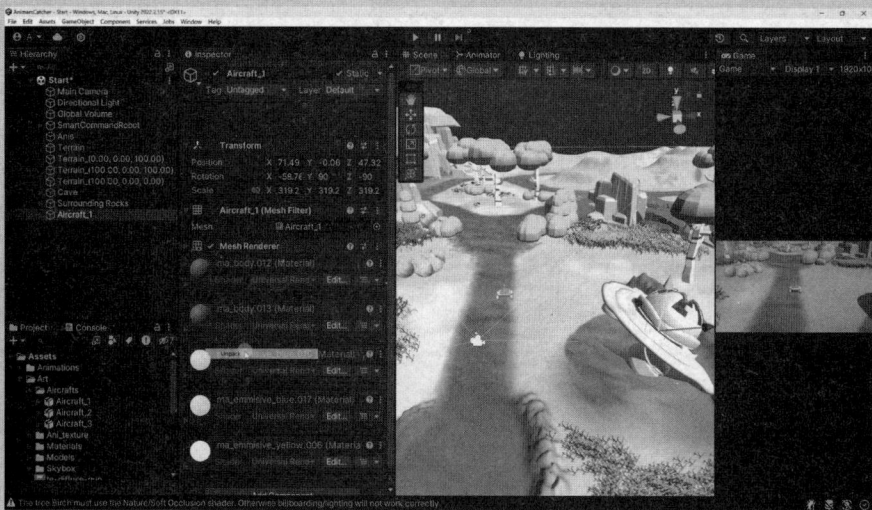

2．使用 Timeline 设置动画

通过菜单命令 Window → Sequencing → Timeline 打开 Timeline 窗口，将其放置于 Scene 窗口下方，以方便编辑。

在 Hierarchy 中新建一个空物体，命名为 CG，将其 Transform 归位到原点。选中该物体，单击 Timeline 中的 Create 按钮，新建一个 Timeline 资产，将其保存到新建的 Timeline 文件夹中。

3．配置并设置动画轨道

将一个 PICKER_Ani 拖到 Hierarchy 中的 Anis 空物体上作为子物体，移除其脚本。使用组合键 Ctrl+D 复制 3 个相同的 Ani，将 Anis 的 Y 值调整为 0，以确保 Ani 模型位于地面上。

单击 CG 物体，然后单击 Timeline 窗口右侧的锁按钮，以锁定 CG 上的 Timeline 资产，方便后续编辑。

将所有的 Ani 对象拖动到 Timeline 窗口左侧，选择 Add Animation Track 创建 4 个 Ani 的动画轨道。

4．导入和设置动画

从 Mixamo 网站下载两个不同的 Talking 动画，将它们导入 Clips 文件夹中。将两个动画的 Rig 设置为 Humanoid，Avatar Definition 选择 Copy From Other Avatar 并指向 Ani_Standard。

选择 Talking1 和 Talking2 模型中的动画，将它们复制到 FBX 文件外，然后删除 FBX 文件。在每个动画的属性窗口下，将 Root Transform Position Y 的 Based Upon 调整为 Feet，使 Ani 的脚贴合地面。

　　将 Talking1 动画拖到第一条 Animation Track 上，将 Talking2 拖到第二条 Animation Track 上；复制并粘贴动画到第三条和第四条轨道上，确保每个轨道都有动画片段。

　　通过单击每个动画片段，在 Inspector 面板的 Clip Transform Offsets 中调整位置和旋转，使 4 个 Ani 形成两两相对的位置。

　　将 4 个动画的持续时间调整为 60 秒，并错开它们的起始位置，以消除同时播放的不自然感。将 Talking1 和 Talking2 动画都设置为循环播放，以确保对话动画能够连续播放。

　　将智能指挥机器人放在 4 个 Ani 之间，调整其位置和旋转，以适应场景。

5.4.2　Cinemachine Track

　　Cinemachine Track 可以将 Cinemachine 摄像机系统引入 Timeline 时间轴控制中。Cinemachine Track 通过 CinemachineBrain 激活不同的摄像机来拍摄场景，使我们能够像导演一样调度各个镜头。在影视领域，摄像机通常通过其放置方式来区分，如固定机位摄像机、推拉摄像机、摇臂摄像机、斯坦尼康摄像机。利用 Cinemachine 插件，我们可以模拟以上所有类型的摄像机。

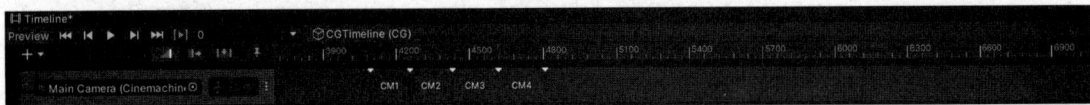

使用 Cinemachine Track 时，可以选择 CinemachineVirtualCamera 或 Virtual Camera with Dolly Track。其他摄像机类型虽没有直接的设置，但可以通过调整摄像机的一些参数来模拟类似的效果。通过 Cinemachine 和 Timeline 的配合，可以制作出影视级别的游戏内 CG。

5.4.3 实时 CG

在游戏引擎中，游戏开发者可以像电影导演一样自由地控制镜头，却更加简单和便捷。我们可以在游戏场景中设置多个摄像机位置，根据游戏剧情的发展自动选择不同的摄像机，或者自动激活距离玩家角色最近的摄像机。

越来越多的游戏使用这种电影镜头语言技术，尤其是在平台游戏中，它使玩家能够感受到镜头永远合理地随剧情推进而变化。

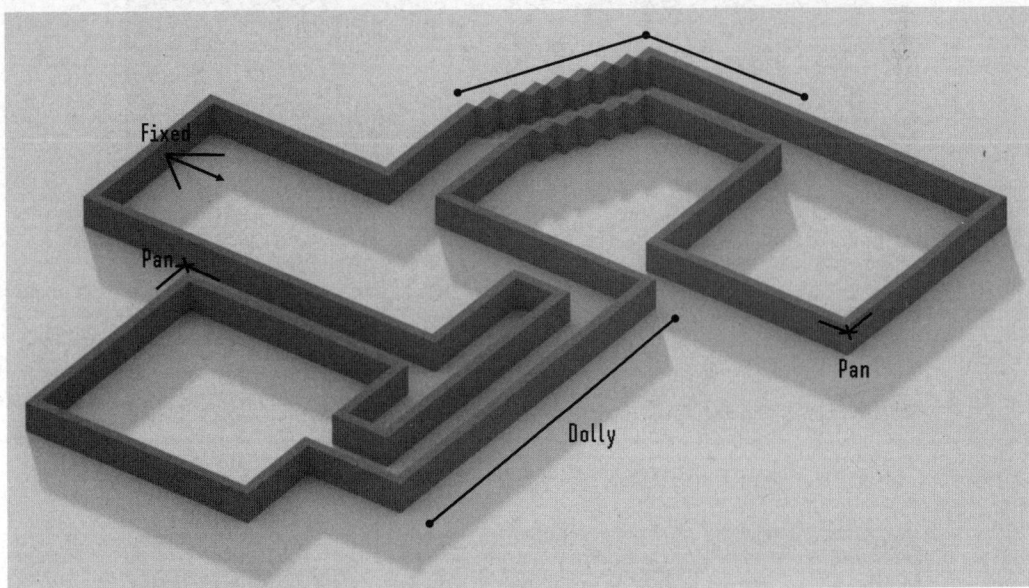

这种根据剧情推进而切换多个摄像机位置的效果，在影视内容创作中是不可或缺的需求。在 Unity 引擎中，可以通过 Timeline 与 Cinemachine 插件的配合来实现这种效果。

在"AnimarsCatcher"游戏的开场 CG 中，我们通过一段实时动画展示游戏的主要角色、游戏环境等。和其他动画制作类似，游戏中的动画也需要先撰写脚本，动画制作者可以根据脚本将其创作成实际的动画。

5.4.4 开场动画

"AnimarsCatcher"游戏的开场动画脚本如下。

0:00s—2:00s，使用固定镜头从正面角度拍摄破损的飞船。

2:00s—4:00s，从俯视角度继续拍摄破损的飞船。

4:00s—6:00s，展示 Ani 正在围绕智能指挥机器人对话的小全景。

6:00s—8:00s，用一个特写镜头拍摄玩家需要操纵的对象——智能指挥机器人。

8:00s—15:00s，用一个轨道摄像机环绕游戏场景进行拍摄，展示地形的全貌。

⏵ 上机部分

1. 设置动画轨道

将 Idle 动画拖到第一条动画轨道上作为起始动画。选择 Talking1 动画，复制其中的 Clip Transform Offsets 参数，粘贴到第一条轨道的 Track Offsets 下的 Position 字段中，统一轨道的起始位置。将 Talking1 的 Clip Transform Offsets 归零，确保位置和旋转正确。

对其他 3 个 Ani 的动画轨道进行相同的处理。

2. 创建 Cinemachine 轨道和虚拟摄像机

在 Timeline 中创建一个 Cinemachine 轨道，将 CinemachineBrain 组件指向 Main Camera。

【上机 5-4-2】
游戏内 CG

在 Hierarchy 中创建一个 Virtual Camera 摄像机，并重命名为 Camera1。在 Inspector 中将 Look At 参数设置为飞船的 Transform。调整 Camera1 的位置，使其拍摄破损的飞船正面视角。复制 Camera1 并重命名为 Camera2，调整位置以从高处俯视拍摄破损飞船。

将两个虚拟摄像机拖到 Cinemachine 轨道上，设置其持续时间并观察过渡效果。

创建 Camera3 拍摄 Ani 围绕智能指挥机器人对话的场景，并设置持续时间为 2 秒。创建 Camera4，将 Look At 设置为智能指挥机器人，Lens Vertical FOV 调整为 50，以拍摄特写。

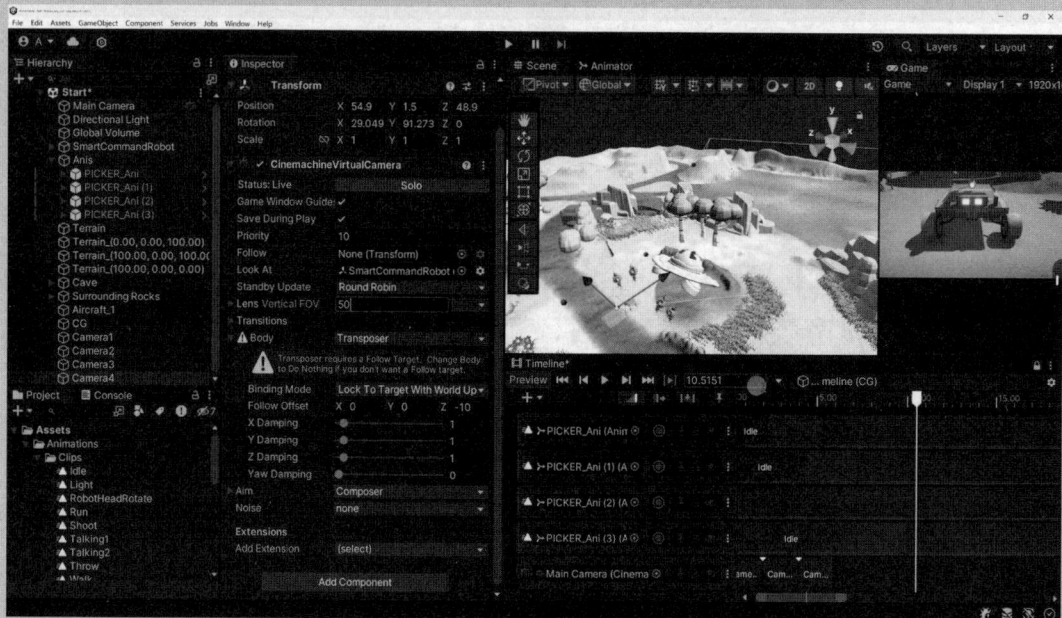

3. 使用 Dolly Camera 进行轨道动画设置

在 Cinemachine 菜单中创建 Dolly Camera with Track。重命名虚拟摄像机为 DollyTrack-Camera，将 Look At 设置为破损的飞船。

调整轨道位置到较高的高度，并通过 Inspector 中的 + 按钮添加多个路径点。编辑路径点的位置，使摄像机环绕场景进行拍摄，最终回到飞船正面。

将 DollyTrackCamera 拖动到 Cinemachine 轨道上，设置其持续时间为 7 秒。

4. 创建动画控制轨道

选中 CG 空物体，打开 Animation 窗口，单击 Create 按钮新建动画控制器 CG。保存动画到 Animations/Controllers 目录中，并关闭 Animation 窗口。

将 Animator Controller 和对应的 Clip 放在文件夹下，将 CG 空物体拖动到 Timeline 中，添加一条新的 Animation Track。

单击红色按钮开启录制，将 DollyTrackCamera 及轨道作为 CG 的子物体。Path Position 代表 Dolly Track 路径点的序号。在第 15 秒时设置为 6（轨道的最后一个路径点），在第 8 秒时设置为 0（轨道的起点）。

再次单击红色按钮停止录制。播放 Timeline，可以看到 Game 窗口中的效果，摄像机在拍摄了一圈场景后，最终回到了飞船的正面，拍摄了所有的出场角色。

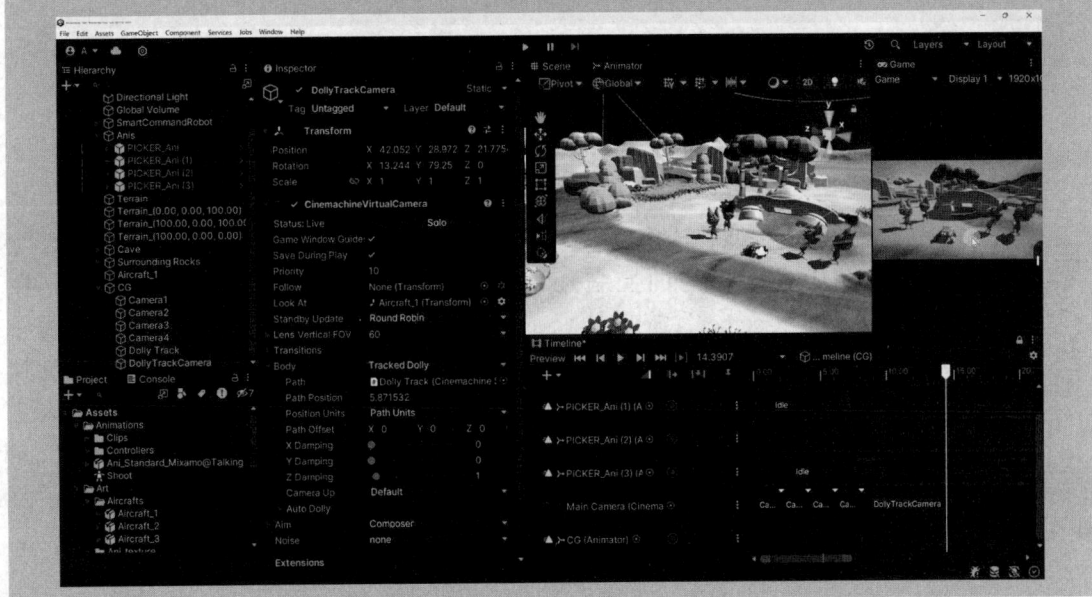

作 业 部 分

利用 Timeline 和 Cinemachine，为游戏制作开场动画。将我们提供的介绍游戏背景的视频添加到 Timeline 中，这需要使用 Timeline 的官方扩展 VideoTrack。

作业资源：【作业 5-4-1-HW】开场 CG。

5.5 总结

本章详细探讨了游戏摄像机的控制方法和应用实践，主要涵盖了以下内容。

摄像机视角与参数：游戏中各种视角（如第一人称视角、第三人称视角等）的特点，摄像机的关键参数（如 FOV、裁剪面、Transform 参数等）及其调整方法。

Cinemachine 插件：CinemachineBrain 和虚拟摄像机的核心功能及参数，如何利用这些组件实现灵活的摄像机控制；如何结合 Cinemachine 插件与脚本编写，为"AnimarsCatcher"游戏自定义摄像机控制。

Timeline 工具：介绍了 Unity 的 Timeline 工具，该工具用于创作影视级别的内容、音频序列、粒子特效等。利用 Cinemachine Track 将 Cinemachine 摄像机系统引入 Timeline 中，模拟各种镜头效果，制作游戏过场动画。

如果你完成了本章的上机部分，便可以开发出"AnimarsCatcher"的基本版游戏内容；如果完成了布置的作业，则可以制作出更加丰富的游戏内容。

第 6 章

人工智能

【视频 6-1】
第 6 章 demo 效果

人工智能在当今游戏系统中已经成为不可或缺的一部分。其中，对游戏中 NPC 行为的控制是人工智能应用最重要且最常见的领域。在"AnimarsCatcher"游戏中，Ani 表现出了较高的智能水平，比如可以在游戏场景中找到通往目的地的道路，跟随智能指挥机器人移动，自动移动到物品附近执行搜集或摧毁操作。这些功能的实现需要运用不同类型的人工智能技术。除此之外，以 DeepSeek 和 ChatGPT 为代表的 AIGC（Artificial Intelligence Generated Content，人工智能生成内容）正在被应用于包括游戏在内的越来越多的领域，本章最后将带你学习相关内容并上机实践。

6.1 游戏中的人工智能

游戏中的人工智能（AI）应用场景繁多，但其核心目的都是提升玩家的游戏体验。游戏中的人工智能主要涉及两类对象：智能体和玩家模拟。智能体通常指的是敌人或其他非玩家角色，如与玩家一起战斗的宠物、场景中四处游荡的动物及玩家需要消灭的怪物等；玩家模拟则主要应用于对战类游戏中，用于计算机模拟玩家行为。

游戏中的人工智能发展历史几乎与游戏本身一样悠久。自电子游戏诞生以来，AI 在其中扮演了至关重要的角色，从最早的简单对手模拟，到如今的复杂行为模式，AI 技术在游戏中的应用不断进步。

在 20 世纪 50 年代和 60 年代，早期的计算机游戏如《OXO》和《Tennis for Two》（双人网球）已经开始引入简单的 AI 对手。到了 70 年代，经典的街机游戏《Pong》（乒）使用了基本的 AI 算法，让球拍能够自动移动，模拟对手。此时的 AI 技术虽然简单，但已经能够为玩家提供基础的挑战和互动体验。

随着计算机硬件和软件技术的进步，80 年代的 AI 在游戏中的应用开始变得更加复杂。例如，1980 年的《Pac-Man》（吃豆人）引入了不同行为模式的幽灵，每个幽灵都有自己独特的追踪算法，这为游戏增加了更多的战略深度和挑战性。同期的《Donkey Kong》（大金刚）则展示了敌人 AI 的路径规划能力，进一步提升了游戏的难度和趣味性。

进入 90 年代，AI 技术取得了更大突破。例如，《Command & Conquer》（命令与征服）和《Warcraft》（魔兽争霸）系列等即时战略游戏中，AI 能够进行资源管理、部队控制和战术决策，模拟出一个智能且具备挑战性的对手。这一时期的 AI 技术不仅仅是简单的反应和移动，而是能够基于玩家的行为做出复杂的决策。

进入 21 世纪，随着计算能力的飞速提升和机器学习技术的发展，游戏中的 AI 变得更加智能和多样化。2001 年的《Black & White》（黑与白）中，玩家扮演的神明可以训练自己的生物宠物，AI 通过观察玩家的行为不断学习和进化。近年的《The Last of Us》（最后生还者）等游戏中，AI 不仅能够表现出高度的战术意识，还能够模拟复杂的情感和行为，增强了游戏的沉浸感和真实感。

如今，AI 在游戏中的应用已经超越了传统的敌人模拟，扩展到剧情生成、玩家行为分析和个性化内容推荐等多个领域。通过深度学习和强化学习等先进技术，现代游戏中的 AI 能够根据玩家的风格和偏好，动态调整游戏内容，提供个性化的游戏体验。

总的来说，游戏中的 AI 发展历程展现了计算机科学和工程技术的巨大进步。从简单的对手模拟到复杂的智能系统，AI 在提升游戏体验和丰富游戏内容方面发挥了不可替代的作用。未来，随着 AI 技术的进一步发展，我们可以期待游戏中的 AI 变得更加智能、自然和具有人性化。

6.2 自动寻路

在游戏人工智能中，广泛应用之一便是控制角色的自动寻路。自动寻路使计算机能够自动计算角色从起点到终点的可通行路径，并以自然的方式控制角色移动。Unity 引擎使用 NavMesh 完成角色的自动寻路。自动寻路需要解决两个问题：如何让智能体了解自己的可移动范围，以及如何找到目标点并移动到该位置。为了解决这两个问题，需要将其分解为两个部分：导航网格生成和路径寻找。

6.2.1 导航网格

导航网格是一种空间划分技术，用于标识游戏世界中可供角色或 AI 对象移动的区域。它将游戏场景中的可行走区域划分成一系列多边形，从而形成一个网格。AI 角色可以在这个网格上进行路径规划，找到从起点到目标点的最优路径。可行走区域是通过测试代理可站立的位置，基于场景中的几何体自动构建的。Unity 中使用蓝色区域来标注智能体的可通行区域，AI 的所有移动都只会在蓝色区域内进行。

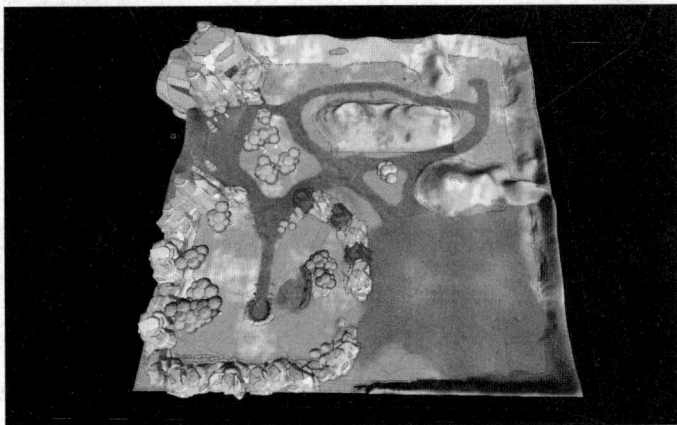

6.2.2 路径寻找

A*（A Star）算法是一种广泛应用于图搜索和路径规划的启发式搜索算法。它结合了 Dijkstra 算法的最佳优先搜索和贪心搜索的优势，能够高效地找到从起点到目标点的最短路径。A* 算法在搜索过程中会优先考虑那些预计总成本最小的节点。它通过一个启发式函数估计从当前节点到目标节点的成本，从而在搜索过程中减少无效路径的探索。

A* 算法维护两个重要的数据结构。

开放列表（Open List）：待评估的节点列表。

关闭列表（Closed List）：已评估的节点列表。

每个节点都有三个关键值。

- $g(n)$：从起点到当前节点 n 的实际代价。
- $h(n)$：从当前节点 n 到目标节点的启发式估计代价。
- $f(n)$：节点 n 的总估计代价，即 $f(n) = g(n) + h(n)$。

算法步骤如下。

（1）初始化。

◇ 将起点添加到开放列表中，并初始化起点的 g 值为 0，h 值为起点到目标点的估计代价，f 值为 g 值和 h 值的和。

◇ 关闭列表为空。

（2）循环。

◇ 从开放列表中取出 f 值最小的节点 n 作为当前节点。

◇ 如果当前节点 n 是目标节点，算法结束，构建路径。

◇ 将当前节点 n 从开放列表中移除，添加到关闭列表中。

◇ 对当前节点 n 的每个邻居节点 m：

✓ 如果 m 在关闭列表中，忽略它。

✓ 如果 m 不在开放列表中，将其添加到开放列表中，计算并记录 m 的 g 值、h 值和 f 值，并将当前节点 n 设为 m 的父节点。

✓ 如果 m 已经在开放列表中，检查新路径是否更短（通过比较新的 g 值和已记录的 g 值）。如果是，更新 m 的 g 值和 f 值，并将当前节点 n 设为 m 的父节点。

（3）返回结果。

◇ 如果开放列表为空，表示没有找到从起点到目标点的路径，算法失败。

◇ 如果找到目标节点，从目标节点通过父节点链回溯到起点，构建路径。

启发式函数 $h(n)$ 在 A* 算法中非常重要，它估计从节点 n 到目标节点的成本。常见的启发式函数如下所示。

- 曼哈顿距离（Manhattan Distance）：适用于网格地图，计算两个节点的水平和垂直距离之和。

- 欧几里得距离（Euclidean Distance）：适用于平面地图，计算两个节点之间的直线距离。
- 切比雪夫距离（Chebyshev Distance）：适用于允许对角移动的网格地图。

A* 算法通过结合路径的实际成本和预估成本，有效地减少了搜索空间，能够在较短时间内找到最优路径。它广泛应用于游戏 AI、机器人路径规划和地理信息系统等领域。Unity 中解决路径寻找问题的就是这种算法。

6.2.3 寻路组件

要实现自动寻路效果，有两种方法可供选择：第一种是从 Unity 的 Package Manager 中导入 AI Navigation 包，这是 Unity 官方提供的寻路及导航网格系统；第二种方法是自己编写代码。

A* Pathfinding Project 4.2

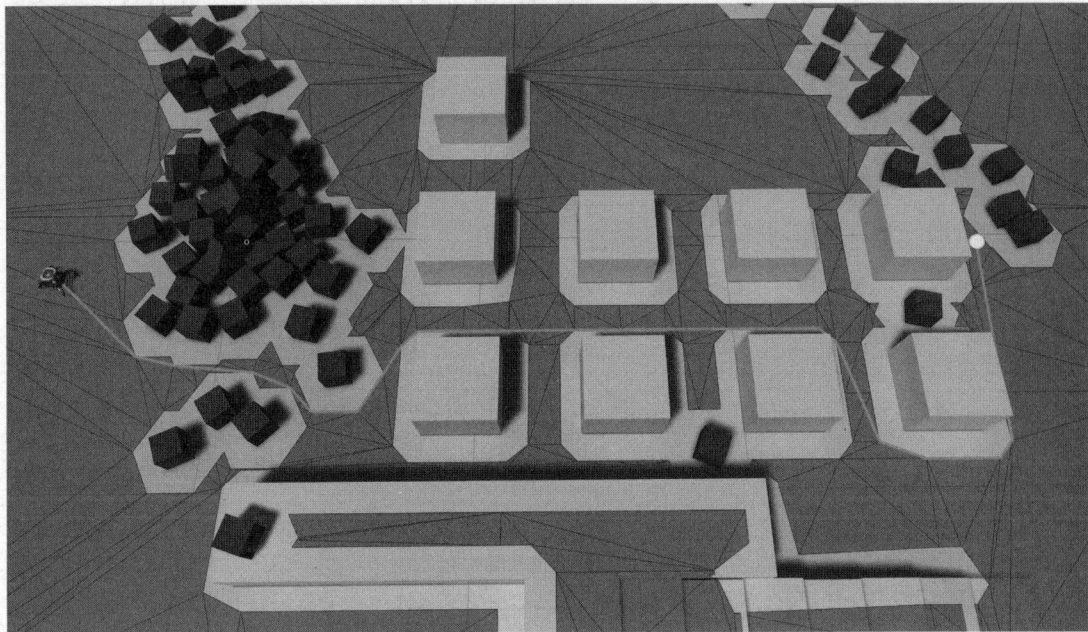

在 "AnimarsCatcher" 游戏中，我们直接使用 Unity 的 AI Navigation 包来实现智能体的自动寻路功能。

【视频 6-2-1】
自动寻路可视化

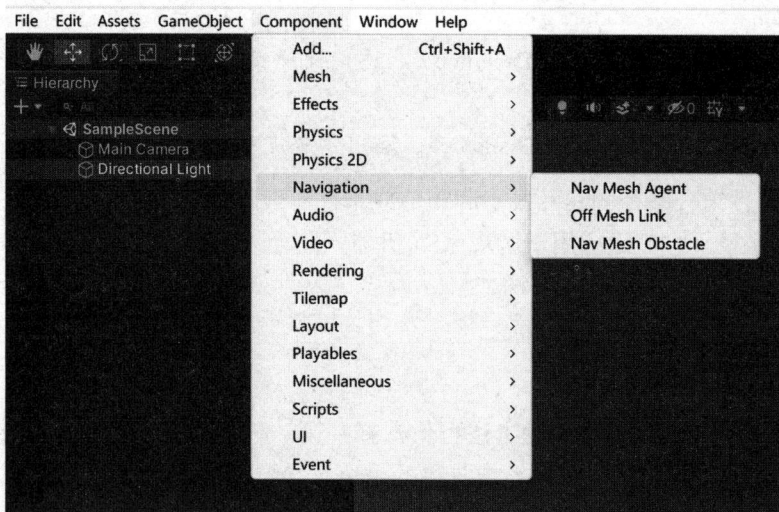

6.2.4　Ani 的自动寻路实现

在"AnimarsCatcher"游戏中，我们通过 3 个主要阶段实现采集者 Ani 的自动寻路功能：确定起点与目标点、生成导航网格及设置代理。

第一阶段：确定起点与目标点

起点是采集者 Ani 的当前位置，目标点则根据游戏中 Ani 的行为变化而变化，可能是玩家的位置、采集物的位置或者基地的位置。

第二阶段：生成导航网格

在此阶段，游戏引擎会针对地形生成导航网格，该网格标明了哪些区域是 Ani 能够移动的，以及哪些区域作为障碍物不可通过。

第三阶段：设置代理

将 Nav Mesh Agent 组件添加到采集者 Ani 上以设置代理。随后，编写脚本，根据游戏要求将 Ani 的目的地设置为不同的地点，使得 Ani 能够在各个地点之间自主移动。

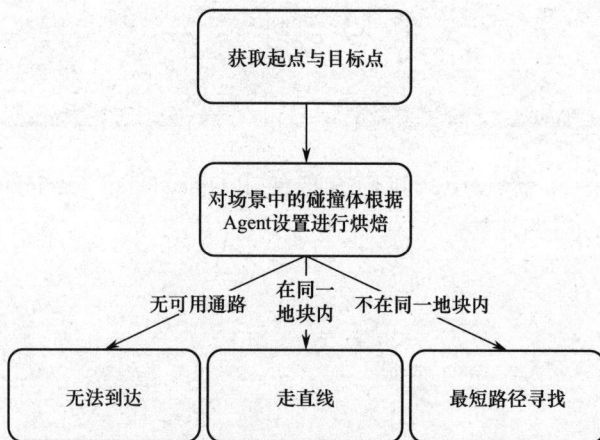

▶ **上机部分**

1. 安装 AI Navigation 和配置 Nav Mesh Agent

在 Unity 菜单栏的 Window 中打开 Package Manager，选择 AI Navigation 并单击 Install 按钮。

在 Inspector 中，为 PICKER_Ani 和 BLASTER_Ani 的预制体勾选 Rigidbody 组件的 Is Kinematic。添加 Nav Mesh Agent 组件，将两种类型 Ani 的 Nav Mesh Agent 参数设置如下。

【上机 6-2-1】
自动寻路

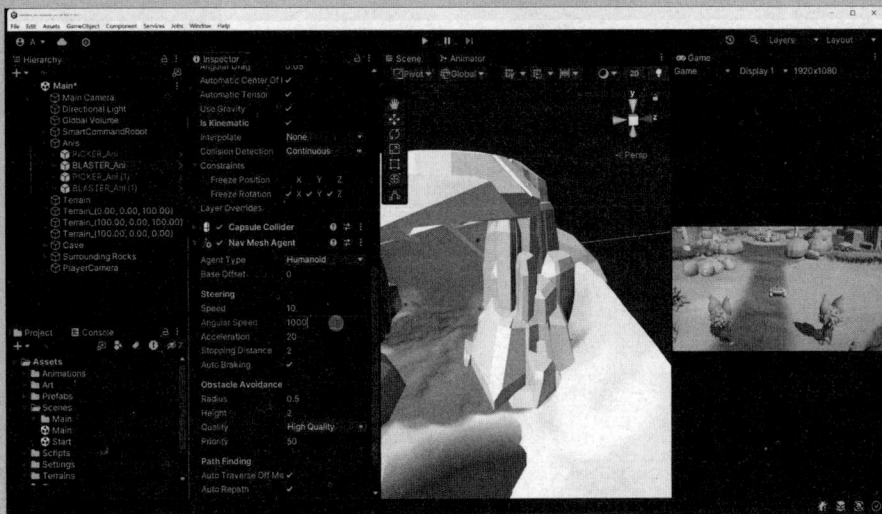

> Speed: 10
> Angular Speed: 1000
> Acceleration: 20
> Stopping Distance: 2

选中两个类型的 Ani，单击 Apply All 按钮将更改应用到预制体。

2. 设置导航网格和可通行区域

在 Window 中选择 AI Navigation 以打开 Navigation 窗口，将其拖到 Inspector 面板旁边。设置 Step Height 为 0.1，Max Slope 为 15。在 Inspector 面板中新建一个 NavMesh Surface，单击 Reset 按钮重置其 Transform 到原点。单击 Bake 按钮烘焙导航网格，查看 Scene 窗口中的可通行区域。

将 NavMesh Surface 中的 Collect Objects 设置为 NavMesh Modifier Component Only，目的是只考虑包含 NavMesh Modifier 组件的对象。

在 Inspector 中选择 4 个地形并添加 NavMesh Modifier 组件。在 Prefabs-Rocks 文件夹中为除 FragileRock 外的所有岩石预制体添加 NavMesh Modifier 组件。再次单击 Bake 按钮重新烘焙导航网格。

如果在 FragileRock 上添加 NavMesh Modifier 组件并单击 Bake 按钮烘焙，隐藏 FragileRock 模拟其被销毁的状态，会发现导航网格仍无法通过，这种情况不符合预期。

需要将 FragileRock 预制体上的 NavMesh Modifier 组件替换为 Nav Mesh Obstacle 组件，并勾选 Carve 属性。

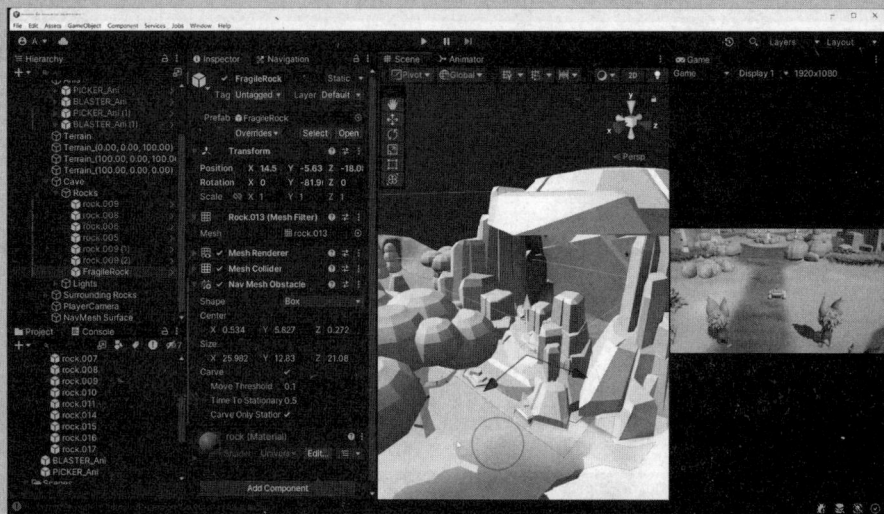

3. 使用 Nav Mesh Agent 进行角色导航

在 PickerAni 脚本中，删除之前的移动代码，定义一个 Nav Mesh Agent 类型的私有变量 mAgent。在 Awake 函数中使用 GetComponent 获取 Nav Mesh Agent 组件，在 Update 函数中使用 mAgent.SetDestination(mTargetPos) 设置目的地。

采用相同方式更新 BlasterAni 脚本，以使用 Nav Mesh Agent 导航。

4. 添加 NavMeshModifierVolume

在 Inspector 面板中创建一个 NavMeshModifierVolume 物体，调整该组件覆盖的区域。单击 NavMesh Surface 组件中的 Bake 按钮重新烘焙场景，确保高地区域成为不可抵达的区域。使用 NavMeshModifierVolume 物体为导航网格增加更多的修改，以避免 Ani 到达地图边缘。

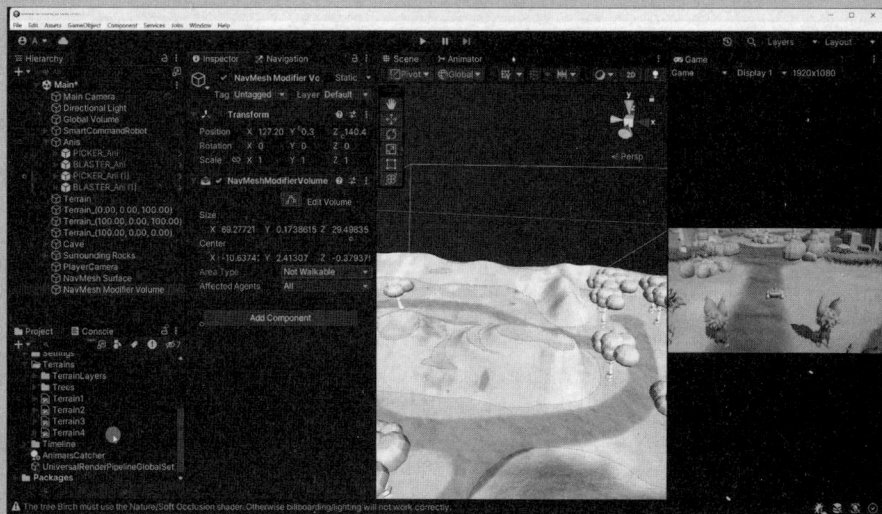

6.3 群体行为

在游戏中,玩家遇到的很多智能体是独立个体,比如与玩家对话的 NPC。然而,有些智能体是成群结队出现的,如天空中的鸟群、接受玩家指令的军队或与玩家对战的大群敌人。为了让这些群体的行为更加自然,需要控制智能体的群体行为。群体行为控制包含对群体中个体的动画控制和运动控制。动画控制我们已经在第 2 章角色动画中介绍过,下面讨论的群体行为控制主要涉及群体的运动控制。

群体行为控制通常可以采用微观、宏观及混合的方法来实现。

6.3.1 微观方法

微观方法的主要原理是通过定义每一个个体的行为,将它们汇集起来形成群体的行为。这种方法模拟出来的群体类似于鸟群和鱼群,当个体之间距离过近时会产生斥力将两者推开;而当个体距离过远时则产生引力让两者靠近;同时,这些群体中的个体头朝的方向也保持一致。对智能体套用这几个简单的规则之后,就能实现一个较为自然的群体行为模拟。

微观方法中最著名的模型是 Reynolds 于 1986 年开发的 Boids 模型,最初用于模拟鸟类群集行为。模型中的每个个体都可以得知整体的几何参数,并只对其附近的一小部分邻居做出反应。个体的运动范围由一个距离(从该个体中心算起)和一个角度(从其飞行方向算起)来决定。

在最简单的 Boids 世界中适用的规则如下,描述了鸟群中的个体如何根据周边同伴的位置和速度移动。

(1)分离(Separation):移动以避开群体拥挤处。

(2)对齐(Alignment):朝着周围同伴的平均方向前进。

(3)靠近(Cohesion):朝着周围同伴的平均位置(质心)移动。

6.3.2 宏观方法

在游戏中,很多时候群体的行为都是有规律的。例如,行人在大街上通常走在人行道上,而不是像鱼群一样到处乱窜,否则就显得不真实。基于微观的方法虽然规则简单,但随机性较大,群体行为模拟的结果难以控制。这时就需要用到第二种方法——宏观方法来模拟。

要让群体的行为更加可控,一种实现方法称为导航网格(Navigation Mesh)或导航图(Navigation Graph)。这种方法的思路是在地图中定义通路,所有智能体只能沿着这些通路移动,不会移动到地图的其他区域。我们在前面自动寻路(6.2 节)中使用的导航网格就是这种方法。

另一种主流的宏观方法是流体动力学模型。流体动力学模型起源于物理仿真研究领域,将个体视为流体中的粒子,通过布尔变量判断各个梯度方向上行人的存在性,并用粒子的碰撞来表示个体之间的受力情况。在模拟中,将空间划分为规则的网格或网格单元,并将每个网格单元视为离散的空间位置。

对于每个网格单元，可以使用布尔变量表示该位置是否存在行人。当该位置有行人时，布尔变量为真，否则为假。通过检查邻近网格单元的布尔变量值，可以判断各个方向上行人的存在性。

流体动力学模型在模拟大规模人群时优势明显，因为它只需考虑人群整体的运动状态。然而，由于流体动力学模型将所有行人设置为按相同模式运动，使其在描述个体特性及小团体行为上显得不足。因此，在游戏中，流体动力学模型最常见的应用场景是模拟城市中的大规模行人。

6.3.3　混合方法

混合方法将宏观和微观方法结合在一起。通常，群体会先被分成一个个的小族群。族群之间按照既定的宏观趋势运动，而族群内部的小个体则按照微观规则控制行为。这种方法最典型的应用是 RTS 游戏。

以《星际争霸》为例，当玩家让一群小兵移动到某个地点时，可以看到整个群体往目标点移动，受到宏观趋势的控制；但每个小兵的移动又是基于自身规则自主决策的。

混合方法结合了宏观和微观方法的优点，既提供了对单个行为的精细观察，也能模拟较大规模的群体行为。混合方法基于元胞自动机，具有较好的执行时间成本和空间分辨率。在元胞自动机中，空间被划分为规则的网格，每个单元格可以在任何模拟步骤中包含一个人或没有人。混合方法在宏观约束下，个体以固定方向移动，这种行为不太适合模拟高密度人群的真实行为。但它具有简单的转换规则，可以轻松整合个体的行为建模。

交通流行为就是混合方法的一个典型例子。交通流是一个涉及大量个体的群体行为，宏观方法可用于模拟整个道路网络上的交通流动性和拥堵情况；微观方法可考虑驾驶员的行为和决策，如变道、跟随其他车辆等。混合方法结合宏观和微观方法，在宏观层面模拟整体交通流动性，同时在微观层面考虑个体驾驶行为和决策，从而更准确地模拟交通流行为。

6.3.4　Ani 的群体行为控制

在"AnimarsCatcher"游戏中，Ani 以群体形式呈现并受玩家操控。如果我们纯粹采用宏观方法控制 Ani，虽然能使整个群体向目标点移动，但可能无法处理个体之间的相互作用，如碰撞或阻挡等，这可能导致群体行为看起来不自然或混乱。

相反，如果我们纯粹使用微观方法，虽然每个 Ani 都有自己的行为逻辑，能产生复杂的群体行为，但如果没有全局目标或指导，群体可能显得无目的且不可预测。

因此，我们需要采用一种混合方法来控制 Ani 的群体行为，设置全局目标，并让每个 Ani 根据自身规则实现目标。可以利用自动寻路组件 NavMesh，使 Ani 宏观上跟随设定目标点移动；在微观层面，每个 Ani 都具有单独的 Agent 特性，可根据自身位置找到合适的路径，朝目标点靠拢。

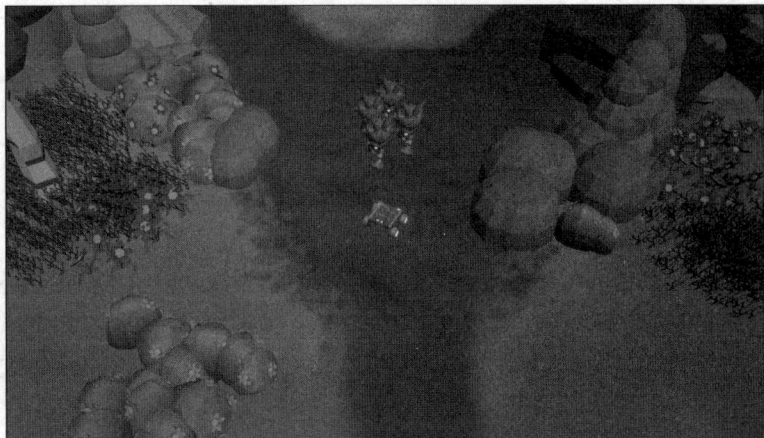

　　然而，这样的模拟可能会产生一些问题。随着采集者 Ani 数量的增加，它们可能会互相挤在一起，导致移动看起来不自然。为解决这个问题，可以添加一些微观行为规则，如避免碰撞或保持距离；同时，可以手动调整 Nav Mesh Agent 组件的参数，如碰撞半径，以减少 Ani 之间的碰撞。

上机部分

1. 调整 Nav Mesh Agent 参数

　　在 Inspector 窗口中选择两个 Ani，调整它们的 Nav Mesh Agent 组件参数，如下所示。

【上机 6-3-1】
群体行为

Stopping Distance：3

Obstacle Avoidance 中的 Radius：1

单击 Apply All 按钮将这些调整应用到预制体。

2. 更新脚本

在 PickerAni 脚本中，将 Update 函数中停止动画的距离判断从 1 改为 mAgent. stoppingDistance。在 BlasterAni 脚本中以相同方式修改距离判断。

3. 添加新的 Layer

在 Unity 界面的 Layers 中添加两个新的 Layer：Player 和 Ani。

将智能指挥机器人的 Layer 设置为 Player；在 Prefabs 文件夹中，将两种类型的 Ani 的 Layer 都设置为 Ani。

从菜单栏上单击 Edit → Project Settings，进入 Physics 设置页面。在 Layer Collision Matrix 中，取消 Player 与 Ani 之间的对钩，以防止它们相互碰撞。

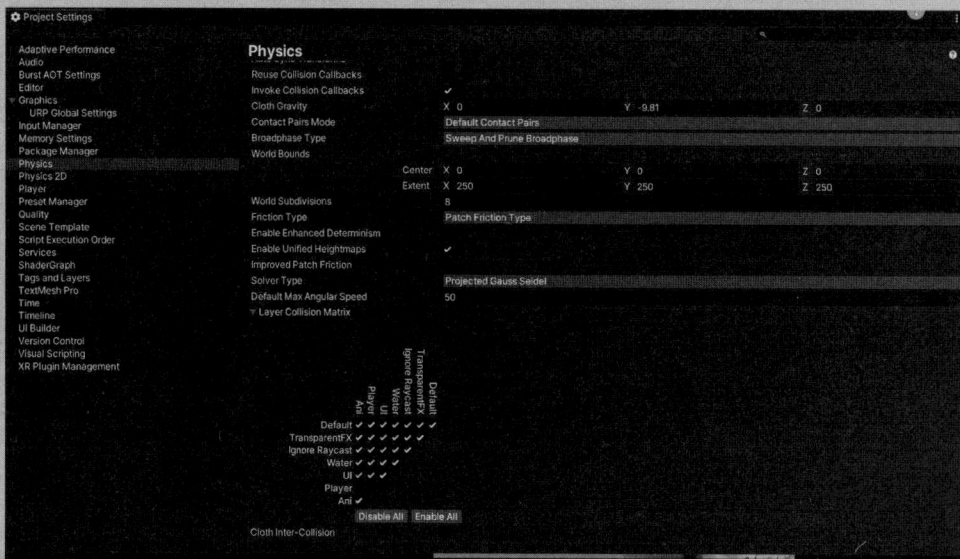

4. 设计更智能的 AI 行为

可以利用 Nav Mesh Obstacle 或编写自定义的避障行为，使 Ani 在寻路时主动绕开玩家。

作业部分

设计并开发一种群体行为，让跟随智能指挥机器人的 Ani 排成阵列的形式。

作业资源：【作业 6-3-1-HW】自定义群体行为。

6.4 环境感知

通过前面的内容，可以为游戏中的角色赋予基本的智能。如果游戏中的智能体还需要与玩家或场景元素进行交互，就需要智能体具备环境感知能力。例如，玩家的伙伴在玩家受伤时可以为其治疗，而敌人在巡逻途中看到玩家就会发动攻击等。

对人类而言，做出的决策往往基于看到和听到的信息，再结合自身情况做出反应。例如，当我们到一家餐馆就餐时，首先会查看餐馆的内部环境。如果餐馆显得脏乱差，我们很可能会换一家。这时听觉也会辅助我们收集信息，从与服务员的交流或者其他顾客的评价中形成基本判断。然后结合自身经济条件及口味要求，最终决定吃什么。在游戏中，智能体的行为决策也是基于对环境的感知，结合自身情况做出合理反应。

智能体的环境感知可以分为个人信息感知和空间信息感知两种。

6.4.1 个人信息感知

个人信息感知指的是智能体对自身状态的感知，包括生命值、护甲值和所处位置等。通过感知状态信息的变化，智能体可以做出相应行为。例如，在血量低于半血时开启第二阶段攻击模式，或者在血量低于临界值时逃跑等。

在游戏引擎中，智能体对个人信息的感知通常通过代码来实现。例如，可以使用以下代码脚本来控制智能体受伤后的血量。

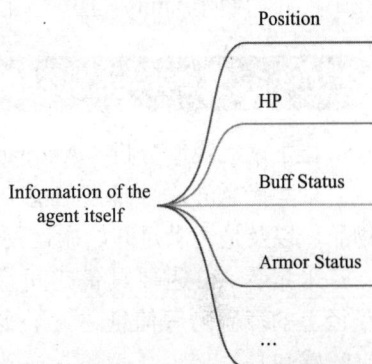

Position
HP
Buff Status
Armor Status
...
Information of the agent itself

```
public class Health : MonoBehaviour
{
    public float maxHealth = 100f;
    private float currentHealth;
    void Start()
    {
        currentHealth = maxHealth;
    }
    public void TakeDamage(float damageAmount)
    {
        currentHealth -= damageAmount;
        if (currentHealth <= 0)
        {
            Die();
        }
    }
    private void Die()
    {
        // 执行死亡后的逻辑，如更新玩家状态
        Destroy(gameObject);
    }
}
```

这个代码脚本可以根据智能体受到的伤害值递减其血量，并在血量为 0 时更新玩家的状态。

6.4.2 空间信息感知

除了感知自身的个人信息，智能体还需要感知外部空间信息。智能体对空间信息感知中最重要的是对静态地图的感知。通过对静态地图的感知，智能体可以知道地图是否可通行，是否存在障碍物，以及目标地点和玩家的位置等。

游戏中的智能体对空间信息的感知多数是通过视觉来实现的，即让智能体在可视范围内感知外部环境。少数智能体还具备听觉感知能力，可根据玩家或环境中的声响做出反应。

不同的游戏引擎在实现智能体的空间感知能力时采用了不同的方法。在虚幻 5 引擎中，智能体空间感知的方法已经以组件的形式整合到了引擎中，包括视觉、听觉和触觉等一系列感知方式。

而在 Unity 中，智能体对环境的感知大多通过代码脚本实现。在"AnimarsCatcher"游戏中，我们使用 Unity 引擎，因此大部分空间感知功能需要结合代码来实现。

6.4.3 采集者 Ani 的环境感知

接下来，我们分析"AnimarsCatcher"游戏中采集者 Ani 的环境感知能力。

采集者 Ani 需要理解和感知自身状态，包括当前位置、是否在跟随玩家、是否在收集物品，以及是否满足开始搬运物品的条件。

采集者 Ani 需要具备空间感知能力，包括识别可通行的路线、当前目标的位置及通行路径上的障碍物等信息。为了实现这一目标，可以利用之前配置的 NavMesh 寻路组件进行空间感知。

接下来的部分中，我们将详细介绍如何利用有限状态机逐步增强采集者 Ani 的环境感知能力。

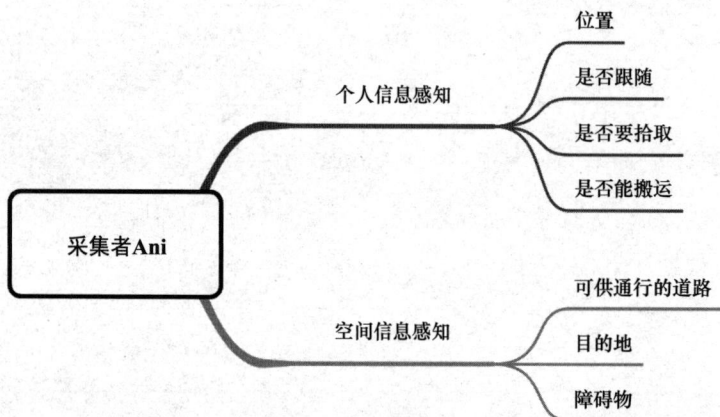

6.5　有限状态机

6.5.1　自动决策

让游戏角色能够通过环境感知产生决策行为，才能表现出真正的智能。为了实现这一点，游戏中通常使用以下两种模型。

1. 蒙特卡洛树搜索模型

蒙特卡洛树搜索（Monte Carlo Tree Search，MCTS）模型是一种用于决策和游戏策略优化的搜索算法。其核心原理是通过构建一棵决策树，结合随机模拟和统计学方法来评估每个节点的价值。MCTS 主要包括 4 个步骤：选择、扩展、模拟和回溯。在选择阶段，算法基于启发式策略如置信上界选择最有潜力的子节点；在扩展阶段，如果节点未完全展开，则添加新的子节点；在模拟阶段，通过随机模拟游戏从新节点进行到终局；在回溯阶段，将模拟结果反向传播，更新路径上每个节点的统计信息。这个过程反复进行，以逐步提高对最优策略的估计。MCTS 在计算机围棋、国际象棋等复杂博弈中表现出色。

2. 有限状态机

有限状态机（Finite State Machine，FSM）是一种数学模型，由有限数量的状态、转换规则及输入事件组成。它通过输入事件触发状态之间的转换，实现对系统行为的建模与控制。在每个状态下，系统根据当前状态和输入决定转换到哪个新状态，并执行相应的动作。FSM 在游戏开发、编译器设计、通信协议和控制系统中广泛应用，常用于描述具有离散状态和明确转换逻辑的系统行为。

由于 FSM 具有直观易懂、编码简单、效率高等优势，因此在游戏中被广泛使用，也是"AnimarsCatcher"中实现人工智能的方法。

有限状态机由三个关键要素组成。

（1）状态：所有可能存在的状态，包括当前状态和满足条件后要迁移的状态。

（2）事件：又称转移条件，当某个条件满足时，会触发一个动作或执行状态迁移。

（3）动作：满足条件后执行的动作。动作执行完毕后，可以迁移到新状态或保持原状态。动作不是必需的，满足条件后可直接迁移到新状态。

就像灯泡可以处于亮与不亮两个状态，而开关的打开与否决定了灯泡的状态。

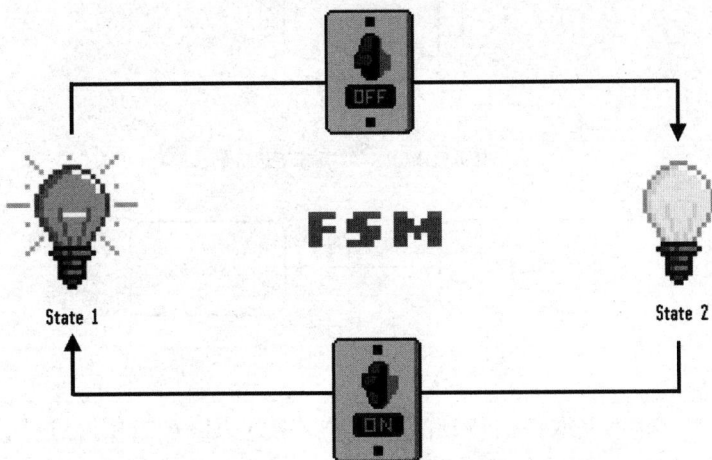

状态机的优点显而易见，概念不复杂，实现也简单直接。所以当一个简单的 NPC 需要表现出智能时，使用状态机是完全可行的。但状态机也存在一些缺陷，例如，各个状态类之间相互依赖严重，耦合度高，结构不灵活，可扩展性低，难以脚本化和可视化。此外，若要实现较为复杂的 AI 逻辑，状态机的结构就会变得复杂。

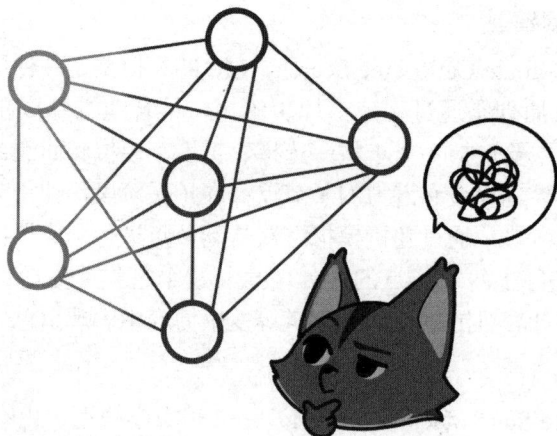

6.5.2　采集者 Ani 状态机

接下来，我们实现"AnimarsCatcher"游戏中的采集者 Ani 状态机。根据游戏对采集者 Ani 的设定，它需要满足两个最基本的智能：首先，能够找到玩家指定的物品并自主搬运物品回基地；其次，在没有拾取或搬运物品时需要跟随玩家移动。

通过梳理功能，可以确定状态机需要包含以下四个状态：站立、跟随、拾取和搬运。

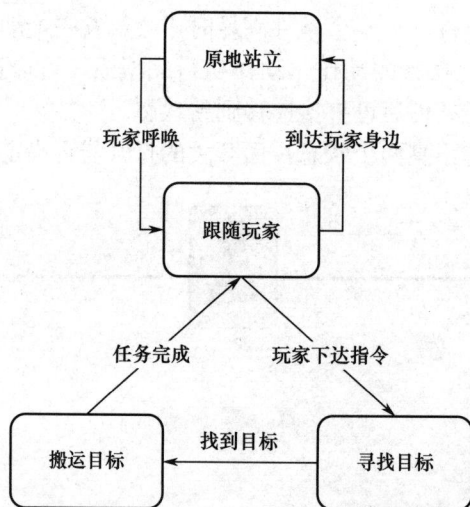

1．站立状态

采集者 Ani 在原地不采取任何行动的状态。一般在未收到玩家呼唤或已到达玩家身边时出现该状态。

2．跟随玩家状态

当玩家呼唤激活采集者 Ani 后，只要它不处于工作状态或在玩家身边，就会切换到该状态。采集者 Ani 会通过自动寻路算法寻找玩家位置并跟随。

3．拾取物品状态

当玩家选中一个可拾取物品并下达搬运指令后，采集者 Ani 就会取消跟随玩家的状态，前往待拾取物品的位置，并判断是否可以搬运。

4．搬运物品状态

如果采集者 Ani 成功走到物品边上，并判断可以搬运，则进入搬运状态，寻找回基地的路，将物品搬运回基地。完成任务后继续跟随玩家，等待下一个指令。

结合 6.4 节关于智能体环境感知的内容，我们可以确定要让 Ani 能够根据状态机进行状态切换，条件需要来自于 AI 对个体和外部信息的感知与判断。因此，我们可以将环境感知中 Ani 的感知内容细化，并明确哪些判断条件应写进状态机。

从图中可以看出，通过不同条件让采集者 Ani 的目标在玩家、基地和特定采集物之间转换，可以实现采集者 Ani 的基本智能。该图示方法可以帮助分析需要哪些状态以及状态之间需要哪些条件来转换。

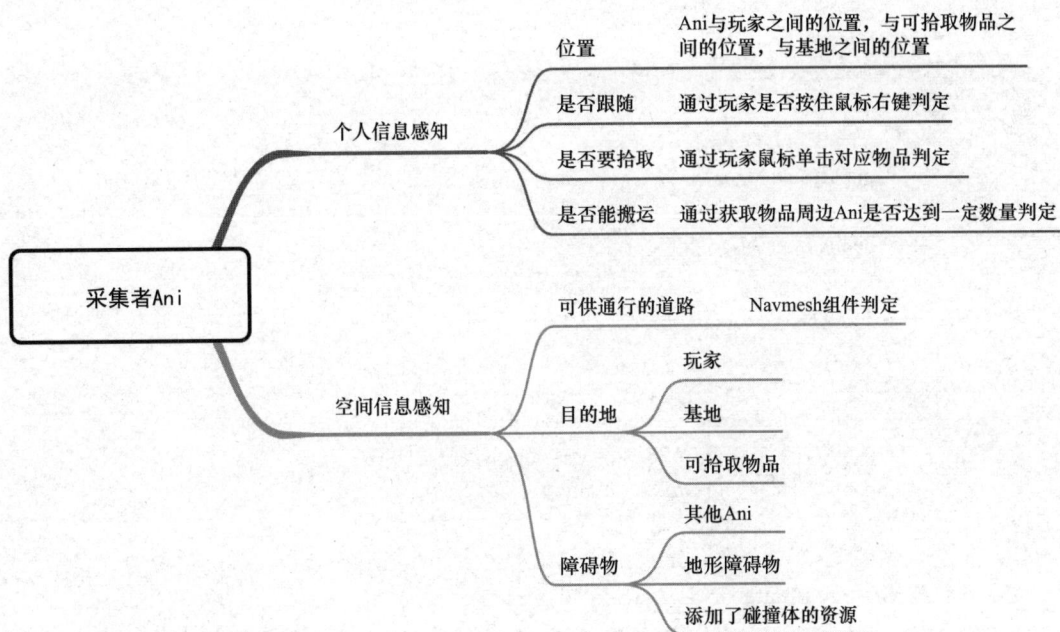

采集者Ani			
	个人信息感知	位置	Ani与玩家之间的位置，与可拾取物品之间的位置，与基地之间的位置
		是否跟随	通过玩家是否按住鼠标右键判定
		是否要拾取	通过玩家鼠标单击对应物品判定
		是否能搬运	通过获取物品周边Ani是否达到一定数量判定
	空间信息感知	可供通行的道路	Navmesh组件判定
		目的地	玩家
			基地
			可拾取物品
		障碍物	其他Ani
			地形障碍物
			添加了碰撞体的资源

6.5.3 状态机代码设计

在 "AnimarsCatcher" 游戏中，采集者 Ani 的状态机包含多种状态，每种状态都有相应的转换条件和行为。为了实现这些状态的切换和行为控制，我们需要编写一系列脚本。

首先，需要创建一个状态基类脚本 StateBase，包含所有状态的基本信息。其次，需要创建一个状态机脚本 StateMachine，用于检测、更新和添加各种不同状态。这两个脚本是状态机最基础的组成部分。

在这里，StateBase 是状态的基类，定义了进入、更新和退出状态的方法。StateMachine 负责管理当前状态，并提供状态切换和更新的功能。

每个状态都负责控制采集者 Ani 的特定行为，并根据相应的条件切换到其他状态。

上机部分

【上机 6-5-1】
状态机基础代码

1. 设置 FSM 的基本架构

（1）新建 FSM 文件夹和脚本。

在 Scripts 文件夹下新建一个文件夹，命名为 FSM。

在 FSM 文件夹中创建一个名为 StateBase 的脚本。

（2）编辑 StateBase 脚本。

打开 StateBase 脚本并进行如下编辑：

```csharp
using System;
namespace AnimarsCatcher.FSM
{
    /// <summary>
    /// 状态基础类 (State Base Class)
    /// </summary>
    public abstract class StateBase
    {
        public int ID { get; private set; }
        public StateMachine StateMachine { get; set; }

        public StateBase(int id)
        {
            ID = id;
        }

        public virtual void OnEnter(params object[] args) { }
        public virtual void OnStay(params object[] args) { }
        public virtual void OnExit(params object[] args) { }
    }
}
```

（3）创建 StateTemplate 脚本。

在 FSM 文件夹中新建一个名为 StateTemplate 的脚本，内容如下：

```csharp
using System;
namespace AnimarsCatcher.FSM
{
    /// <summary>
    /// 泛型状态模板类 (Generic State Template Class)
    /// </summary>
    public class StateTemplate<T> : StateBase
    {
        public T Owner { get; private set; }
        public StateTemplate(int id, T owner) : base(id)
        {
            Owner = owner;
```

```
        }
        public override void OnEnter(params object[] args) { }
        public override void OnStay(params object[] args) { }
        public override void OnExit(params object[] args) { }
    }
}
```

2. 创建 StateMachine 类

创建 StateMachine 脚本。

在 FSM 文件夹中新建一个名为 StateMachine 的脚本，内容如下：

```
using System;
using System.Collections.Generic;
using UnityEngine;
namespace AnimarsCatcher.FSM
{
    /// <summary>
    /// 状态机类 (State Machine Class)
    /// </summary>
    public class StateMachine
    {
        private Dictionary<int, StateBase> StateDic;
        public StateBase PreviousState { get; private set; }
        public StateBase CurrentState { get; private set; }
        public StateMachine(StateBase beginState)
        {
            PreviousState = null;
            CurrentState = beginState;
            StateDic = new Dictionary<int, StateBase>();
            // TODO：完成构造函数逻辑
            AddState(beginState);
            beginState.OnEnter();
        }
        /// <summary>
        /// 将一个状态添加进状态机中
        /// </summary>
        public void AddState(StateBase state)
        {
            if (!StateDic.ContainsKey(state.ID))
            {
                StateDic[state.ID] = state;
                state.StateMachine = this;
            }
        }
        /// <summary>
        /// 切换状态
        /// </summary>
```

```
        public void TranslateState(int id, params object[] args)
        {
            if (!StateDic.ContainsKey(id))
            {
                Debug.LogError($"State with ID {id} not found in state machine.");
                return;
            }
            PreviousState = CurrentState;
            CurrentState = StateDic[id];
            PreviousState?.OnExit(args);
            CurrentState.OnEnter(args);
        }
        /// <summary>
        /// 更新当前状态
        /// </summary>
        public void Update(params object[] args)
        {
            CurrentState?.OnStay(args);
        }
    }
}
```

3．编写状态

（1）编写具体状态类。

在 FSM 文件夹中新建一个名为 IdleState 的脚本：

```
using UnityEngine;
namespace AnimarsCatcher.FSM
{
    /// <summary>
    /// 空闲状态类 (Idle State Class)
    /// </summary>
    public class IdleState : StateTemplate<PickerAni>
    {
        public IdleState(int id, PickerAni owner) : base(id, owner) { }
        public override void OnEnter(params object[] args)
        {
            Debug.Log("Entering Idle State");
            Owner.PlayIdleAnimation();
        }
        public override void OnStay(params object[] args)
        {
            Debug.Log("Staying in Idle State");
        }
        public override void OnExit(params object[] args)
        {
```

```
                Debug.Log("Exiting Idle State");
            }
        }
    }
```

（2）使用 StateMachine 类。

在 PickerAni 脚本中，使用状态机进行状态管理：

```
using AnimarsCatcher.FSM;
using UnityEngine;
public class PickerAni : MonoBehaviour
{
    private StateMachine mStateMachine;
    void Awake()
    {
        mStateMachine = new StateMachine(new IdleState(0, this));
        mStateMachine.AddState(new RunState(1, this));
    }
    void Update()
    {
        mStateMachine.Update();
    }
    public void PlayIdleAnimation()
    {
        Debug.Log("Playing Idle Animation");
    }
    public void PlayRunAnimation()
    {
        Debug.Log("Playing Run Animation");
    }
    public void SetRunState()
    {
        mStateMachine.TranslateState(1);
    }
}
```

6.5.4 状态机管理

在设计玩家操控时，需要考虑当玩家按住鼠标右键控制 Ani，以及当玩家单击地图上某些可搬运或可被破坏的物品时，改变被玩家控制的 Ani 的感知信息。当 Ani 的感知信息发生变化时，状态机会被驱动，判断是否要从一个状态切换到另一个状态。

在当前的"AnimarsCatcher"游戏中，Ani 的行为尚未受到状态机的管理。因此，在为 Ani 设计更多行为之前，首先需要将现有行为纳入有限状态机的管理。接下来，将采集者 Ani 使用状态机进行管理。

161

上机部分

1. 创建状态枚举和基础状态机

在 PickerAni 脚本上方定义一个 PickerAniState 枚举，表示不同的角色状态，包括 None、Idle、Follow、Pick 和 Carry。

在 PickerAni 类中定义两个变量。

mStateID：一个 PickerAniState 类型的枚举值，表示当前的状态。

mStateMachine：一个 StateMachine 类型的变量，用于管理状态之间的切换。

2. 准备状态基类和具体状态类

在 FSM 文件夹下新建一个文件夹，命名为 PickerAni。

在 PickerAni 文件夹中创建 4 个状态脚本：PickerAni_Idle、PickerAni_Follow、PickerAni_Pick 和 PickerAni_Carry。

3. 编写 PickerAni 状态基类

在 FSM/PickerAni 文件夹中新建一个名为 PickerAniStateBase 的基类，用于管理所有共享的组件和功能：它继承自 StateTemplate，使得子类可以通过泛型参数直接访问 PickerAni 的组件和数据。

在基类中，定义并初始化必要的组件，如 Nav Mesh Agent、Animator 和玩家的 Transform。

4. 编写 PickerAni_Idle 状态类

创建 PickerAni_Idle 状态类，继承自 PickerAniStateBase，用于表示角色的 Idle 状态：

在 OnEnter 方法中，停止角色移动并设置动画状态为 Idle；

在 OnStay 方法中，检测是否满足切换到 Follow 状态的条件，如果满足则切换状态；

在 OnExit 方法中不需要做特殊处理。

5. 编写 PickerAni_Follow 状态类

创建 PickerAni_Follow 状态类，继承自 PickerAniStateBase，用于表示角色的 Follow 状态：

在 OnEnter 方法中，启动角色移动并设置动画状态为奔跑；

在 OnStay 方法中，持续移动到玩家的位置，检测是否满足切换回 Idle 状态的条件，如果满足则切换状态；

在 OnExit 方法中不需要做特殊处理。

6. 更新 PickerAni 脚本

在 PickerAni 脚本中，使用状态机来管理角色状态。

在 Start 函数中创建状态机，并将初始状态设置为 Idle。

使用 AddState 方法将其他状态添加到状态机中。

在 Update 函数中不断调用状态机的 Update 方法，以持续执行当前状态的逻辑。

7. 更新 Player 脚本

在 Player 脚本中，添加方法控制 PickerAni 的状态切换。

在 GetControlAnis 方法中，找到所有 PickerAni 角色并设置它们的 IsFollow 属性为 true。

在 Update 方法中，当按下鼠标右键时调用 GetControlAnis 方法。

6.5.5 状态设计与实现

为了使每种状态的转换条件和行为明确，需要为每种状态编写对应的脚本。以采集者 Ani 为例，其状态机包含以下 4 种状态：站立、跟随、拾取和搬运。通过判断 Ani 是否正在跟随玩家、是否要拾取物品、是否在搬运物品等条件，可以在玩家、待拾取的目标物品和基地之间自动切换目标，实现 Ani 自动搬运物品、寻找目标以及返回玩家身边的行为。

相比于采集者 Ani，爆破者 Ani 的状态机更为简单，仅包含 3 个状态：站立、跟随和射击。爆破者 Ani 的逻辑与采集者 Ani 基本类似。在实现状态机的过程中，需要不断调试和优化代码，确保 Ani 的行为符合预期。

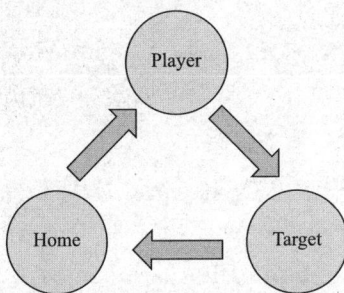

▶ 上机部分

1. 添加飞船模型并设置基地

在 Start 场景中复制 Aircraft 飞船模型，然后返回 Main 场景并粘贴它。

在 Hierarchy 面板中创建一个空的 GameObject，将其 y 坐标设置为 0，并调整其 x、z 坐标，以作为基地位置的基准点，将其命名为 Home。

将飞船模型拖动到 Home 作为子物体，为 Home 添加 NavMesh Modifier 组件并设置合适的参数。

单击 NavMesh Surface 物体的 Bake 按钮，重新烘焙导航网格。确保飞船模型添加了 Mesh Collider 组件。

2. 导入并创建物品预制体

将 models.unitypackage（第 6 章 \ 上机 6-5-3 素材）导入项目中。在 Art-Models 文件夹中找到所有导入的模型，将 Fruits 和 Crystals 文件夹中的模型拖到 Hierarchy 面板中。

【上机 6-5-3】
PICKER Ani
状态机

解除预制体绑定（Unpack），并分别制作它们的预制体。将所有预制体归类到 Prefabs 文件夹中的相应子文件夹中。

3. 定义 PickerAni 的拾取与搬运状态

在 PickerAni 类中，定义两个布尔变量 IsPick 和 ReadyToCarry，默认值为 false。

将 PickerAni_Pick 和 PickerAni_Carry 这两个用于描述 PICK Ani 状态的类，修改为继承自 PickerAniStateBase。这样它们就可以纳入状态机管理系统中了。

4. 编写 PickableItem 脚本

在 Scripts 文件夹下创建 PickableItem 文件夹，编写一个同名脚本。

为可拾取的物品实现 ICanPick 接口，包含 CheckCanPick 和 CheckCanCarry 方法，并实现物品的拾取和搬运逻辑。

5. 设置物品模型和属性

给 Fruit 和 Crystal 模型添加 Nav Mesh Agent 和 Box Collider 组件，并为它们添加 PickableItem 脚本。

配置物品的 Nav Mesh Agent 参数，确保它们可以正确进行导航。

6. 更新 Player 脚本

删除不再需要的代码和变量定义。添加 AssignAniToCarry 方法，在玩家单击物品时分配 PickerAni 去搬运它们。编写 ChooseOnePickerAni 方法，选择一个空闲的 PickerAni。

7. 优化 Follow 状态和 Pick 状态逻辑

在 PickerAni_Follow 脚本中，将 OnStay 的逻辑封装到 FollowPlayer 方法中，并处理从 Follow 状态切换到 Pick 状态的逻辑。

在 PickerAni_Pick 脚本中，编写 FindPickableItem 方法处理物品拾取逻辑，并确保顺利切换到 Carry 状态。

8. 优化 Carry 状态逻辑

在 PickerAni_Carry 脚本中，定义 mTargetPosition 变量以获取目标位置。

在 OnEnter 方法中禁用自身的 Nav Mesh Agent 组件。

在 OnStay 方法中，移动并对齐 PickerAni 到目标位置，并在到达基地时退出 Carry 状态。

9. 进一步优化

在 Unity 中运行游戏，使用右键控制 PickerAni 并单击地图上的物品，确保 PickerAni 按照预期进行拾取和搬运。验证 PickerAni 状态机的可用性，确保能够拾取和搬运多个物品。

添加更多物品，并在状态机中调整行为逻辑以实现不同数量的 PickerAni 搬运需求。

▶ 上机部分

1. 设置 FragileRock 障碍物

复制 FragileRock 预制体，调整其位置以限制 Ani 的活动范围。只有拥有足够的

BLASTER_Ani 后，才能指派它们打碎岩石，打开通往其他区域的通道。

2．创建 FragileItem 脚本

在 Scripts 文件夹下创建一个名为 FragileItem 的新文件夹，并编写一个同名的脚本。将 FragileItem 脚本添加到 FragileRock 预制体中，并设置其标签为 FragileItem。

【上机 6-5-4】
BLASTER Ani
状态机

3．整理 BlasterAni 的状态机架构

在 FSM 文件夹下新建一个 BlasterAni 文件夹，创建 BlasterAni StateBase 脚本并继承自 StateTemplate，泛型参数为 BlasterAni。

复制 PickerAniStateBase 中的组件定义和代码，修改为 BlasterAni 的组件。创建 Idle、Follow 和 Shoot 三个状态脚本，继承自 BlasterAniStateBase。

4．定义 BlasterAni 的状态机和属性

在 BlasterAni 类上方创建一个名为 BlasterAniState 的枚举，表示 Idle、Follow 和 Shoot 三种状态。

在 BlasterAni 类中定义一个 StateMachine 类型的私有变量 mStateMachine，以及两个布尔变量 IsFollow 和 IsShoot，默认值均为 false。

在 Update 函数中，调用 mStateMachine 的 Update 方法。

在 Start 函数中，初始化状态机并添加 Follow 和 Shoot 状态到状态机中。

5．修改 Player 脚本的控制逻辑

在 GetControlAnis 方法中，将 BlasterAni 添加到列表后，将其 IsFollow 属性设置为 true。

添加 AssignAniToShoot 方法，将射线打中物体的标签判定为 FragileItem。

添加 ChooseOneBlasterAni 方法，以从 mBlasterAniList 列表中获取空闲的 BlasterAni。

6．编写 BlasterAni 的状态逻辑

- Idle 状态：在 BlasterAni_Idle 脚本中，编写 OnEnter、OnStay 和 OnExit 方法逻辑，确保状态切换时的动画和行为正确。

- Follow 状态：在 BlasterAni_Follow 脚本中，复制 PickerAni_Follow 脚本中的逻辑。

  修改切换为 Shoot 状态的条件，将 IsPick 改为 IsShoot，PickableItem 改为 FragileItem。

- Shoot 状态：在 BlasterAni_Shoot 脚本中，编写 OnEnter、OnStay 和 OnExit 方法逻辑。在 OnEnter 方法中，调用 Owner.InvokeRepeating，以每秒一次的频率重复调用 Shoot 方法；在 OnStay 方法中，判断 FragileItem 是否为空或已被摧毁，将 IsShoot 设置为 false 并切换回 Follow 状态；在 OnExit 方法中，停止对 Shoot 函数的调用。

7．编写 ICanShoot 接口

在 FragileItem 脚本中定义一个名为 ICanShoot 的接口，包含 CheckCanShoot 和 HasDestroyed 方法。

使用 FragileItem 实现该接口，编写 CheckCanShoot 和 HasDestroyed 方法的逻辑。

使用 LayerMask 变量过滤 Ani 和 Player 以外的碰撞物体，确保射线检测准确。

8．调整射击位置

在 BlasterAni 中定义一个 Transform 变量 GunPos，并在预制体中创建一个空物体代表枪支位置。在 BlasterAni_Shoot 状态脚本中，将射线发射位置设置为 GunPos。

9．测试并优化游戏逻辑

在 Player 脚本中的 AssignAniToShoot 方法中，将射线距离设置为 30，以限制玩家只能单击近处的物体指派 BlasterAni 射击。在 BlasterAni_Shoot 脚本的 OnEnter 方法中，使用 LookAt 方法确保 BlasterAni 朝向正确的目标方向。

作 业 部 分

请你根据本章所学内容对爆破者 Ani 的射击行为进行进一步优化。例如：只有在 Ani 和目标物体之间没有障碍物且距离小于一定值时，才能进行射击操作；否则 Ani 应该继续移动到合适的位置，直到能进行射击为止。

作业资源：【作业 6-5-1-HW】角色行为优化。

6.6　生成式人工智能

6.6.1　技术基础

目前流行的 DeepSeek 和 ChatGPT 都属于生成式人工智能，具体来说是基于 Transformer 架构的语言模型。这类人工智能能够基于学习到的知识和模式，生成新的、未曾存在的内容，如文本、图像、音乐等。DeepSeek 和 ChatGPT 都能根据用户输入生成连贯、有逻辑的文本，例如，撰写文章、生成对话、编写代码、创作诗歌或故事等，具备生成式 AI 的典型特征。

Transformer 架构是二者的基础。它通过注意力机制让模型在处理大量信息时，自动聚焦到关键内容上，理解信息之间的关系，无论这些信息在序列中的位置如何。这种架构使得它们在处理自然语言任务时，能够很好地捕捉语言的长期依赖关系，从而提高语言理解和生成的能力。

它们以大量的文本数据为基础进行训练，学习语言的语法、语义和语用规则，从而能够理解和生成自然语言文本。无论是回答问题、进行对话，还是完成其他与语言相关的任务，都是基于对语言的理解和生成能力。

不过，两者在一些方面也存在差异。例如，DeepSeek 采用了混合专家模型（MoE）等创新技术，在模型架构和训练方法上有自己的特点，并且在中文处理等方面有突出表现。ChatGPT 则在基于人类反馈的强化学习（RLHF）技术应用上较为成熟，经过不断的版本迭代和优化，在全球范围内具有较高的知名度和广泛的应用场景。

6.6.2 接入游戏引擎

鉴于生成式人工智能在包括游戏开发在内的各个领域都有广泛应用，预计不久的将来还将会有更大的进步。因此，虽然我们开发的"AnimarsCatcher"游戏并没有使用这种技术，但我仍然要带你以 DeepSeek 为例，学习如何在 Unity 中接入这种生成式人工智能，实现玩家和 AI 的对话。

1. 新建场景

AI 对话主要通过脚本来实现，但需要在 Unity 中设置一些 UI 组件来配合。因此在介绍如何编写脚本代码之前，我们先在 Unity 中做好准备工作。

在 Unity 工程中新建一个游戏场景，可以命名为 DeepSeekChatDemo。在场景中创建 3 种类型的 UI 控件，分别是用于进行用户输入的 Input Field、用于用户显示 AI 互动内容的 Text 和用于发送用户对话请求的 Button。

接下来，可以调整它们的位置、缩放，确保 UI 不重叠，适配屏幕。如果提示导入 TMP Essentials，请单击 Import TMP Essentials。

2. 创建脚本

新建一个 C# 脚本，可以命名为 DeepSeekChat.cs。在该脚本中编写如下代码。

```csharp
using System.Collections;
using UnityEngine;
using UnityEngine.Networking;
using System.Text;
using TMPro;

public class DeepSeekChat : MonoBehaviour
{
    public TMP_InputField userInput;
    public UnityEngine.UI.Button sendButton;
    public TMP_Text responseText;

    public string apiUrl = "https://api.deepseek.com/v1/chat/completions";
    public string apiKey = " 你的 API_KEY";

    void Start()
    {
        // Unity 的事件监听机制：将按钮单击事件与一个回调函数绑定
        // 这里注册 OnSendClicked 方法为按钮单击时调用的函数
```

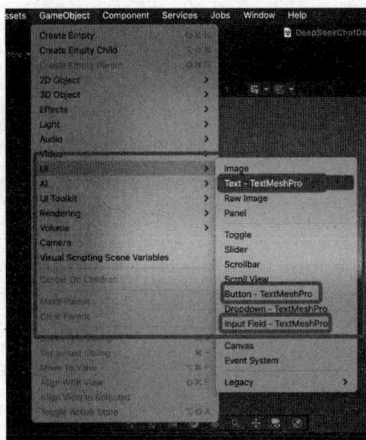

```
        sendButton.onClick.AddListener(OnSendClicked);
    }

    void OnSendClicked()
    {
        string message = userInput.text;
        if (!string.IsNullOrEmpty(message))
        {
            StartCoroutine(SendMessageToAI(message));
        }
    }

    // 使用协程（Coroutine）来处理异步网络请求，避免阻塞主线程
    // 在 Unity 中，不能在主线程中直接等待 HTTP 响应，协程允许我们"挂起"请求并在完成
后继续执行
    IEnumerator SendMessageToAI(string userMessage)
    {
        // 构造 DeepSeek 所需的请求 JSON 字符串，包含模型名、用户消息内容、温度参数
        // 这里将 userMessage 插入 JSON 中，作为 user 角色的发言内容
        string jsonBody = "{\"model\":\"deepseek-chat\",\"messages\":[{\"role\":\"user\",\"
content\":\""+ userMessage + "\"}],\"temperature\":0.7}";
        byte[] bodyRaw = Encoding.UTF8.GetBytes(jsonBody);

        // UnityWebRequest 是 Unity 提供的网络请求类，用于进行 HTTP 通信
        // 这里创建一个 POST 请求，向 DeepSeek API 发送用户输入的数据
        UnityWebRequest request = new UnityWebRequest(apiUrl, "POST");
        request.uploadHandler = new UploadHandlerRaw(bodyRaw);
        request.downloadHandler = new DownloadHandlerBuffer();
        request.SetRequestHeader("Content-Type", "application/json");
        request.SetRequestHeader("Authorization", "Bearer" + apiKey);

        yield return request.SendWebRequest();

        if (request.result != UnityWebRequest.Result.Success)
        {
            responseText.text = " 请求失败 : "+ request.error;
        }
        else
        {
            string result = request.downloadHandler.text;
            // JsonUtility 无法直接解析嵌套数组或不带根节点的 JSON，需要通过 WrapJson 添加
一个包装字段使其格式合法
            // 这样可以绕开 JsonUtility 的限制，顺利反序列化数据结构
            ChatResponse chatResponse = JsonUtility.FromJson<ChatResponseWrapper>(WrapJson
(result)).response;
            string aiMessage = chatResponse.choices[0].message.content;
            responseText.text = aiMessage;
```

```
        }
    }

    string WrapJson(string rawJson)
    {
        return "{\"response\":" + rawJson + "}";
    }
}

[System.Serializable] public class ChatResponseWrapper { public ChatResponse response; }
[System.Serializable] public class ChatResponse { public Choice[] choices; }
[System.Serializable] public class Choice { public Message message; }
[System.Serializable] public class Message { public string role; public string content; }
}
```

3. 获取 API Key 并测试

登录 DeepSeek 官网，通过 API 开放平台注册账号，之后可以在用户中心创建 API Key。但要使 Key 起作用，需要先进行充值，否则网站不会提供 API 调用服务。

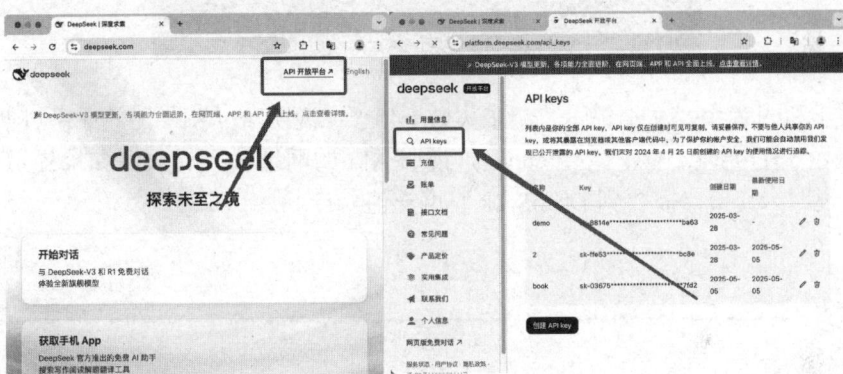

在 Unity 场景中创建一个空物体，可以命名为 ChatManager，将第二步中写好的 DeepSeekChat.cs 脚本挂载上去。然后，将第一步中创建的 3 个 UI 组件分别拖曳到脚本对应的 public 引用上。最后，用复制好的 Key 替换代码中的 Api Key，就完成了所有准备工作。

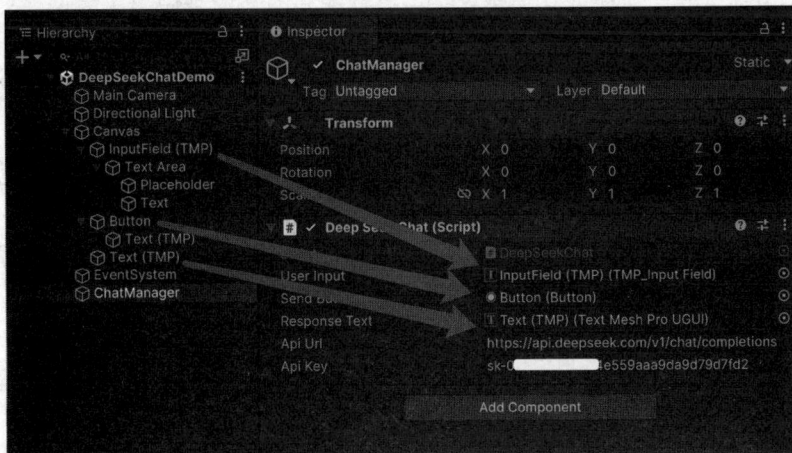

接下来，单击 Unity 顶部的 Play 按钮，在输入框中输入一段文字和 AI 进行互动。例如，输入笔者所在的学校中国传媒大学（Communication University of China），单击 Button 按钮，稍等片刻，就可以得到 DeepSeek 的回应，它给出了这所学校的简介。需要注意的是，Unity 自带的 UI 字体不支持中文，需要为 UI 控件导入其他支持中文的字体，才能完整显示中文内容。

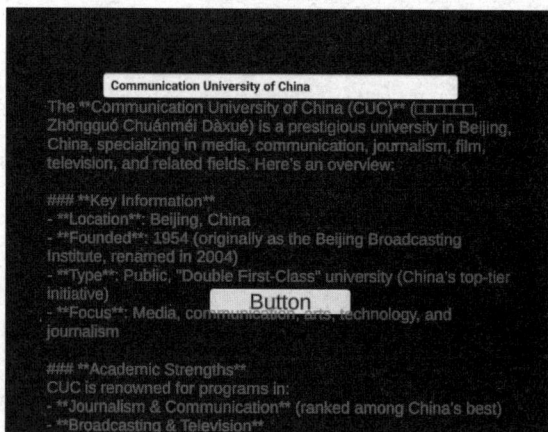

如果在上机过程中，文本提示"请求失败：401"，说明 Api Key 无效或已过期；如果提示"请求失败：HTTP/1.1 404 Not Found"，说明 API 的网址输入有误；如果提示"payment required"，说明未充值，需要到 DeepSeek 官网充值。

6.7 总结

本章我们探讨了"AnimarsCatcher"中使用的人工智能技术，重点关注了通过有限状态机和玩家操控逻辑来增强 Ani 的智能行为。本章内容确保了游戏的 AI 不仅能响应环境变化，也能按照玩家的指令进行复杂的交互和任务执行。

本章介绍了环境感知在智能行为实现中的重要性，详细介绍了个人信息感知和空间信息感知，其中包括 Ani 如何根据其健康状态、位置和周围环境来做出决策。

本章还详细介绍了有限状态机的基本概念，并展示了如何利用 FSM 在游戏中管理 Ani 的行为；实现了站立、跟随、拾取和搬运等状态，每个状态都基于 Ani 的环境感知和玩家的互动指令。

通过实现详细的玩家操控逻辑，允许玩家直接影响 Ani 的行为状态。这包括使用鼠标单击来指定目标位置或选择特定对象，从而驱动状态机进行状态之间的切换。

通过本章的学习，读者不仅可以理解 AI 在现代游戏中的应用，也能够掌握将这些系统实际应用到游戏开发中的方法。Ani 的智能行为增强了游戏的互动性和挑战性，使玩家能够体验到更加丰富和动态的游戏过程。

未来可以进一步探索更复杂的 AI 逻辑和行为模式，如增加敌对 AI 或更加复杂的团队协作 AI，为玩家提供多样化的游戏体验。

第 7 章

Chapter 7

特效

在现代游戏开发中，特效系统起着至关重要的作用，它不仅能够增强游戏的视觉效果，还能提升玩家的沉浸感和游戏体验。例如，火焰、画面调色、卡通渲染等这些效果与普通的渲染方式不同，因此它们被统称为特殊渲染效果。本章将介绍游戏开发中常用的特效系统，包括粒子系统、后处理效果及着色器的使用和实现方法。我们将深入探讨各类特效的原理、分类和实际应用，通过具体的实例展示如何在游戏中实现复杂的视觉效果。

【视频 7-1】
第 7 章 demo 效果

7.1　粒子系统 ━━━━━━━━━━━━━━━━━━━━━━━━━━━━━━◉

在游戏中，传统的动画或渲染技术难以实现一些对自然现象的模拟，这时候使用粒子系统往往能够获得很好的效果。粒子系统是一种用于模拟自然现象的技术，通过生成和控制大量的小颗粒（粒子）来创建复杂的视觉效果。每个粒子都是一个独立的对象，具有自身的属性，如位置、速度、寿命和颜色等，通过这些属性的变化和组合，可以模拟出诸如火焰、烟雾、雨雪、爆炸和水流等动态效果。

7.1.1　原理

粒子系统通常包括发射器（控制粒子的生成和初始状态）和渲染器（控制粒子的显示方式），在游戏运行时，系统会根据预设参数和物理规则实时更新与渲染粒子的运动和变化。

发射器由一组粒子行为参数和空间位置表示。粒子行为参数包括粒子生成速度（即单位时间内生成的粒子数）、粒子初始速度向量、粒子寿命、粒子颜色，以及这些参数在粒子生命周期中的变化等。许多参数使用随机值而不是绝对值来表示。

典型的粒子系统更新循环可以划分为两个不同的阶段：①参数更新和模拟阶段；②渲染阶段。在模拟阶段，根据生成速度和更新间隔计算新粒子的数量。每个粒子先根据发射器的位置和给定的生成区域在特定的空间位置生成。然后，根据发射器的参数初始化每个粒子的速度、颜色、寿命等参数。接下来，进入循环阶段，检查每个粒子是否已经超出了生命周期。一旦超出，就将这些粒子删除；否则，根据物理公式更新粒子的位置和特性。有时候，也需要检查粒子与周围的物体是否发生碰撞。如果发生碰撞，可以将粒子弹回障碍物。然而，由于粒子数量巨大，进行碰撞检测计算会耗费大量的 CPU 时间，因此，很少对粒子应用碰撞检测。

在更新完成后，进入渲染阶段，通常使用布告板技术进行渲染。除此之外，粒子也可以用三维网格模型来表示，但这种方式的代价要高得多。

7.1.2 内置粒子系统

Unity 提供了两种粒子系统解决方案：内置粒子系统和 Visual Effect Graph（VEG）粒子系统。

Unity 的内置粒子系统可用于为 Unity 支持的每个平台创建粒子效果。这个系统主要在 CPU 上运行，通过预定义的模块和参数，开发者可以方便地生成和控制粒子的行为与外观。内置粒子系统支持多种发射形状、粒子动画、颜色变化和碰撞检测等功能，能够与 Unity 的物理系统进行交互，实现更加真实和多样的特效。

内置粒子系统提供了粒子发射器（Emitter），用于控制粒子的生成位置、速率和发射方向。发射器可以是盒子、球体、圆锥等多种形状。它采用模块化设计，通过多个模块（如 Emission、Shape、Color over Lifetime、Rotation over Lifetime 等）来控制粒子的各种行为与特性。

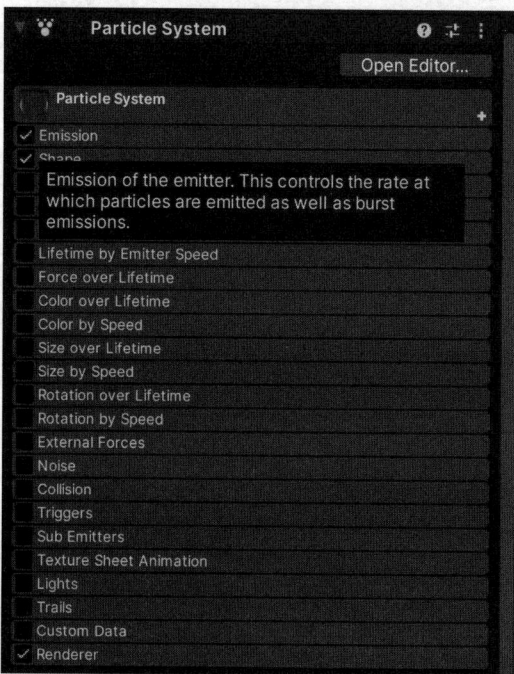

粒子可以与场景中的其他物体发生碰撞，模拟物理效果，如反弹和消失，还支持使用纹理和动画来增强粒子的视觉效果，如火焰、烟雾、爆炸等。

通过 C# 脚本对粒子系统进行动态控制，可以创建更加复杂和有互动性的效果。

7.1.3 VEG 粒子系统

Visual Effect Graph（VEG）是 Unity 中的一款高级特效工具，专为创建复杂的视觉效果而设计。与传统的内置粒子系统相比，VEG

具有更强的功能和更高的灵活性，使开发者能够以可视化的方式构建复杂的特效。它兼容于 Unity 的可编程渲染管线。VEG 利用 GPU 模拟粒子行为，可模拟的粒子数量远远超过内置粒子系统。因此，如果需要创建包含大量粒子的视觉效果，并且需要高度可自定义的行为，则建议使用 VEG 而不是内置粒子系统。

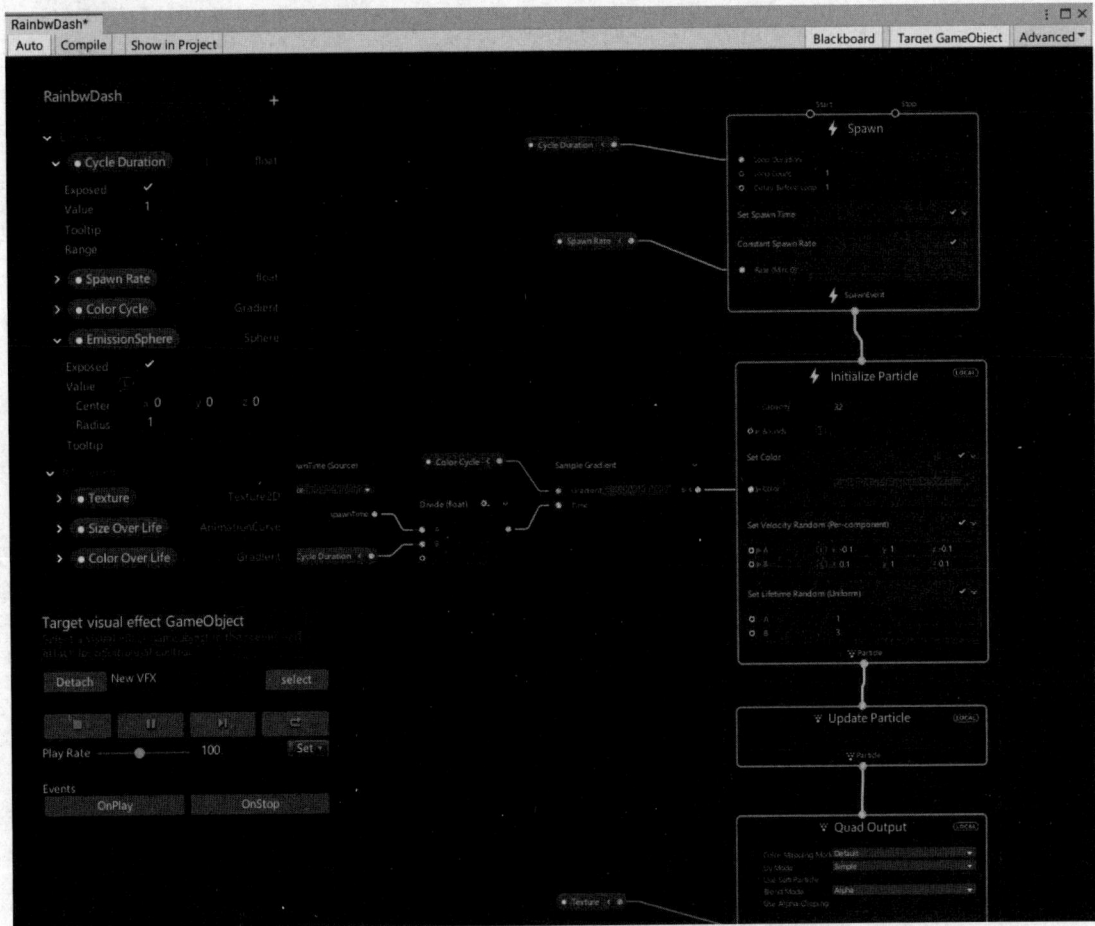

　　VEG 采用节点式图形界面，允许开发者通过拖放节点和连接线来创建与调整特效。这种直观的编辑方式使得复杂效果的构建和调试变得更加方便。

　　VEG 可以与 Unity 的 Shader Graph 无缝集成，利用自定义着色器进一步增强粒子的外观和效果。

　　此外，VEG 支持在不同平台上的运行，包括 PC、主机和移动设备，确保特效的一致性和兼容性。

　　针对小型效果如击中特效、火焰特效等，使用内置粒子系统就可以满足需求；对于需要更加绚丽、粒子数量更多的特效，如雨雪天气、大爆炸等，可以考虑使用 VEG。但最终还是要结合实际使用需求来决定采用哪种粒子系统，不能一味生搬硬套。在 "AnimarsCatcher" 游戏开发中，我们使用的是 Unity 的内置粒子系统。

7.1.4 粒子系统参数

"AnimarsCatcher" 游戏中的爆破者 Ani 会使用一种激光枪特效，其特点如下。

- 高亮度：激光枪特效通常是一条明亮的光束，亮度高，能够吸引玩家的注意力。
- 颜色变化：激光枪特效的颜色可以根据不同的游戏设定产生变化，可以是红色、蓝色、绿色等。
- 碰撞效果：当激光束与物体碰撞时，通常会产生爆炸、火花等特效，增强游戏的真实感。
- 轨迹可见：激光枪特效通常会在空气中留下一条轨迹，使玩家能够清晰地看到激光的轨迹。

为了实现爆破者 Ani 的激光枪特效，通过内置粒子系统，需要使用以下的粒子系统参数。

1. Emission

Emission 模块用于控制粒子系统的发射速率和模式。

Emission 模块的主要属性包括以下两点。

- Rate over Time：粒子发射的速率，以每秒发射的粒子数量为单位。
- Bursts：粒子发射的突发模式，可以一次性发射多个粒子，用于模拟爆炸等效果。

我们将 Rate over Time 设置成 150 左右，使得激光生成的粒子速率变快，形成一条近似连续的光柱，让轨迹清晰可见。

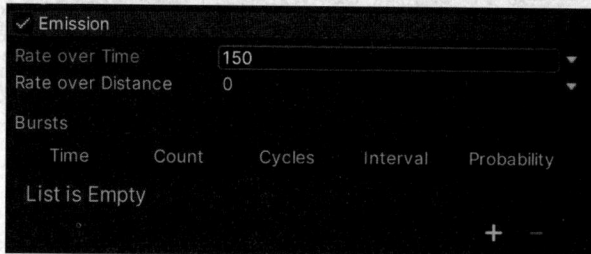

2. Shape

Shape 模块用于指定粒子发射器的发射范围，控制粒子从哪里发射出来。该模块能够影响粒子的位置、方向和速度等属性。

Shape 模块中包含多个子模块，每个子模块可以控制不同的形状。

- Box：在一个长方体区域内发射粒子。
- Sphere：在一个球体内发射粒子。
- Circle：在一个平面内以圆形方式发射粒子。

- Edge：在一个平面上以线段的形式发射粒子。
- Mesh：在一个网格形状内发射粒子，可以使用自定义的 3D 模型作为发射范围。

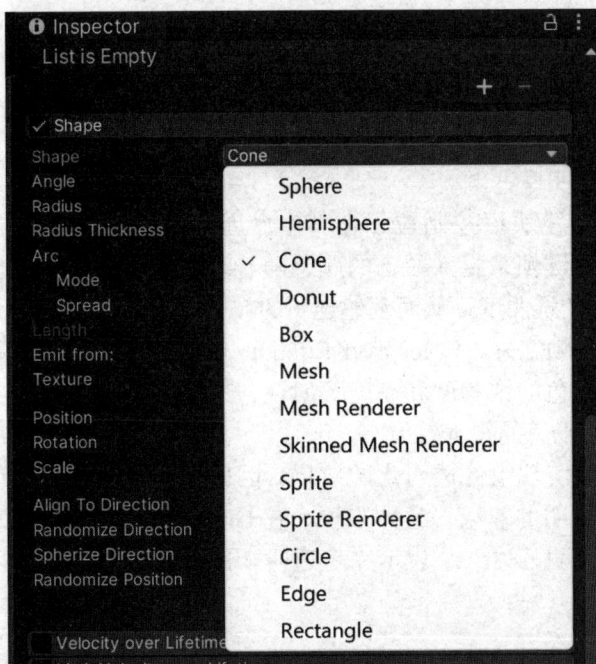

除了以上几种形状外，Shape 模块还支持通过 Texture 来设置粒子的发射范围。Texture 可以是任意大小的 2D 贴图，黑色区域表示不发射粒子，白色区域表示发射粒子，灰色区域表示发射粒子的概率。

粒子系统的 Shape 设置为 Cone 表示粒子的发射器形状为圆锥形。具体来说，Cone 形状的粒子发射器会从一个圆锥形的区域内发射出粒子，粒子会沿着锥形区域的方向前进，形成锥形的粒子喷射效果。在 Cone 形状的粒子发射器中，可以通过调整锥形的半径、高度、角度等参数来控制粒子喷射的范围和方向。

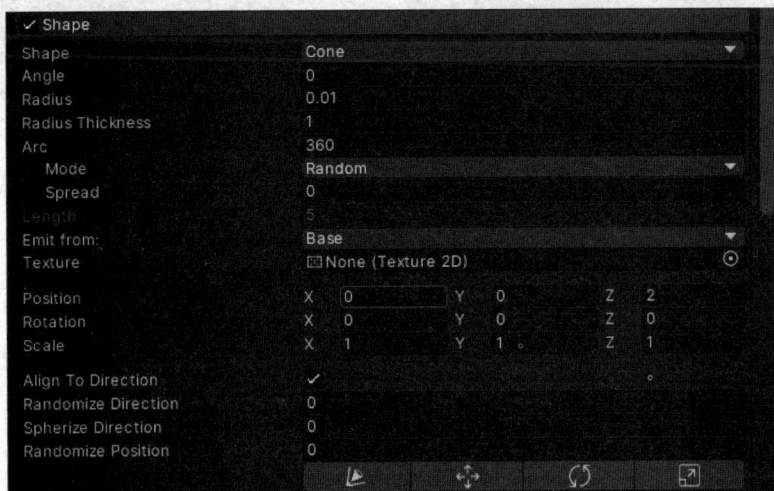

- Angle：锥形的角度，控制粒子从锥形内的点发射的范围，但在本次开发中不需要改变这个角度。
- Radius：锥形底部圆形的半径，由于粒子本身较小，我们将其设置为 0.01。
- Radius Thickness：发射粒子的体积比例。值为 0 表示从形状的外表面发射粒子，值为 1 表示从整个体积发射粒子。我们需要从整个体积发射粒子，因此将其设置为 1。
- Arc：有效发射角度。在这里我们选择无死角发射。

3. Color over Lifetime

Color over Lifetime 模块可控制粒子在其生命周期内的颜色变化情况。该模块可以让我们通过一系列颜色关键帧来定义粒子的颜色随着时间的推移如何变化。还可以通过启用 Alpha 选项来控制粒子的透明度，从而创建透明的粒子效果。

除了设置颜色关键帧之外，Color over Lifetime 模块还允许使用贴图来控制颜色，以及使用颜色滤镜来调整颜色的饱和度和亮度等属性。这些选项可以创建更加复杂和有趣的粒子效果，从而增强游戏场景的视觉效果。

在这里，我们需要实现组件透明化的效果。因此，使用白色做底色，并通过设置透明度关键帧来实现逐渐透明的效果。具体来说，在 Gradient 编辑器中，设置两个透明度关键帧，一个表示完全不透明，另一个表示完全透明。这样就实现了粒子在生命周期内逐渐透明的效果。

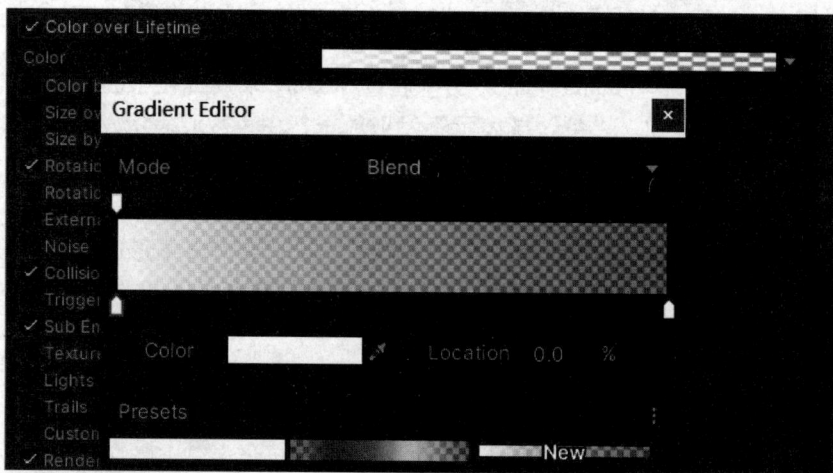

4. Rotation over Lifetime

Rotation over Lifetime 模块是用于控制粒子旋转随时间变化的模块。使用该模块可以制作各种动态效果，例如，落叶在风中旋转、烟雾缭绕、火焰燃烧等。

Rotation over Lifetime 模块的主要参数如下。

- Separate Axes：是否分别控制粒子在 x、y、z 轴上的旋转。如果不勾选此选项，粒子的旋转将应用于其 z 轴。
- Angular Velocity：控制粒子的角速度，即粒子在其生命周期内的旋转速度。可以使用恒定值、曲线或随机常量来定义旋转速度。

在这里，我们不勾选 Separate Axes 参数，也就意味着 Angular Velocity 表示粒子绕着 z 轴旋转的速度。我们使用随机常量（Random Between Two Constants）来定义这个速度，其随机值在 –100 ～ 100 之间。

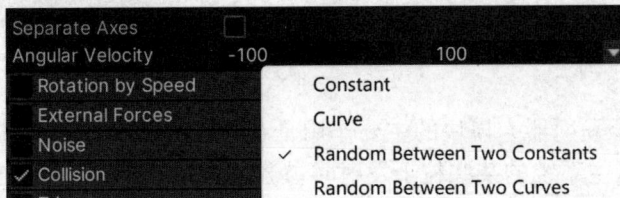

5. Collision

Collision 模块是用于模拟粒子与其他物体之间碰撞效果的模块。该模块包含以下几个主要参数。

- Type（碰撞模式）：可以选择 Planes 或 World，Planes 表示粒子与指定的平面碰撞，而 World 表示粒子与场景中的所有碰撞体碰撞。、
- Dampen：碰撞后粒子速度的衰减比率。
- Bounce：碰撞后粒子反弹的力度。
- Lifetime Loss：碰撞后粒子的寿命减少比率。

通过调整这些参数，可以在粒子系统中模拟出多种碰撞效果，如火花碰撞、水滴撞击等。同时，Collision 模块还可以与其他模块结合使用，例如，结合 Color over Lifetime 模块，可以模拟出碰撞后的颜色变化效果。

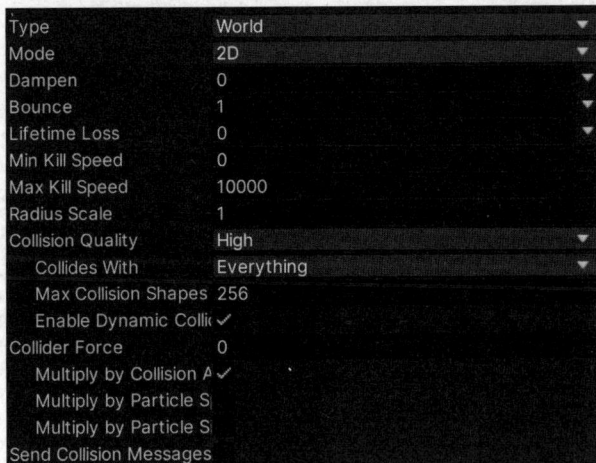

在"AnimarsCatcher"游戏中，为了实现激光射到墙壁或障碍物时自动销毁并实现喷溅的效果，我们给粒子系统添加了碰撞体，并将类型选择为 World，在整个粒子系统中检测碰撞。同时，为了在碰到墙体后立即消失，需要调整 Dampen 和 Lifetime Loss 的设置。

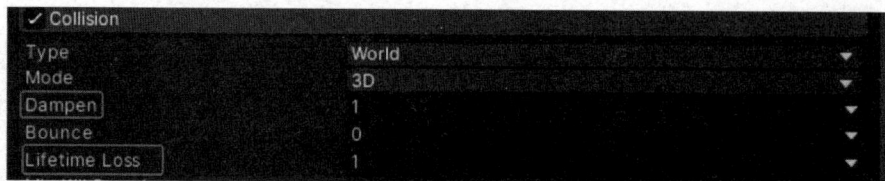

6. Sub Emitters

Sub Emitters（子发射器）模块的主要作用是在粒子系统中添加其他粒子系统作为子系统，这些子系统将在主系统的某些粒子发射时被激活。可以设置子系统的发射位置、速度、数量等参数，从而实现更加复杂的粒子效果。

例如，在一个火焰的粒子系统中，可以添加一个子系统来模拟火焰的火花：先在主系统中设置火花粒子的发射位置、速度和数量，然后在 Sub Emitters 模块中将其与主系统关联起来，当主系统中的某些粒子达到指定条件时，将会生成火花粒子。

在"AnimarsCatcher"游戏中，物体被激光枪消灭后，会在碰撞消灭点使用子发射器模块，生成一些喷溅类的效果，使画面更加生动。

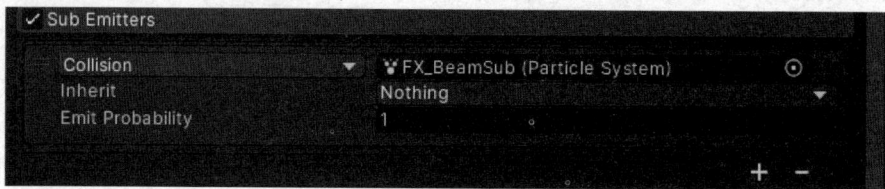

7.1.5 激光枪粒子系统

▶ 上机部分

【上机 7-1-1】
粒子系统

通过前面的介绍，我们已经了解了激光枪粒子系统需要设置的重要参数。接下来，介绍这种特效在 Unity 中实现的主要步骤。

1. 准备工作

将本小节提供的 UnityPackage（第 7 章\上机 7-1-1 素材）拖入 Unity 编辑器，单击 Import 按钮导入所有素材。导入完成后，在 Project 面板中预览导入的材质和模型。

在 Hierarchy 面板中创建一个新的 GameObject，调整它的 Transform，使其位于靠近场景周边岩石的位置。将该物体重命名为 FX_Beam，然后给它添加一个 Particle System 组件。

2. 配置粒子系统

在 Particle System 组件中，找到最下方的 Renderer 一栏，将 Render Mode 选项从 Billboard 改为 Mesh，并将导入的 mesh 和 material 分别拖入对应选项中。

其他主要的参数设置如下。

- Duration：0.5
- Looping：取消勾选
- Start Lifetime：1
- Start Speed：50
- 3D Start Size：勾选，设置为 Random Between Two Constants，范围在（3, 3, 15）和（1, 1, 16）之间
- 3D Start Rotation：勾选，设置为 Random Between Two Constants，范围在（0, 0, 0）和（0, 0, 360）之间
- Start Color：蓝色
- Emitter Velocity Mode：Transform
- Culling Mode：Always Simulate

Emission 设置：

- Rate Over Time：150

Shape 设置：

- Angle：0
- Radius：0.01
- Align To Direction：勾选

Color Over Time 设置：

- 调整 Color 的 Alpha 值，使粒子的透明度随着生命周期的变化从 255 变为 0。

Rotation by Speed 设置：

- 调整数值，使粒子的旋转值在（0, 0, 100）和（0, 0, –100）之间变化。

为了实现粒子系统的碰撞，需要进行以下相应设置。

Collision 设置：

- Type：World
- Dampen：1
- Lifetime Loss：1
- Bounce：0
- Radius Scale：0.01
- Collides With：保留 Default、Player、Ani、Terrain 层
- Send Collision Messages：勾选

3. 添加子粒子系统

在 FX_Beam 下创建一个空物体，重命名为 FX_BeamSub，并添加 Particle System 组件。

FX_BeamSub 设置：

- Duration：0.3

- Looping：取消勾选
- Start Lifetime：0.2 和 0.3 之间
- Start Speed：0
- Start Size：0.5 和 6 之间
- Start Rotation：–60 和 60 之间
- Start Color：蓝色
- Max Particles：50
- Emitter Velocity Mode：Transform
- Culling Mode：Always Simulate

Emission 设置：

- Rate Over Time：0
- 在 Bursts 列表中单击加号按钮添加一个元素，将 Count 的范围设置为 0 ~ 1。

Shape 设置：
- Shape：Circle
- Radius：0.01
- Radius Thickness：0
- Rotation：X 值设置为 90
- Randomize Direction：1

其他设置：

- Color Over Lifetime：编辑粒子生命周期内的颜色变化，改为蓝色。
- Size over Lifetime：勾选并使用默认设置。
- Rotation Over Lifetime：使粒子的角速度在 –20 和 20 之间变化。
- Renderer：选择导入的 Sparkle 材质。

返回 FX_Beam 的粒子系统组件，开启 Sub Emitter 选项。将 Birth 改为 Collision，并将 FX_BeamSub 拖到右侧。这样就可以在发生碰撞时播放子粒子效果。

4．将粒子效果加入 BlasterAni 射击过程

将 FX_Beam 制作成预制体并放入 Resources 文件夹，删除场景中的 FX_Beam 物体。
修改 BlasterAni 脚本，在 Shoot 函数中添加粒子特效的生成逻辑，确保激光特效正确实例化并指向目标。

作 业 部 分

制作智能指挥机器人车轮扬尘特效。
作业资源：【作业 7-1-1-HW】扬尘特效。

7.2 后处理效果

后处理（Post-processing）是一种通用术语，用于描述在摄像机绘制游戏场景后，场景在屏幕上呈现之前进行的全屏图像处理效果。它通常用于模拟物理摄像机和电影特效，如景深、颜色滤镜、白平衡等效果。

7.2.1 渲染管线的兼容性

可用的后期处理效果和应用方式取决于所使用的渲染管线。每个渲染管线的后期处理解决方案都与其他渲染管线不兼容。比如 Unity 支持的两种渲染管线——内置渲染管线和通用渲染管线，它们支持的后处理效果就有所不同。

内置渲染管线支持一些基础的后处理效果，如 Bloom（泛光）、Color Grading（颜色分级）、Depth of Field（景深）和 Lens Distortion（镜头畸变）等。还可以通过编写自定义的 Shader 来实现更高级的后处理效果。

通用渲染管线支持更多的后处理效果，包括抗锯齿、屏幕空间反射、环境光遮蔽和运动模糊等。

7.2.2 高动态范围

后处理技术的实现通常需要支持高动态范围（High Dynamic Range，HDR）渲染，使用 HDR 渲染的优势表现在以下四个方面。

（1）动态范围扩展：后处理技术通常需要对图像进行调整、过滤、合成等操作，这些操作可能会导致图像的动态范围变化。如果使用低动态范围（LDR）渲染，则在进行这些操作时可能会导致图像的信息丢失或失真，而使用 HDR 渲染可以扩展图像的动态范围，保留更多的信息，从而避免这种问题。

（2）更好的颜色精度：后处理技术通常需要对颜色进行调整、滤波等操作，这些操作需要更高的颜色精度才能保证效果。使用 HDR 渲染可以提供更高的颜色精度，从而更好地支持后处理技术。

（3）更好的光照效果：后处理技术中有些技术需要对光照进行处理，比如 Bloom（泛光）、Lens Flare（镜头光晕）等。使用 HDR 渲染可以提供更好的光照效果，使这些技术的效果更加真实。

（4）更好的抗锯齿效果：后处理技术中的抗锯齿效果通常需要使用多重采样抗锯齿（MSAA）技术，在低动态范围渲染中，MSAA 技术可能会导致颜色失真。使用 HDR 渲染则可以避免这种问题，从而提供更好的抗锯齿效果。

在通用渲染管线中开启 HDR，需要修改对应的 PipelineAsset 资源文件设置。将 Post-processing 一栏中的 Grading Mode 改为 High Dynamic Range，即可为后处理效果开启 HDR。

在"AnimarsCatcher"游戏中使用的 Bloom 和 Vignette 后处理效果都使用了 HDR，因为它们需要处理高亮部分。在 Bloom 中，首先要提取出屏幕上的高亮区域，这些区域可能比 1.0 的范围更高。提取出这些高亮区域后，需要在一个小的纹理中模糊它们，这样它们就会扩

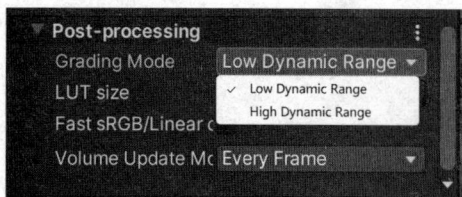

散到周围的区域。这个模糊的过程需要在 HDR 空间中完成，否则会丢失一些亮度信息。在 Vignette 中，可以通过调整亮度和对比度来控制边缘的明暗度。这些调整需要在 HDR 空间中进行，否则在处理高亮部分时可能会出现明显的色带和色块。

7.2.3 Bloom

泛光（Bloom）是现代电子游戏中常见的一种后处理特效，通过图像处理算法将画面中高亮的像素向外"扩张"形成光晕，能够生动地表达太阳、霓虹灯等光源的亮度。

对于优秀的泛光特效来说，需要满足以下几个特点：

（1）发光物边缘向外"扩张"得足够大；

（2）发光物中心足够亮（甚至超过 1.0 而被截取成白色）；

（3）该亮的地方（灯芯、火把）要亮，不该亮的地方（白色墙壁、皮肤）不亮。

低质量的泛光在发光处的中心和向外扩散出的轮廓部分都很亮，还有很多发光物泛光的扩散范围不够大、画面的表现力不够强等问题的存在。

高质量的泛光特点是中间亮度高，但是越往外亮度下降越快，有点类似正态分布曲线。

在"AnimarsCatcher"游戏中，为了使游戏画面具有真实的光晕效果，将 Bloom 的参数设置如下。

- Threshold 设置为 2.3 ～ 2.65：设置了 Bloom 的最小亮度阈值，只有大于该阈值的像素才会被 Bloom 处理，用来避免对低亮度区域的过度处理。
- Intensity 设置为 1.5 ～ 2.5：表示 Bloom 处理后的亮度增益，增加该值可以使 Bloom 的效果更加明显。
- Scatter 设置为 0.4 ～ 0.6：用来控制 Bloom 处理后的扩散程度，较大的值会使 Bloom 更加模糊，较小的值会使 Bloom 更加集中。
- Tint 设置为白色：设置了 Bloom 处理后的颜色，这里设置为白色，表示不对 Bloom 的颜色进行调整。
- Clamp 设置为 10 ～ 12：用来控制 Bloom 处理后的强度上限，超过该强度的像素将被裁剪，避免出现过度曝光的情况。

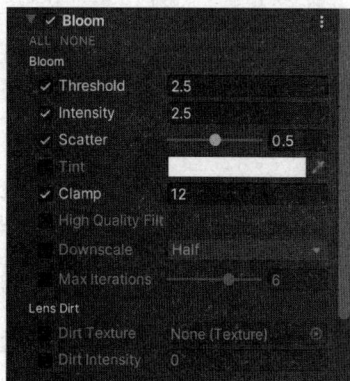

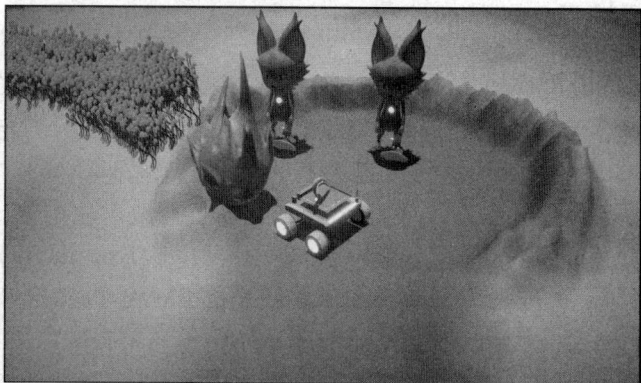

7.2.4　Vignette

渐晕（Vignette）这种后期处理效果，可以模拟相机镜头的光圈效果，通过在图像边缘降低亮度并添加柔和的黑色边框来制造出一种老照片的效果。这一效果可以通过使用 Post-processing Stack 或编写自定义着色器来实现。在 Post-processing Stack 中，可以通过添加 Vignette 效果来控制渐晕效果的强度、中心位置、圆形或椭圆形等参数。

Vignette 的参数作用如下。

- Color：设置暗角的颜色，一般设置为黑色。
- Intensity：设置暗角的强度，这里设置为 0.3 左右，适度增加画面的对比度。
- Smoothness：设置暗角的平滑程度，这里设置为 0.5 左右，使暗角过渡平滑。

在"AnimarsCatcher"游戏中，将 Color 设置为黑色，使屏幕周围的光圈呈现黑色，而 Intensity 和 Smoothness 的值则用于控制光圈边缘的模糊度，以营造出神秘感，增加沉浸感的效果。

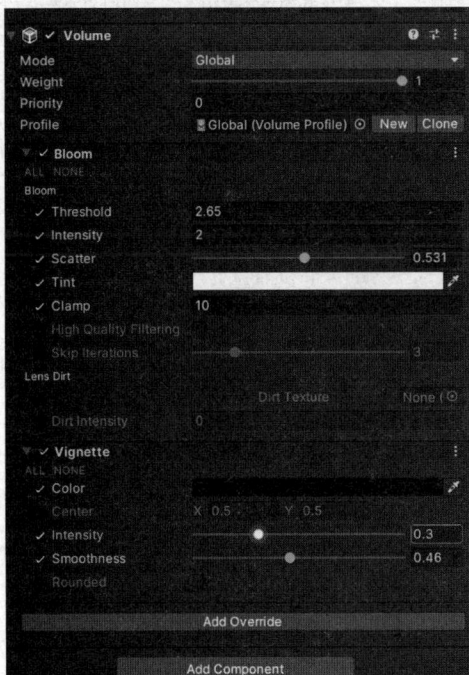

上机部分

在 Hierarchy 面板中找到 Global Volume 物体。如果没有，单击右键手动创建一个（Volume → Global Volume）。在 Main Camera 的 Camera 组件中，确保勾选了 Post-processing 属性。

按照前面的介绍，编辑 Global Volume 中的后处理效果，分别为 Bloom 效果和 Vignette 效果设定恰当的参数。

在 Project 面板中找到 Settings 文件夹，选中当前 URP 的配置文件。将 Post-processing 中的 Grading Mode 从 Low Dynamic Range 改为 High Dynamic Range。

【上机 7-2-1】
后处理效果

7.3 着色器

在 Unity 中，Shader（着色器）被用于控制 3D 场景中的光照和渲染效果。它是一种编程语言，用于定义场景中物体表面的材质和渲染方式。Unity 支持 3 种类型的着色器：表面着色器（Surface Shader）、顶点 / 片段着色器（Vertex/Fragment Shader）和计算着色器（Compute Shader）。

Unity 的 Shader 语言基于 HLSL（High-Level Shading Language）和 GLSL（OpenGL Shading Language），并支持跨平台编译。Unity 还提供了 ShaderLab 语言，用于编写 Shader 的外部描述文件，控制 Shader 的属性、渲染队列和标签等信息。

除此之外，Unity 还提供了 Shader Graph，它是一种可视化编程工具，用于创建 Shader 的图形化界面。通过连接节点，可以轻松创建自定义的 Shader 效果。

关于 Shader 的详细内容，我们在第 4 章渲染的 4.2.4 节已经详细介绍过了，这里只重点介绍 Shader Graph 和游戏中用到的描边特效及透视特效的原理。

7.3.1 Shader Graph

Shader Graph 是 Unity 内置的一个可视化 Shader 编辑器，可以使用可视化界面而不是手写代码来创建 Shader 着色器。Shader Graph 可以使开发者更快速、更直观地制作自己想要的 Shader 效果，并且在开发过程中可以实时预览效果。

Shader Graph 中的基本概念包括以下 3 个。

1. 节点

节点（Node）是构建着色器的基本单元，每个节点代表一个特定的功能，如数学运算、纹理采样、颜色操作等。节点通过输入端口和输出端口连接，数据流动通过这些连接形成着色器的逻辑。

2. 属性

属性（Properties）是可以在 Shader Graph 中定义并在材质（Material）面板中公开的参数，这些参数可以是颜色、纹理、向量等。属性使得着色器更具灵活性，因为它们允许在不修改着色器的情况下调整效果。

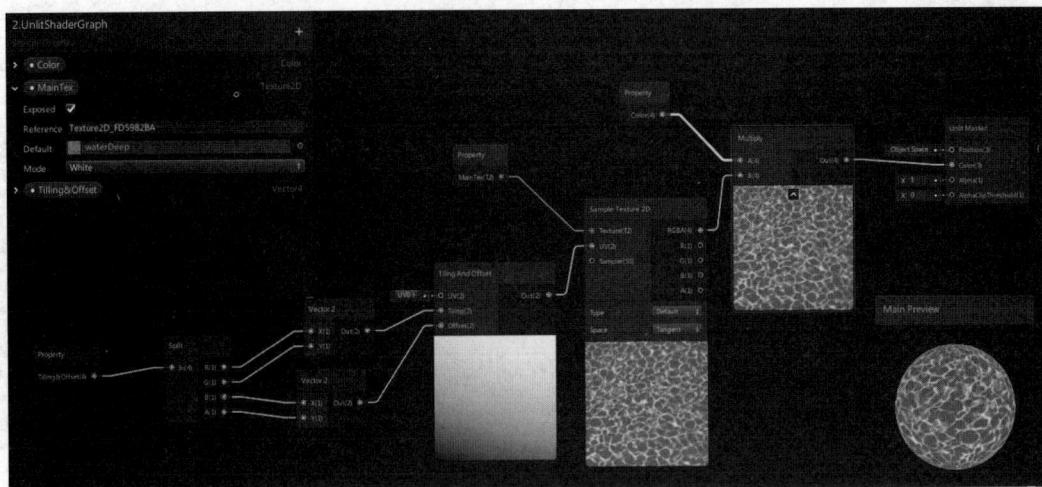

3. 主节点

主节点（Master Node）是 Shader Graph 的核心节点，它定义了最终输出的着色器类型（如 PBR、Unlit 等）。所有其他节点最终都连接到主节点，以生成最终的着色效果。

7.3.2 描边特效

在实时渲染中，描边特效是一种应用非常广泛的效果，它可以用于强调游戏中的一些关键元素，使其更加醒目和突出。目前有许多描边特效的实现方法，比如基于观察角度和表面法线的轮廓线渲染。这种方法使用视角方向和表面法线的点乘结果来得到轮廓线的信息。该方法简单快速，但描边效果差强人意。

再比如基于轮廓边检测的轮廓线渲染，这种方法可以先检测出精确的轮廓边，然后直接渲染它们。该方法可用于渲染独特风格的轮廓线，如水墨风格。但这种方法实现起来较复杂，而且动画连贯性也会出现问题。

还有一些方法混合了几种描边渲染方法。例如，首先找到精确的轮廓边，把模型和轮廓边渲染到纹理中，再使用图像处理的方法识别出轮廓线，并在图像空间下进行风格化渲染。

在"AnimarsCatcher"游戏中，我们采用了一种基于多 Pass 渲染的描边实现方法。这种方法有效且灵活，可以达到预期的视觉效果。此描边实现方法需要在单个 Shader 中编写两个 Pass，第一个 Pass 负责渲染物体的表面，而第二个 Pass 则渲染描边。

在实现这种多 Pass 描边时，首先在第一个 Pass 中渲染物体本体。接着，在第二个 Pass 中，利用被扩大的顶点位置，生成一个比原始物体稍大的描边物体，并仅渲染这个描边物体的背面。这样，当原始物体遮挡描边物体的背面时，就会产生预期的描边效果。

这种基于多 Pass 的描边实现方法相对简单，但有一些限制和要求。它更适合简单的模型和材质。对于更复杂的模型和材质，或者存在半透明物体的场景，可能会出现深度测试和深度写入等问题，从而导致描边效果不理想。同时，使用多 Pass 渲染会增加 GPU 的负担，因为需要对每个物体进行多次渲染。因此，在实际开发中，可能需要通过各种优化技巧来平衡性能和效果，如仅对需要描边的物体应用多 Pass 渲染，或者优化 Shader 代码来降低渲染的复杂性。

▶ 上机部分

【上机 7-3-1】
描边特效

接下来，我们在"AnimarsCatcher"中实现当鼠标移动到可交互的物体上时，描边效果被触发；当鼠标移开时，描边效果消失。

1. 准备工作

在 Project 面板中找到 Prefabs/Fruits 文件夹，将 fruit3 拖动到 Hierarchy 面板中。将 fruit3 的位置调整到场景中央。

在 Project 面板的 Shaders 文件夹下，右击 Create，选择 Shader → Unlit Graph，并将其命名为 outline。在 Inspector 面板中单击 Open Shader Editor 以开启 Shader Graph 编辑器。

2. 配置 Shader Graph

最大化 Shader Graph 窗口，在右侧的 Graph Inspector 中，将 Render Face 由 Front 改为 Back，并将 Cast Shadows 关闭。

在左侧的属性面板中，单击加号按钮，选择新建一个 Float 类型变量，名为 scale，然后创建一个 Color 类型变量，名为 color，将 color 属性的默认值设置为红色。

单击 scale 可以编辑其默认值和属性，将 Mode 改为 Slider，将 Min 设置为 –2，Max 设置为 2，默认值设置为 1.1。

3. 添加和连接节点

在 Shader Graph 画布中间，右击 Create Node，输入 Position 创建一个 Position 节点，将 Space 设置为 Object（物体空间）。

使用右键创建一个 Multiply 节点，先将 scale 属性拖动到画布上，然后将 scale 连接到 Multiply 节点的 A 上，将 Position 节点的输出连接到 Multiply 节点的 B 上。最后，将 Multiply 节点的输出连接到 Vertex 的 Position 属性上。

将 color 属性拖动出来，并连接到 Fragment 的 Base Color 属性上，作为最终输出的颜色。

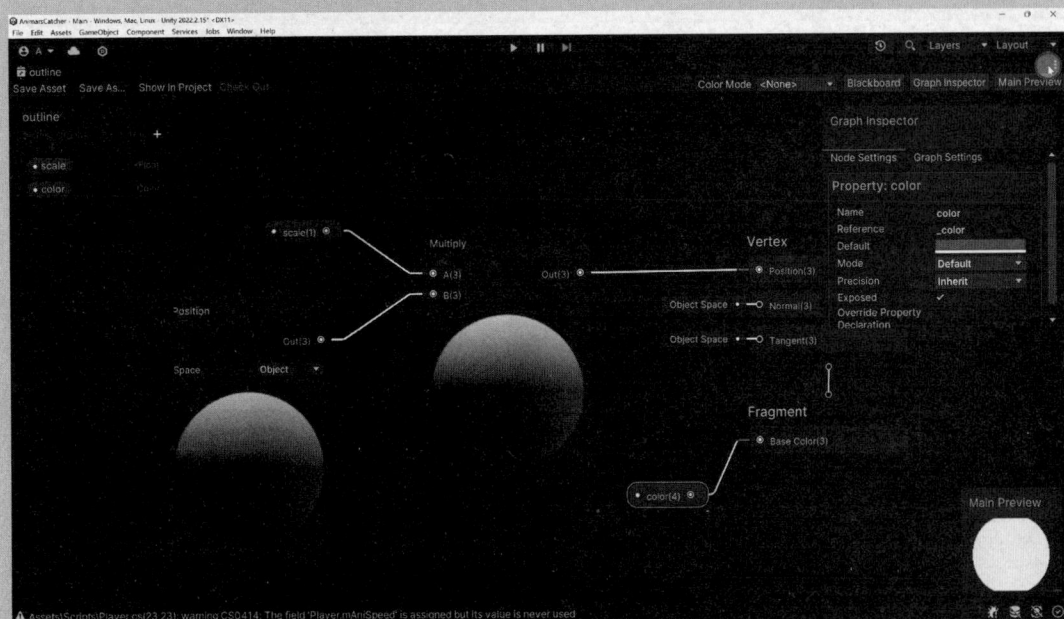

4. 创建材质并应用

保存该着色器，回到 Unity 主界面。在 Project 面板中，右击 outline 着色器，选择 Create → Material，创建一个基于 outline 着色器的材质。选择新建的材质，在 Inspector 面板中编辑其属性。

在 fruit3 的 Mesh Renderer 组件中，单击加号增加一个材质，并将描边材质拖动到此处。调整材质中的 scale 和 color 参数，查看不同参数下的效果，最终 scale 保持 1.1，color 保持默认的红色。

单击 fruit3 中 Mesh Renderer 组件的减号按钮，去掉刚才增加的材质。

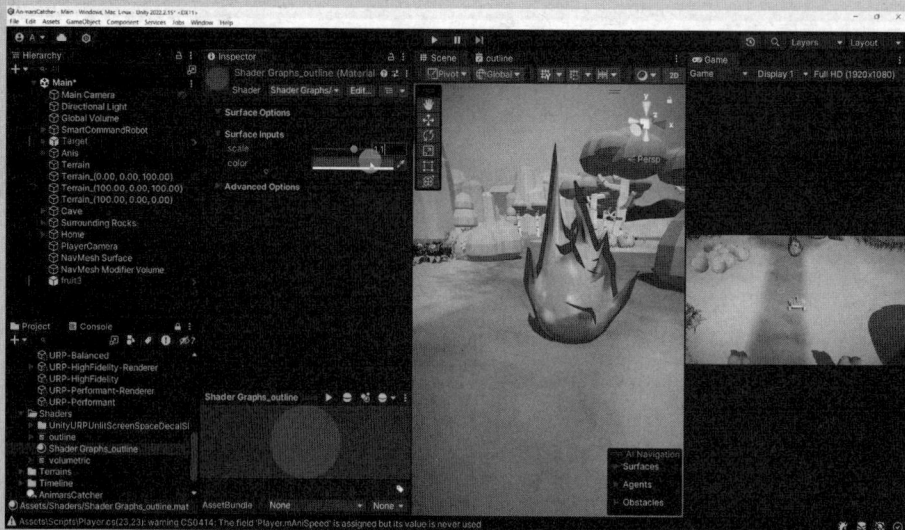

5. 配置 URP 渲染管线

选中 URP HighFidelity Renderer 配置文件，在 Inspector 面板中单击 Add Renderer Feature 按钮，创建一个 Render Objects 类型的 Renderer Feature。在 Renderer Feature 中找到 Layer Mask 属性，通过该设置可以让特定的着色器应用在指定的层级上。添加一个名为 SelectedObject 的层级。

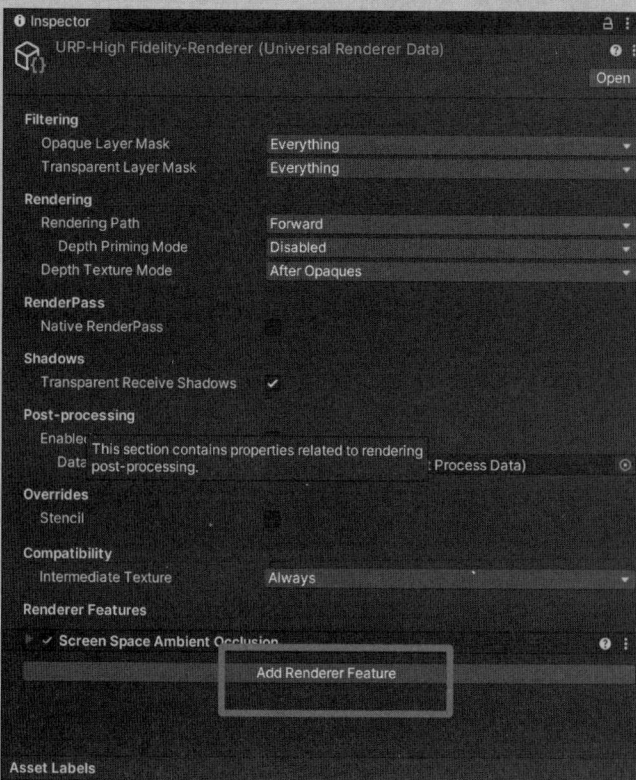

回到 Renderer Feature，将 Layer Mask 设置为 SelectedObject。在 Overrides 下，将 Material 设置为描边材质。

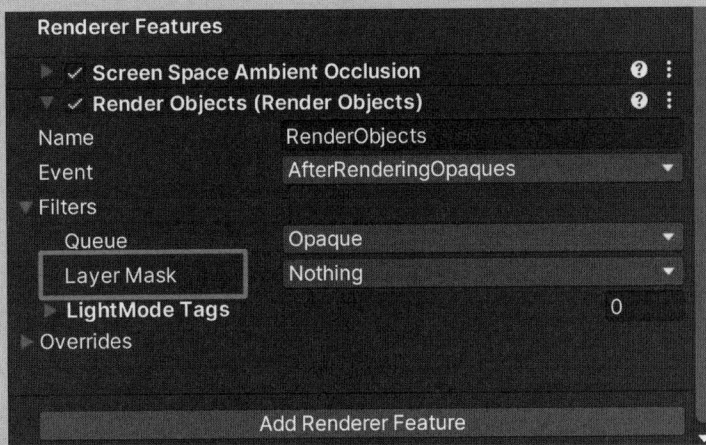

6. 更新脚本以实现交互效果

打开 PickableItem 脚本，添加两个函数：OnMouseEnter 和 OnMouseExit。定义一个私有变量 mLayerMask，类型为 LayerMask，在 Awake 函数中将其赋值为当前物体的 Layer。在 OnMouseEnter 函数中，将 SelectedObject 设置为物体的 Layer，而在 OnMouseExit 函数中恢复物体的默认 Layer。

打开 FragileItem 脚本，定义 LayerMask 并命名为 mSelfLayerMask，其他逻辑与 PickableItem 中相同。

通过上述步骤，可以实现当玩家鼠标移动到可交互的物体上时，物体呈现出一种描边效果，表示其被选中。这种效果增强了用户的交互体验，使得交互物体更为明显。

作业部分

结合本章内容，在游戏角色 Ani 上实现卡通渲染的效果。

作业资源：【作业 7-3-1-HW】卡通渲染。

7.3.3 透视特效

透视特效是一种实现对被遮挡物体观察的技术手段。当物体遮挡了摄像机的视线时，透视特效可以让遮挡物体变得透明或者让摄像机穿过物体，从而实现对被遮挡物体的观察。

实现透视特效的方法有多种，例如，在摄像机属性中设置 Near 和 Far Plane 来控制摄像机的可视范围，或者使用摄像机深度来控制渲染顺序。此处，我们采用 Renderer Feature 模块来实现透视特效。

前面小节中为了实现描边特效，已经使用了 Renderer Feature。它是 URP 管线的一个可选功能，可以创建自定义渲染效果并将其添加到场景中。

【视频 7-3-1】
透视特效

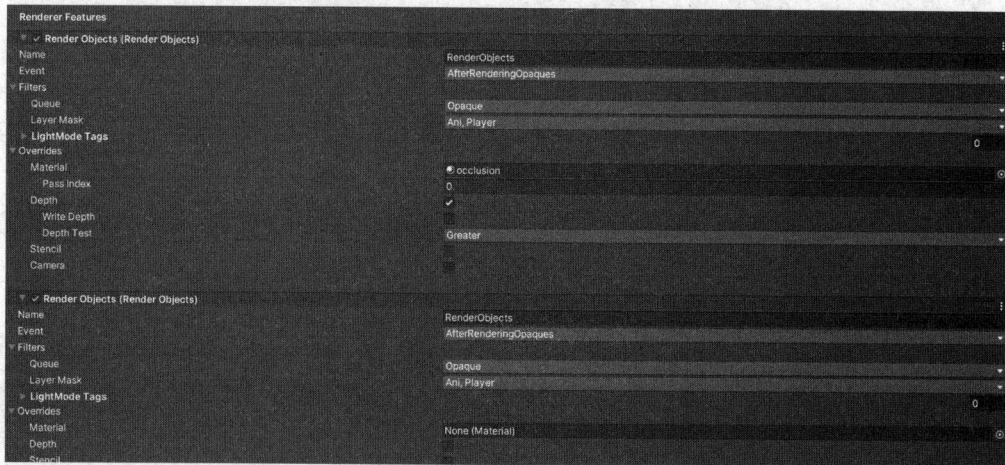

在实现对被遮挡物体的渲染时，可以使用 Stencil Buffer 来实现对物体透明度的控制，或者使用深度测试来控制渲染顺序。将该 Renderer Feature 添加到摄像机中，并将其添加到 Render Features 列表中，即可实现对被遮挡物体的透视效果。

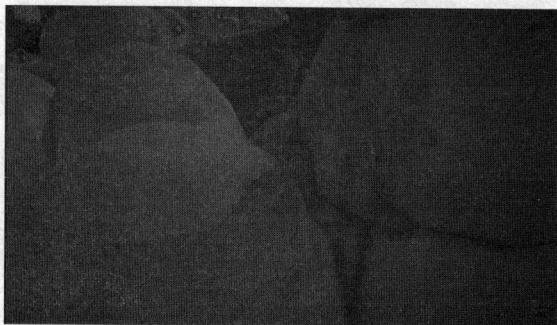

上机部分

【上机 7-3-2】
透视特效

1. 创建并配置 Shader Graph

在 Project 面板的 Shaders 文件夹下，右击选择 Create → Shader → Universal Render Pipeline → Unlit Shader Graph，新建文件并将其命名为 XRay。双击 XRay 着色器文件，打开 Shader Graph 编辑器。

在 Shader Graph 编辑器面板中，勾选 Alpha Clipping 属性。

在左侧属性面板中，单击加号按钮，新建一个 Color 类型变量，命名为 Color，默认值设置为蓝色。

新建两个 Float 类型变量，分别命名为 power 和 alphaClipping，power 的默认值设置为 1，alphaClipping 的默认值设置为 0.5。

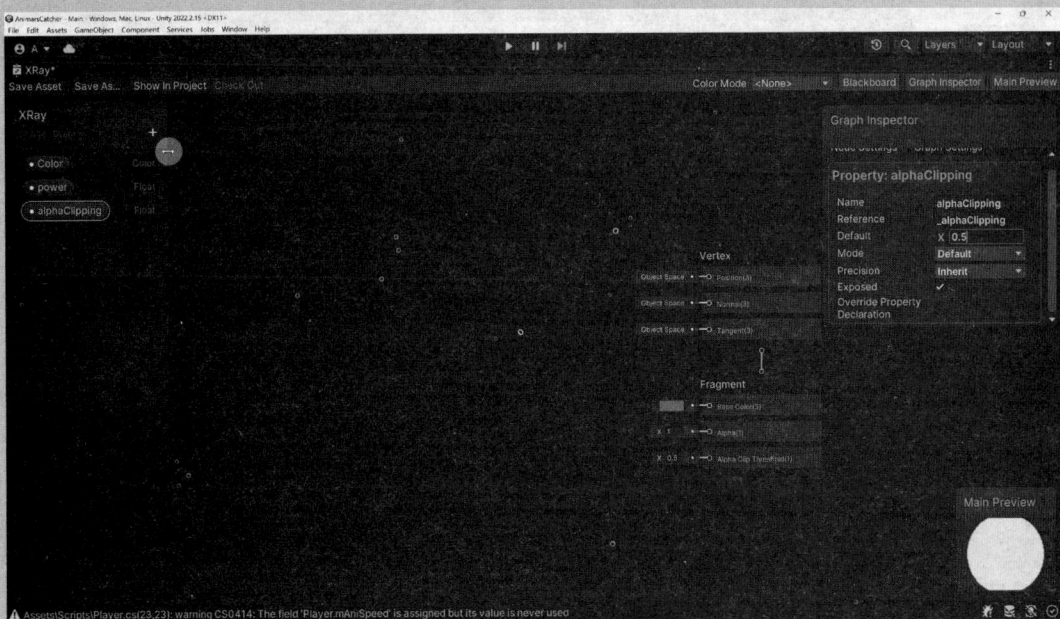

2. 创建和连接节点

右击画布，选择 Create Node → Fresnel Effect，新建一个 Fresnel Effect 节点；右击画布，选择 Create Node → Multiply，新建一个 Multiply 节点。

将 Color 属性拖到画布上，将 Fresnel Effect 节点的输出和 Color 分别作为 Multiply 节点的两个输入，并将 Multiply 节点的输出连接到 Fragment 的 Base Color 上。

右击画布，选择 Create Node → Dither，新建一个 Dither 节点。将 power 属性连接到 Dither 节点的输入，将 Dither 节点的输出连接到 Fragment 的 Alpha 上。

将 alphaClipping 属性连接到 Alpha Clip Threshold 的输入上。

3. 保存和创建材质

保存 Shader Graph，回到 Unity 主界面。在 Project 面板中，右击 XRay 着色器，选择 Create → Material，创建一个基于 XRay 着色器的材质。

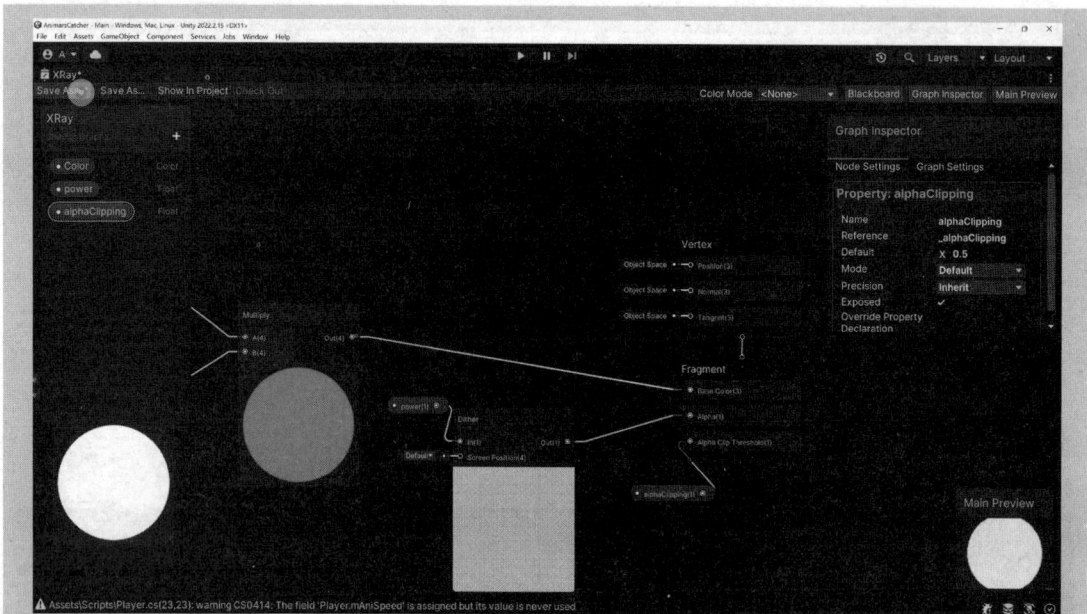

4. 添加 Renderer Feature

在 Project 面板中找到并选择 URP-HighFidelity-Renderer 配置文件。在 Inspector 面板中单击 Add Renderer Feature 按钮，选择 Render Objects，新建两个 Renderer Feature。

设置 Layer Mask 为 Player 和 Ani 两个层级。勾选 Depth 选项，将 Depth Test 设置为 Greater，取消勾选 Write Depth。将编辑好的 XRay 材质拖动到 Material 槽中。

5. 应用材质

选择场景中的智能指挥机器人和 Ani，将 XRay 材质应用到它们的材质列表中。

运行游戏并最大化游戏窗口，移动智能指挥机器人和 Ani 进行测试。可以观察到，当智能指挥机器人或 Ani 被场景中的其他物体遮挡时，被遮挡的部分会应用透视效果，未被遮挡的部分仍然保持原来的渲染设置。

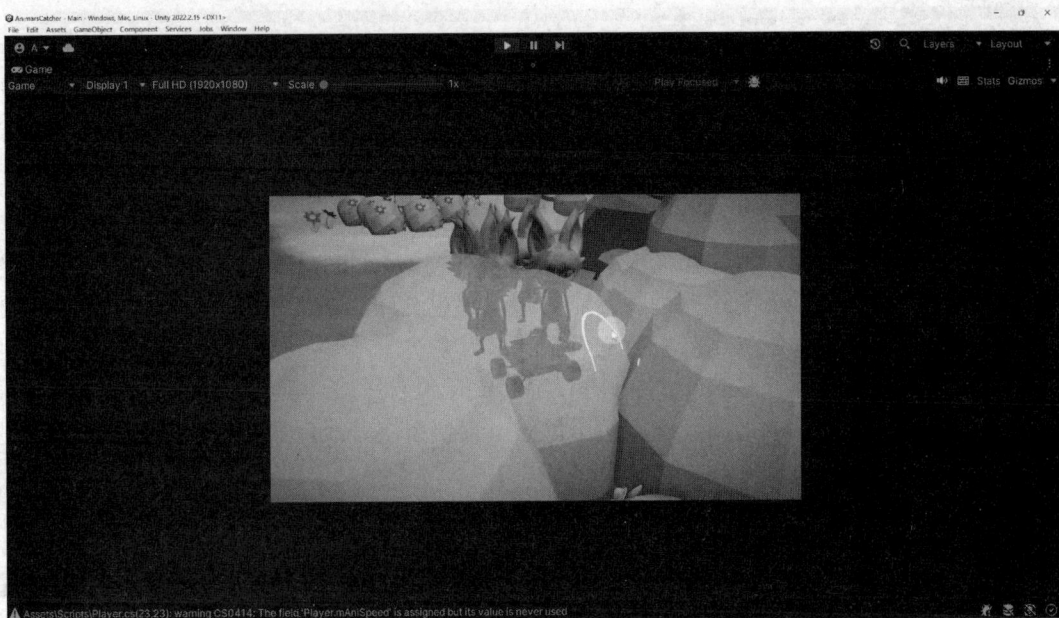

7.4 总结

本章我们探讨了使用 Unity 引擎实现视觉特效的内容，包括粒子系统、后处理效果及着色器的应用。

通过具体案例学习了如何制作系统特效，如 Ani 激光枪的射击特效。

通过 Unity 的后处理堆栈，可以在游戏中应用和调整各种后处理效果，增强游戏场景的视觉深度和美感。其中包括了如何利用这些技术创造出电影般的视觉体验，如泛光、光晕等。

本章还学习了如何使用 Shader Graph 来创造自定义的着色器，实现描边效果和透视特效。Shader Graph 的节点式编辑方式大大简化了复杂着色器的开发过程，使得非编程背景的开发者也能设计和实现高级视觉效果。

完成本章的作业后，你将能够探索并实现更多种类的特效，从而为你的游戏项目添加更多的视觉层次和创意元素。

第 8 章

游戏玩法

【视频 8-1】
第 8 章 demo 效果

玩法是游戏的核心，决定了游戏的趣味性和可玩性。在游戏团队中，负责游戏玩法系统开发的人员被称为 GamePlay 工程师，他们是与策划沟通最紧密的角色之一，需要参与游戏设计的落实和开发，并通过代码和配置来搭建游戏玩法系统。

在 "AnimarsCatcher" 游戏中，包含了多个具体的玩法系统。本章将主要讨论地图系统、关卡配置、存档系统、成就系统等玩法系统的设计思路和实现方法。

8.1　游戏设定

在第 1 章概述中，我们已经讨论过 "AnimarsCatcher" 游戏的世界观设定。在"动画星"上，主角、Ani、A 喵快乐地生活在一起。然而，在一次执行外星探测任务期间，飞船坠毁在一个陌生星球上，人类朋友昏迷不醒，Ani 需要不断获取资源，修复飞船并回到母星，才能唤醒昏迷的人类朋友。

8.1.1　游戏类型

从世界观设定来看，"AnimarsCatcher"是一款生存类游戏。在生存类游戏中，一般有多种玩法系统，比如食物系统、建造系统和战斗系统等。本书会为"AnimarsCatcher"开发一个完整的剧情模式。

在"AnimarsCatcher"中，玩家需要尽可能生存更多天数，采集更多资源，以获得更高分数。玩家控制智能指挥机器人在场景中漫游，派遣 Ani 去搬运果子、寻找和采集矿石。在采集过程中，会随机生成一些修复飞船所需的零件，当零件收集齐全之后，便可以修复飞船并回到家园，至此游戏通关。

8.1.2　玩法设定

"AnimarsCatcher"所属的生存类游戏，开发要点是平衡好资源的获取和消耗。需要明确几个关键问题：游戏中有哪些资源？资源从哪里来？玩家能用这些资源做什么？一些前期很难获得的资源，随着有了更先进的道具后，获取起来会比较容易。这时可以设计新的资源，它们有更加复杂的获取方式和用途。

在"AnimarsCatcher"中，每一天开始时，游戏地图上会随机生成一些资源。玩家如果想要增加 Ani 的数量，需要消耗一定数量的资源。例如：

采集者 Ani 需要 2 点食物。

爆破者 Ani 需要 2 点食物和 1 点矿石。

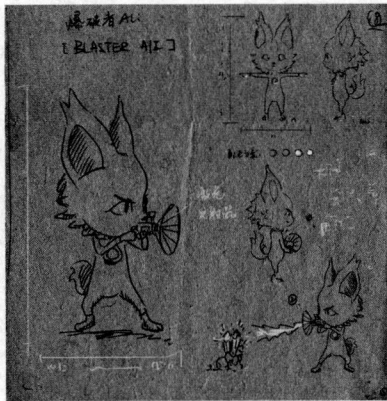

通过上述资源获取和消耗的设计，构建起一个简单的游戏循环：每一天，地图上会刷新出现若干食物和矿石，玩家可以在场景中漫游，派遣 Ani 去采集食物或通过爆破矿石获取资源。前期的 Ani 数量较少，但玩家可以通过消耗食物和矿石派遣更多的 Ani，提高采集资源的效率。

8.2 地图资源生成

现在我们已经了解了 "AnimarsCatcher" 游戏的核心玩法之一是派遣 Ani 在地图上采集资源。要实现这一核心玩法，需要先在游戏地图上生成资源。在第 3 章游戏场景和第 4 章渲染中，我们已经为游戏搭建好了一个 200 米 × 200 米的游戏地图，接下来将在这个地图上进行资源的生成。地图资源的生成需要考虑以下三个因素。

1．生成区域

为了使玩家充分探索游戏地图，前期资源生成区域限定在玩家出生点周围 50 米 × 50 米范围内，随着游戏的推进，生成区域逐步扩大。

生成的资源不能出现在 Ani 无法到达的区域，如高地或岩石上。

2．生成数量

资源的生成数量应该是可配置的，以方便后续改进和调整。

3．生成类型

随着天数的增加，生成的资源类型应更丰富，使游戏更具趣味性，并避免玩家疲劳。

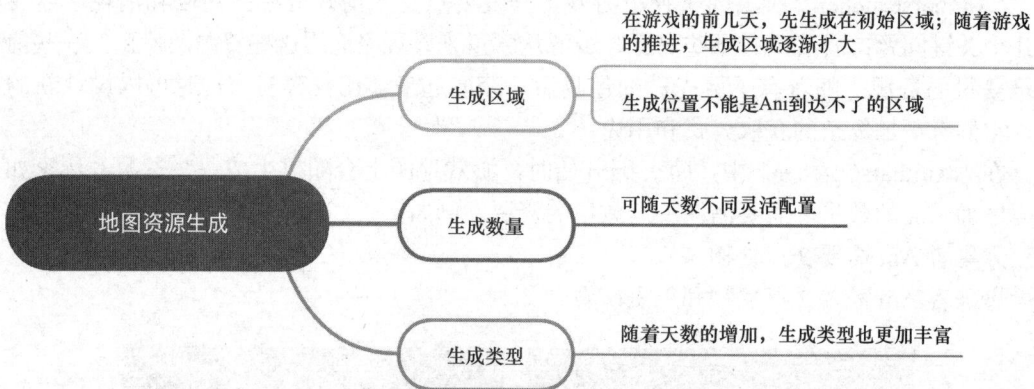

为了灵活配置地图资源的生成，通常使用配置文件来实现。在游戏引擎外使用文本编辑器撰写配置文件，在引擎内使用脚本读取并使用配置文件。这样可以使配置与代码分离，便于策划和测试人员修改。本节将介绍配置文件的格式和使用方法，并介绍如何在 Unity 中读取配置文件以生成地图资源。

8.2.1 配置文件

常见的游戏配置文件格式有 JSON 和 XML。配置文件是一种规范的数据结构，既要让使用者轻松读取，又要能被计算机快速读取。我们将在"AnimarsCatcher"中使用 JSON 文件格式。

JSON（JavaScript Object Notation）是一种轻量级的数据交换格式，具有以下特点：易于阅读和编写，可以在多种语言之间进行数据交换；易于计算机解析和生成，结构规范。

JSON 的语法规则如下。

- 数据在键 / 值对中，键 / 值对可以嵌套。
- 数据由逗号分隔。
- 花括号保存对象，对象可以包含多个键 / 值对。
- 方括号保存数组，数组可以包含多个对象。

JSON 键 / 值对：键必须是字符串，值可以是字符串、数值、对象、数组、true、false 或 null。

以下是一个 JSON 文件的示例。

```
{
  "resources": [
    {
      "type": "food",
      "amount": 10
    },
    {
      "type": "mineral",
      "amount": 5
    }
  ]
}
```

Unity 提供了 JsonUtility 类来帮助解析 JSON 文件。JsonUtility 类有两个重要的方法。

（1）FromJson 方法：将 JSON 文件转换为 C# 对象。

（2）ToJson 方法：将 C# 对象序列化为 JSON 文件并存储。

这样就可以实现 JSON 文件格式与对象之间的互转。

接下来，我们编写一个 JSON 文件来存储"AnimarsCatcher"游戏中的地图和资源配置数据。

▶ 上机部分

【上机 8-2-1】
资源配置

1. 编写地图资源类

在 Scripts 文件夹下新建一个 LevelData 文件夹，并在其中创建一个名为 LevelData 的 C# 脚本。在 LevelData 类中添加 Serializable 属性，并删除 MonoBehaviour 继承关系。定义一系列 int 类型的公有字段，包括 Day、FoodNum、CrystalNum、X、Y、PickerAniCount、BlasterAniCount 和 LevelTime。

2. 编写地图信息类

在 LevelData 脚本中，定义一个 LevelInfo 类并为其添加 Serializable 属性。在 LevelInfo

类中，定义一个存储地图资源 LevelData 的列表，命名为 LevelDatas。

3. 管理 JSON 文件

在 Assets 文件夹下新建一个 StreamingAssets 文件夹，用于存储 JSON 配置文件。在 StreamingAssets 文件夹中创建一个名为 LevelInfo 的 JSON 文件。在 JSON 文件 LevelInfo 中，添加一个 LevelDatas 键作为数组的键名，并在数组中添加多个 LevelData 对象。

每个 LevelData 对象中都应包含以下键 / 值对：Day、FoodNum、CrystalNum、X、Y、PickerAniCount、BlasterAniCount 和 LevelTime。

在 Scripts 文件夹下新建一个 Const 文件夹，并在其中创建一个名为 ResPath 的 C# 类。在 ResPath 类中将命名空间调整为 AnimarsCatcher，并为该类添加 static 关键字。定义一个 public static readonly 字段 LevelInfoJson，其值为 Application.streamingAssetsPath 加上 LevelInfo 配置文件的路径。

4. 读取 JSON 文件并测试

在 Scripts 文件夹下创建一个名为 GameRoot 的脚本。在 GameRoot 脚本的 Start 函数中，使用 File.ReadAllText 方法读取 JSON 文件，并将其存储在一个字符串变量中。使用 JsonUtility.FromJson 方法将 JSON 字符串转换为 LevelInfo 对象。使用 Debug.Log 方法遍历并输出 LevelInfo 对象中的 LevelData 数据。

在 Unity 的 Hierarchy 面板中新建一个空物体，命名为 GameRoot，并为其添加 GameRoot 脚本。运行游戏，最大化 Console 窗口，确保控制台中输出的数据与 JSON 文件中的数据一致。

8.2.2 地图资源生成器

在 8.2.1 节中，我们通过 JSON 文件定义了地图资源的生成数据。接下来，我们将解析这些数据并使用它们生成游戏地图中的资源。

解析数据将使用 8.2.1 节中介绍的 JsonUtility 类来完成。为了灵活使用这些数据，我们需要开发一个游戏地图资源的生成器。通过这个生成器，我们可以传入指定的区域、资源预制体及生成的数量，并让生成器自动在指定区域内的随机位置生成资源。生成的资源不应该离得太近，以免影响玩家行走。因此，在地图资源生成器中，我们可以定义生成资源之间的最小距离。

我们将用于管理地图资源生成的类命名为 MapManager，规划功能如下。

- 生成区域参数：定义资源生成的范围。
- 生成数量：根据配置文件或默认值指定生成的数量。
- 生成资源之间的最小距离：确保资源之间保持一定的距离，避免相互重叠。
- 生成资源的 Prefab：指定需要生成的资源预制体。

▶ 上机部分

【上机 8-2-2】
地图资源生成器

1．准备资源预制体

在 fruit3 预制体的 Inspector 面板中，单击 Nav Mesh Agent 组件右侧的按钮，选择 Copy Component。选择 fruit1 和 fruit2 预制体，单击 Paste Component As New 以粘贴该组件。同样地，将 fruit3 的 PickableItem 组件复制到 fruit1 和 fruit2 预制体上。将 fruit1 和 fruit2 分别拖动到 Scene 窗口中，制作成预制体。

编辑 fruit1 预制体：将 Positions 数组的长度调整为 1，并将其中 Element 0 的 X、Y、Z 值分别调整为 0、-1、-1；将 Max Ani Count 数值调整为 1。

编辑 fruit2 预制体：将 Positions 数组的长度调整为 2。

编辑 fruit3 预制体：将 Max Ani Count 数值调整为 4。

完成编辑后，在 Hierarchy 窗口中选中这 3 个物体，在 Inspector 面板中单击 Overrides 选项栏下的 Apply All 按钮，将所有修改应用到预制体上。

在 Project 面板中找到 Crystals 文件夹，选择 crystal1 ～ crystal5 预制体，为它们添加 FragileItem 组件。

将 Prefabs 文件夹下的 Fruits 和 Crystals 文件夹移动到 Resources 文件夹下。

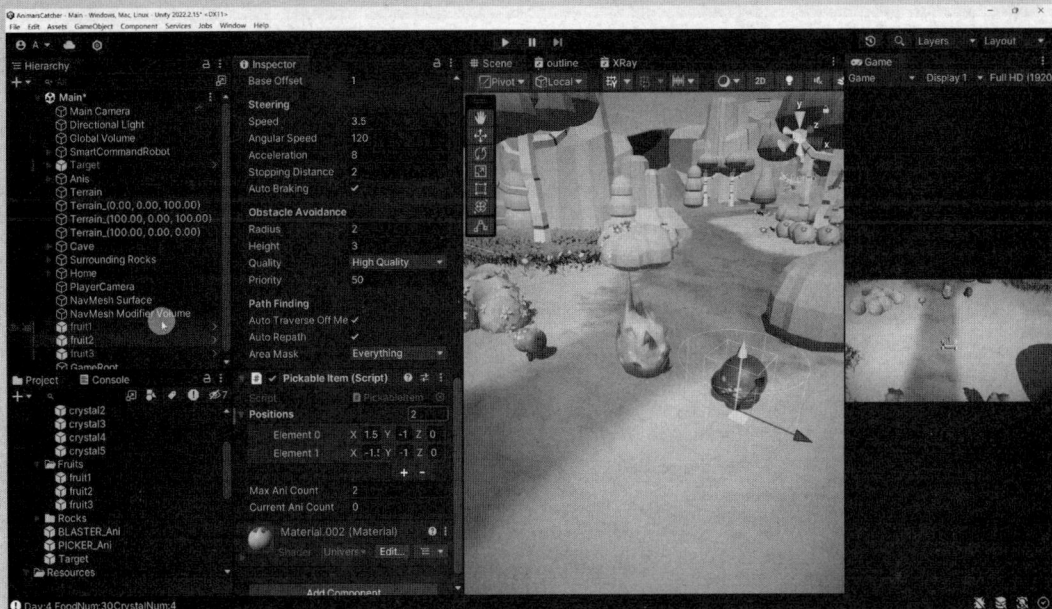

2. 整理脚本文件结构

在 Scripts 文件夹下创建一个 Items 文件夹,并将 PickableItem 和 FragileItem 脚本移动到其中。

在 Items 文件夹下创建一个名为 IResources 的接口,定义一个 ResourceCount 的 int 类型属性。

在 PickableItem 和 FragileItem 脚本中实现 IResources 接口。定义一个私有的 int 类型变量 mResourceCount,并为其添加 SerializeField 属性。定义一个公有的 int 类型属性 ResourceCount,返回 mResourceCount 的值。

3. 生成 MapManager 脚本

在 Scripts 文件夹下新建一个 Map 文件夹并创建 MapManager 脚本。

为 MapManager 实现单例模式,定义一个 MapManager 类型的静态属性 Instance。在 Awake 函数中,将 Instance 赋值为脚本自身。

定义以下控制变量。

mMapMaxHeight:用于控制资源生成的最大高度。

mRandomMaxCount:用于控制获取随机位置时的最大尝试次数。

mTerrainTag:存储代表游戏地面的物体的标签。

mParentTransform:作为生成的地图资源的父节点。

mItemList:存储生成过的资源的 Transform 列表。

mLoadTasks:存储加载任务的队列。

定义一个 LoadTask 结构体,包含以下字段:

```
string path
Vector2 mapSize
int count
float minDistance
```

编写 LoadItems 方法,将加载任务添加到 mLoadTasks 队列,并调用 StartNextLoadTask 方法。

实现 StartNextLoadTask 方法:判断 mLoadTasks 队列是否为空,若为空则返回;否则,从队列中弹出一个加载任务并清空 mItemList 列表。

使用 Resources.LoadAll 方法加载资源预制体,并转换为列表。如果没有加载到任何资源,则在控制台中报错并返回;否则,开启一个协程方法 LoadItemsCoroutine。

在 LoadItemsCoroutine 中使用 yield return null 暂停一帧。

定义 resourceCount 变量,用于记录生成的资源数量。

使用 Instantiate 方法实例化资源,并将位置赋值给实例化的物体。

实现 GetRandomPosition 方法,返回一个随机生成的位置,并确保资源之间的距离足够。使用 Physics.Raycast 方法检测位置是否适合生成资源。

4. 测试 MapManager 功能

在 GameRoot 脚本中,定义一个 mInfo 变量,接收从 JSON 中读取的信息。定义 LoadMap 方法,加载地图资源。在 Start 函数中,使用 MapManager.Instance.LoadItems 方

法加载资源。

将 GameRoot 组件中的 Day 设置为不同的值，以测试资源生成的效果。确保每一天的资源生成范围和数量都与 JSON 配置文件中的数据一致。

作 业 部 分

进一步完善 JSON 文件格式和 MapManager 地图资源生成器，实现以下效果：在配置文件中编写地图的 4 块区域各自生成资源的数量，在游戏开始运行时可以正常读取并生成。

作业资源：【作业 8-2-1-HW】游戏配置。

8.3 计时器 ————————————————————————————⊙

目前我们完成了地图资源的配置和生成，通过配置文件可以灵活修改游戏中的各种数据。地图资源的生成依赖于计时器系统的实现。在"AnimarsCatcher"中，每天都能生成不同类型和数量的资源，而游戏中的每一天对应现实中的 60 秒时间，我们需要对这 60 秒的时间进行计时。

计时器系统在各种类型的游戏中都十分常见，有了计时器系统，可以实现更多玩法。在"AnimarsCatcher"游戏中，借鉴 RPG 类游戏中的 Buff（增益）系统，采集一种特殊水果后，所有 Ani 的移动速度和搬运速度都会加快。通过计时器，还可以在每一关开始后的某个时间点随机生成一个危险矿石，如果不及时将其清理掉，在一段时间后就会爆炸。

这种计时器系统应该具备以下特点。

● 支持多个定时任务：能够同时管理多个定时任务，保证各任务间相互独立。

- 支持定时任务执行次数设定：每个定时任务可以设置具体的执行次数，也可以设置为无限执行。
- 终止某个定时任务：定时任务可以随时停止执行，不影响其他任务。

▶ 上机部分

1. TimeTask 类

在 Scripts 文件夹下创建一个名为 Timer 的文件夹，并在其中创建一个名为 Timer 的 C# 脚本。为 Timer 脚本指定适当的命名空间——AnimarsCatcher，以方便管理和使用。

创建 TimeTask 类，包含以下字段。

【上机 8-3-1】
计时器系统

- taskID：任务的唯一标识符。
- callback：任务计时结束的回调委托。
- destTime：任务预定结束的时间（UTC 秒数）。
- delay：任务的延迟时间。
- count：任务重复执行的次数。

构造函数：为 TimeTask 类添加构造函数，将上述字段作为参数传入并赋值。

2. Timer 类

Timer 类负责对整体定时任务的管理，包括任务的添加、删除和执行。它需要维护多个字段来管理定时任务状态。

（1）私有字段。

- mStartDateTime：初始时间，用于计算 UTC 秒数。
- mNowTime：当前时间的秒数。
- mTaskID：当前任务 ID。
- mTaskIDList：任务 ID 列表。
- mRecycleTaskIDList：需要回收的任务 ID 列表。
- mTempTimeTaskList：临时任务列表。
- mTaskTimeList：主任务列表。
- mTempDeleteTimeTaskList：临时删除任务 ID 列表。

（2）构造函数与重置方法。

- 构造函数：为 Timer 类定义无参构造函数，初始化或重置所有字段。
- Reset 方法：初始化或重置所有字段。

（3）任务 ID 管理。

- GetTaskID 方法：生成唯一任务 ID，确保 ID 不重复。
- RecycleTaskID 方法：回收不再使用的任务 ID。

（4）时间计算方法。

- GetUTCSeconds 方法：计算从初始时间到当前时间的秒数间隔。

（5）任务管理。

- CheckTimeTask 方法：检查并执行符合条件的任务，递减任务计数或将任务 ID 加入回收列表。
- DeleteTimeTask 方法：删除任务列表中的任务，并将任务 ID 加入回收列表。

（6）帧更新方法。

- Update 方法：在每一帧调用 CheckTimeTask 和 DeleteTimeTask 方法，同时管理任务 ID 的回收。

（7）公共方法。

- AddTask 方法：添加计时任务并返回任务 ID。
- DeleteTask 方法：通过任务 ID 删除计时任务。

3. 计时器系统测试

在主游戏逻辑中，测试 Timer 系统，以确保其功能正常。

在 GameRoot 中定义 Timer 类型变量并初始化。使用 AddTask 方法添加计时任务，并输出调试日志。在 GameRoot 的 Update 方法中调用 Timer.Update 方法。使用 DeleteTask 方法测试删除计时任务的功能。

作业部分

设计一种特殊水果资源，采集回收该水果后，全体 Ani 可以获得一个移动速度和搬运速度的增益效果。

作业资源：【作业 8-3-1-HW】特殊道具效果。

8.4　存档系统

在 8.3 节中，我们完成了计时器系统，并通过计时器系统进一步完善了游戏的主要逻辑。在本节中，我们将介绍游戏中另一个重要的系统——存档系统。对于玩家而言，存档系统使玩家在每次启动游戏时可以继续上一次的游玩进度；对于游戏开发人员而言，存档系统可便于开发人员进行游戏测试。

8.4.1　原理

存档系统实现的原理是将一些重要的游戏数据以存档文件的形式保存，在下次开始游戏时对已经写入的存档文件进行读取，从而恢复这些游戏数据。在 Unity 游戏引擎中，主要有以下两种常见的实现方法。

1. 使用 JSON 文件

第一种方法是将数据写入一个 JSON 格式的文件，可以使用之前我们在学习地图资源配置时，介绍的 JsonUtility 类。

JsonUtility 类的 ToJson 方法可以将一个 object 类型序列化为一段 JSON 字符串数据。因此，可以将游戏存档数据定义为一个 object，在关闭游戏时，通过该方法将其序列化为 JSON 文件并存储。在重启游戏后，通过读取该 JSON 文件恢复游戏数据。使用 JSON 文件进行数据存储的方式可以实现大规模的游戏数据存储。

值得注意的是，Unity 引擎提供的 JsonUtility 工具类不支持序列化字典等复杂的数据结构，为此，我们再介绍两个第三方的 JSON 工具库，其使用方法与 Unity 自带的 JsonUtility 基本相同，只不过功能更全。

比较知名的是 JSON.NET，它的功能最全，并且最适合 C# 用户使用。JSON.NET 提供了很多方便的功能，而且开源、支持跨平台操作。一般在需要序列化一些非常复杂或者非常多的数据时，使用该工具。

另一个就是 LitJson，从其名字可以看出，这是一个相对轻量级的 JSON 工具。

2. 使用 PlayerPrefs

第二种方式是使用 UnityEngine 提供的 PlayerPrefs 类。

通过 PlayerPrefs 类的 SetInt、SetFloat 和 SetString 方法，可以将一些字段及其数值记录到系统的文件路径下。

使用 PlayerPrefs 时，不需要自己手动读取文件路径，只需通过 GetInt、GetFloat 和 GetString 方法，传入之前存储的字段名称，就能自动读取到对应字段在系统中的存储值。

综上，JSON 是通用的轻量级数据交换格式，支持多种数据类型，可存储于本地或用于跨设备、系统的数据交换，读 / 写依赖解析库；PlayerPrefs 是 Unity 专有的数据存储工具，仅支持整数、浮点数和字符串三种类型，数据存储于本地且仅限当前应用访问，操作简单直接。二者相比，JSON 适用于复杂数据结构存储与数据交互场景，PlayerPrefs 则更适合保存少量玩家偏好设置和简单的本地数据。

8.4.2 实践

在"AnimarsCatcher"游戏开发中，使用第二种方法——利用 PlayerPrefs 类，将游戏的天数、各种 Ani 的数量、已经采集到的资源数量进行存储。在下一次启动游戏时，根据游戏的天数，重新在地图上生成素材和 Ani，通过这种形式可以实现一个简单的存档系统。

如果想进一步把退出游戏时地图上各个素材的位置、Ani 的位置和状态等都保留下来，那么就不适合使用 PlayerPrefs 类，而需要使用前面介绍的第一种方法——编写 JSON 的方法。

需要注意的是，在大型游戏中，存档一般都只是进行一些关键数据的存储，因此不可能做到百分之百还原，必须做出取舍。此外，游戏中往往有特定的存档点，并不是让玩家随时随地都能存档。

【上机 8-4-1】
存档、读档

1. 资源路径管理

将 PickerAni 和 BlasterAni 预制体从 Project 文件夹移动到 Resources 文件夹下，以便通过 Resource.Load 方法动态加载。

打开 ResPath 脚本，在其中添加以下路径：PickerAni 和 BlasterAni 预制体的路径；Fruits 和 Crystals 文件夹的路径。

2. GameModel 类

在 Scripts 文件夹下新建 GameModel 文件夹，并创建一个名为 GameModel 的 C# 脚本。在 GameModel 类中，定义以下公有属性：Day、PickerAniCount 和 BlasterAniCount（均为整型）。定义以下方法。

- HasSaveData：使用 PlayerPrefs 的 HasKey 方法判断是否存在存档。
- Load：从 PlayerPrefs 中加载数据。
- Save：将当前数据保存到 PlayerPrefs 中。

3. 加载和实例化 Ani

在 GameRoot 脚本中，定义以下变量。

- mGameModel（GameModel 类型）。
- mPickerAniPrefab 和 mBlasterAniPrefab（GameObject 类型）。
- mHomeTrans（Transform 类型）。
- Anis（Transform 类型，作为所有 Ani 的父节点）。

在 Awake 方法中，使用 FindWithTag 方法为 mHomeTrans 赋值；使用 Resource.Load 方法加载两个 Ani 的预制体，并赋值给对应的变量。

定义一个协程方法 SpawnAnis，用于实例化 PickerAni 和 BlasterAni。使用循环生成指定数量的 PickerAni 和 BlasterAni。为每个生成的 Ani 设置随机位置，使其围绕基地位置随机分布。

修改 LoadMap 方法，使用 ResPath 中定义的路径代替硬编码路径。将参数 day 从整型变量改为 LevelData 类型，使用 mInfo 列表中的元素赋值给一个 LevelData 变量，并传递给 LoadMap 方法。

定义 LoadLevel 方法，接收一个整型参数 day，使用控制台打印当前的 day。在该方法中调用 LoadMap 方法加载地图资源，并启动 SpawnAnis 协程实例化 Ani。

定义 LoadLevelFromSaveData 方法，使用 Debug.Log 打印当前存档数据。在该方法中调用 LoadMap 方法加载地图资源。使用 StartCoroutine 开启 SpawnAnis 协程。

定义 LoadNextLevel 方法，使 mGameModel.Day 自增并调用 LoadLevel 方法加载下一个关卡。

在 GameRoot 脚本的 Start 方法中，判断 mGameModel.HasSaveData 为 true 时，执行 mGameModel.Load 并调用 LoadLevelFromSaveData；为 false 时，将 mGameModel.Day 设

置为 1 并调用 LoadLevel 加载第一天的数据。

生成 OnApplicationQuit 方法，在退出时调用 mGameModel.Save 方法保存数据。

为了方便测试，定义一个静态的编辑器方法 ClearSaveData，调用 PlayerPrefs. DeleteAll 方法清除所有键值。为该方法添加一个 MenuItem 属性，使其在编辑器的菜单中显示。

4．测试和验证

为 GameRoot 组件的 Anis 属性赋值。删除 Hierarchy 中 Anis 下的所有 Ani，运行游戏并最大化窗口，验证生成的 Ani 数量是否与 JSON 配置文件中的一致。按空格键加载后续天数的数据，并确保它们都正确加载。

停止运行游戏再重新运行，观察控制台输出，确保读取到正确的存档数据。使用编辑器菜单栏中的 Tools → Clear Save Data 命令清除存档数据，并验证存档被成功清除。

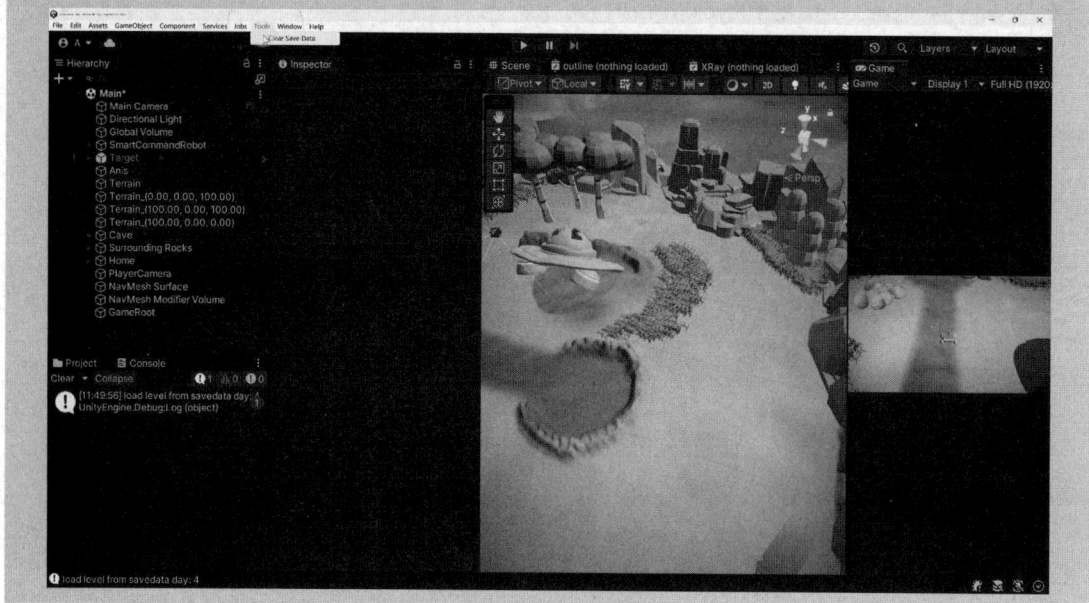

8.5 成就系统

在 8.4 节中，我们实现了游戏中的存档系统。在游戏设计中，成就系统与存档系统联系最紧密，因为成就系统一般会使用存档功能保存的一些游戏数据。

在"AnimarsCatcher"游戏中，我们设计了若干成就。

- 当玩家首次采集到食物时，解锁"首次采集到食物"成就。
- 当玩家采集到 10 个食物时，解锁"食物商贩"成就。
- 当玩家采集到 100 个食物时，解锁"食物大亨"成就。

当成就解锁后，可以在控制台输出一个日志，便于开发人员测试。

我们主要通过订阅数据变化来实现成就系统。其中的 ReactiveProperty 类是可观察的数据属性,用于简化数据变化的订阅。

上机部分

【上机 8-5-1】
成就系统

1. ReactiveProperty 类

在 Utility 文件夹下,新建一个名为 ReactiveProperty 的 C# 脚本。在 ReactiveProperty 中定义泛型 T,并添加 where 约束,使 T 必须实现 IEquatable<T> 接口。

在该类中定义如下的属性和方法。

- 定义一个类型为 T 的私有变量 mValue。
- 定义一个参数为 T 的 Action 委托 mOnValueChanged。
- 定义一个类型为 T 的公有属性 Value:get 方法返回 mValue;set 方法判断新值是否不同于 mValue,若不同则赋值给 mValue 并执行 mOnValueChanged 委托。
- 添加两个构造函数。
  - ◇ 第一个构造函数:传入 T 类型的 initialValue 和 Action<T> 类型的 onValueChanged,将其分别赋值给 mValue 和 mOnValueChanged。
  - ◇ 第二个构造函数:仅传入 onValueChanged。
- 添加 Subscribe 和 Unsubscribe 方法:Subscribe 方法用于添加回调;Unsubscribe 方法用于移除回调。

2. 修改 GameModel 类

将 Day、PickerAniCount 和 BlasterAniCount 属性从 int 更改为 ReactiveProperty<int> 类型。新增 FoodSum 属性,记录整个游戏中收集到的食物总数。

在 Load 方法中,添加 FoodSum 的读取逻辑;在 Save 方法中,添加 FoodSum 的存储逻辑。

3. AchievementSystem 类

在 Scripts 文件夹下新建一个名为 AchievementSystem 的文件夹,并创建一个同名的 C# 脚本。

为了在 AchievementSystem 中实现成就订阅,需要定义一个 Init 方法,参数为 GameModel 类型变量 gameModel。在 Init 方法中,使用 gameModel.FoodSum.Subscribe 方法为 FoodSum 添加订阅。其中,使用 lambda 表达式作为回调,通过以下的逻辑进行判断,决定当前的变动属于哪种成就:

当 Value 为 1 时,输出 First Bite of Food;

当 Value 为 10 时,输出 Dining Room Hero;

当 Value 为 100 时,输出 Overload of the Delicacies。

4. 应用成就系统

在 GameRoot 脚本中,定义一个 AchievementSystem 类型的变量 mAchievementSystem。在 Awake 方法中初始化 mAchievementSystem,并调用其 Init 方法,将 mGameModel 传入。

在 PickableItem 脚本中，使用 FindObjectOfType 方法找到场景中的 GameRoot 脚本，并获取其中的 GameModel 变量。在资源被采集时，通过 GameModel.FoodSum 累加 mResourceCount。

5. 验证成就系统

控制 PickerAni 采集一些资源，并观察控制台的输出。每当 FoodSum 的值发生变化时，都会打印 FoodSum 的值。当 FoodSum 值达到 10 之后，输出 Dining Room Hero 成就，验证成就系统的功能成功。

6. 总结

通过以上的上机操作可以看出，ReactiveProperty 类实现了一种可观察的数据属性，用于简化数据变化的订阅。而在 GameModel 类中，通过使用 ReactiveProperty 来实现游戏数据的存档和订阅。这样，通过订阅数据变化就实现了一个简单的成就系统。

作 业 部 分

自己设计一些游戏成就，并编码实现。例如，"千里之行，始于足下"成就，解锁条件：玩家移动距离超过 1000m。

此外，你还可以为成就系统设计 UI，这样就可以在游戏 UI 上显示当前成就。

作业资源：【作业 8-5-1-HW】完善成就系统。

8.6 对象池

在之前的内容中，我们分别实现了地图资源配置、计时器、存档系统和成就系统模块，这些模块的共同点是与游戏玩法直接相关。在本节中，我们介绍一个与游戏玩法相关性不大但很常见的游戏对象管理系统——对象池。

8.6.1 优化策略

在游戏的优化领域，有两种常见的优化策略：以时间换空间和以空间换时间。时间指的是计算时间，空间通常指的是设备内存。

以时间换空间的策略是通过额外增加一定的计算时间，动态生成内容，从而无须占用额外的内存；而以空间换时间的策略是预先存储一些内容，在游戏进行时直接使用这些内容。时间和空间的折中一直是游戏优化中的一个重要话题，通过对对象池系统的学习，我们可以更好地了解这个话题。

设计对象池系统的主要目标是优化游戏的运行性能。在游戏中，可能需要实时创建大量的敌方单位、视觉特效和子弹等物体，如飞机大战游戏中主角飞机所发射的子弹。在 Unity 引擎中，通常使用 Instantiate 方法生成游戏物体，并使用 Destroy 方法销毁游戏物体。然而，频繁实例化和销毁大量物体会引发系统底层垃圾回收机制（GC）的频繁操作，消耗大量 CPU 资源，从而导致游戏卡顿。

通过在游戏启动时使用对象池，预先实例化一定量的物体，可以在游戏运行过程中直接使用这些预生成的物体，并在不需要时将其回收到对象池中，从而避免游戏运行过程中频繁实例化和销毁物体带来的性能损耗。然而，这种方法的缺点是预先生成的大量物体会占用较大的内存空间。这就是空间换时间的典型案例。

8.6.2 对象池设计

对象池设计需要考虑两点。

- 管理哪些游戏物体：需要明确对象池要管理的游戏物体类型。
- 预先生成的物体数量：需要提前设置这些物体在对象池中预先生成的数量。

因为 Unity 自带的粒子系统比较消耗性能，我们就以爆破者 Ani 发射的激光特效粒子系统为例，介绍对象池系统的使用方法，以便于看到性能提升效果。在以后的游戏开发中，如果遇到性能瓶颈，可以尝试将一些影响游戏性能的物体以对象池的方式进行管理。

对象池 ObjectPool 继承自泛型接口 IObjectPool<T>，这意味着我们可以通过传入不同的类型将特定类型的游戏对象纳入对象池管理。

创建一个对象池需要在构造函数中传入以下参数。

- createFunc：实例化一个物体的方法。
- actionOnGet：从对象池中取出一个物体的方法。
- actionOnRelease：将正在使用的物体回收到对象池的方法。
- actionOnDestroy：当对象池达到最大上限时销毁物体的方法。
- collectionCheck：布尔变量，检测对象池在回收过程中是否存在相同实例。
- defaultCapacity 和 maxSize：对象池的默认容量和最大容量，一般设置为相同的值。

▶ 上机部分

【上机 8-6-1】
对象池

到目前为止，我们开发的"AnimarsCatcher"游戏版本还存在不小的优化空间。如果在 Unity 的 Hierarchy 窗口中仔细观察，会发现在游戏运行期间，BlasterAni 的激光特效实例化后不会自动销毁，导致每次射击都会增加实例化出的特效物体。如果游戏一直运行，激光特效实例将不断增加，可能导致性能问题。接下来使用对象池的方法来对这个问题进行优化。

1. PoolManager 类

在 Scripts 文件夹下新建 PoolManager 文件夹，并创建一个同名脚本。修改命名空间为 AnimarsCatcher，并继承 MonoBehaviour。定义 Instance 属性以创建单例，在 Awake 方法中初始化 Instance 属性。

通过 ObjectPool 构造函数，将下面的辅助方法作为参数传入：CreatePooledItem、OnTakeFromPool、OnReturnedToPool、OnDestroyPoolObject。传入 CollectionChecks 和 MaxPoolSize 作为池大小控制参数。

这些辅助方法的功能如下。

- CreatePooledItem：加载激光特效预制体路径并实例化激光特效对象。添加 FX_Beam 脚本到激光特效对象，并设置其 BeamPool 属性。返回实例化的对象。
- OnTakeFromPool：从对象池中取出物体时，将其显示。
- OnReturnedToPool：为对象池中返回物体时，将其隐藏。
- OnDestroyPoolObject：销毁对象池中的物体。

2. FX_Beam 类

在 Scripts 文件夹中新建 FX_Beam 脚本。在 FX_Beam 类中定义 BeamPool 成员，类型为 IObjectPool<GameObject>。

实现 FX_Beam 类中的 OnParticleCollision 成员方法，返回值类型为 IEnumerator 以支持协程。该方法使用 yield return new WaitForSeconds 暂停两秒，调用 BeamPool.Release 方法将特效物体返回池中。

3. Blaster Ani 脚本修改

在 Shoot 方法中，删除之前的实例化逻辑。使用 PoolManager.Instance.BeamPool.Get 方法获取激光特效对象。设置激光特效对象的位置和旋转，以确保从 GunTrans 位置发射。

4. 验证和测试

在 Unity 主界面中，将 PoolManager 组件添加到 GameRoot 物体上。

控制 BlasterAni 射击易碎岩石，观察 Hierarchy 面板中的激光特效物体数量。激光特效实例保持恒定数量（例如 6 个），并显示隐藏状态不断变化，证明对象池功能有效。

5. 总结

通过使用 Unity 的内置对象池 ObjectPool，解决了激光特效实例过多的问题。主要的两个类分别是 PoolManager 和 FX_Beam。

- PoolManager：实现了单例模式的对象池管理类，用于管理激光特效的实例化与回收。
- FX_Beam：激光特效的具体脚本，实现自动返回对象池的功能。

8.7 游戏物品

到目前为止，我们已经实现了大部分的游戏玩法，比如地图资源配置、计时器、存档系统等。在本节中，我们主要介绍游戏中物品系统的实现。

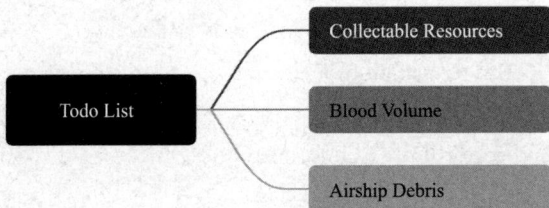

8.7.1 可采集资源

在"AnimarsCatcher"中，采集者 Ani 可以搬运地图上随机生成的水果、矿石等可采集资源。为了在"搬运"可采集资源这一玩法中加入一定的游戏性，我们做出以下设定。

1. 不同可采集资源需要不同数量的 Ani

地图上随机生成的可采集资源，根据其类型不同，需要派遣的 Ani 数量也不同。例如，有的可采集资源一个 Ani 就能搬运，有的则需要两个 Ani。

2. 配置派遣数量上、下限

对于每种可采集资源，设定一个采集者 Ani 数量的上限和下限，设计者可以自由配置。例如，对于一个可采集资源，两个 Ani 可以将其搬运，但也可以派遣更多的 Ani 去协助，最多派遣四个 Ani。派遣的 Ani 数量越多，搬运速度就越快。

3. 计算实际搬运速度

实际搬运速度由实际参与工作的 Ani 数量、最少需要派遣的 Ani 数量及基础搬运速度计算得出。

▶ 上机部分

【上机 8-7-1】
可采集资源

在 Const 文件夹下新建一个 Const 脚本，将其改为静态类。在 Const 类中定义一个 float 类型的静态公有字段 BaseCarrySpeed，默认值为 2.5f。

在 PickableItem 脚本中找到 TeamAgentMove 函数。在为 mTeamAgent 设置目标点的代码下方，为 mTeamAgent.speed 赋值：

speed = (CurrentAniCount / MaxAniCount) * 2 * Const.BaseCarrySpeed

为了让 Ani 数量达到 MaxAniCount 的一半即可开始搬运，可以在 CheckCanCarry 方法中修改 if 条件判断为：

CurrentAniCount > 0 && CurrentAniCount >= MaxAniCount / 2

在 PickerAni 的 Pick 状态脚本中找到 OnStay 方法，在方法顶部添加一个判断：当 mPickableItemTrans 为空时，将 PickerAni 的状态切换到 Follow 状态。

8.7.2 易碎矿石和可采集矿石

目前版本的"AnimarsCatcher"游戏中，每天都会在地图上生成一些资源，玩家可以控制采集者 Ani 去搬运。为了使游戏内容更丰富，我们还设计了一种易碎矿石，这种矿石可以被爆破者 Ani 摧毁。

这种易碎矿石的设计特点有两个。

1. 血量机制

易碎矿石有"血量"的概念，爆破者 Ani 的每次攻击都会使其减少一定的"血量"。

2. 生成可采集矿石

当易碎矿石的"血量"归零后，就会生成可采集的矿石资源，采集者 Ani 可以搬运这些矿石资源。

上机部分

1. 可采集矿石预制体

在 Prefabs 文件夹下新建文件夹 PickableCrystals。复制 crystal1～crystal4 的预制体并粘贴到 PickableCrystals 文件夹中。移除它们身上的 FragileItem 组件。

为它们添加 BoxCollider 组件、Nav Mesh Agent 组件。为 Nav Mesh Agent 组件设定恰当的参数，并将 Nav Mesh Agent 的 stoppingDistance 值修改为 2。

为它们添加 PickableItem 组件，将 M Resource Count 和 Max Ani Count 都调整为 1；将 Positions 的长度调整为 1，并修改 Y 和 Z 的值为 –0.5。

将这些预制体标签设置为 PickableItem。

【上机 8-7-2】
易碎矿石和
可采集矿石

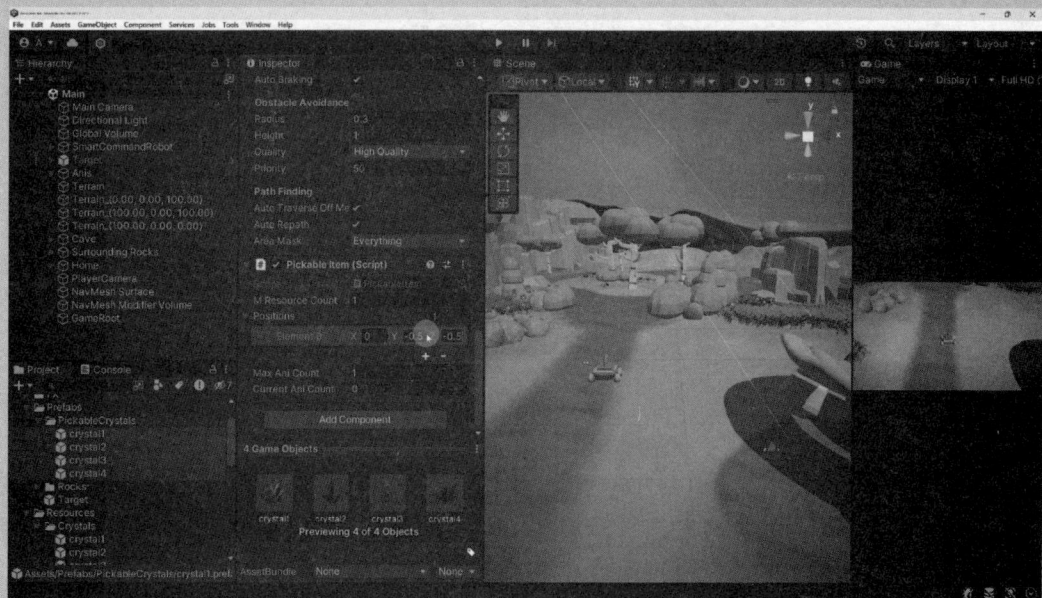

2. 易碎矿石预制体

在 Resources 文件夹下的 Crystals 文件夹中，保存的是易碎矿石预制体。将这些预制体标签修改为 FragileItem，并为它们添加 BoxCollider 组件。

在 FragileItem 脚本中添加 ReactiveProperty 类型的 HP 属性并初始化为 100。定义一个存储 GameObject 的列表 PickableCrystals。

在 Start 函数中，使用 HP.Subscribe 监听 HP 的变化。当 HP 小于或等于 0 时，从 PickableCrystals 列表中随机选择一个可采集矿石进行实例化。

3. 粒子特效处理逻辑

在 FX_Beam 脚本中定义一个 GameObject 类型变量 mHit。在 OnEnable 方法中，将 mHit 赋值为当前物体。在 OnParticleCollision 方法中，判断当前粒子碰撞对象是否与

mHit 不同以避免重复触发。当碰撞发生时，判断被碰撞对象是否为 FragileItem，并减少其 HP 值。

打开 FX_Beam 预制体，在 Particle System 组件的 Collision 选项栏中，勾选 Collides With 中的 SelectedObject 层，以避免粒子特效穿过目标。

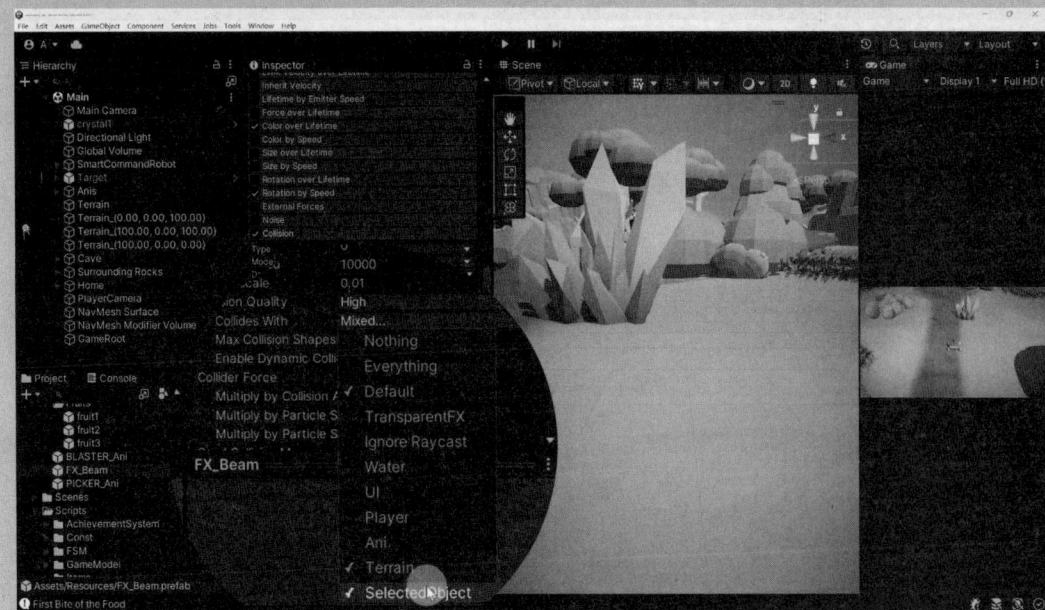

4．优化资源采集逻辑

在 PickableItem 脚本中定义一个 PickableItemType 枚举，包含两个值：Food 和 Crystal。在 TeamAgentMove 方法中，使用 switch 语句根据 ItemType 的值执行不同逻辑。

在 GameModel 脚本中，添加一个 CrystalSum 属性，以记录收集到的矿石总数；更新 Load 与 Save 方法，以保存与读取 CrystalSum 值。

在 FragileItem 类中删除 IsDestroyed 属性，并在 HasDestroyed 方法中返回一个布尔值：HP.Value<=0。

5．测试与验证

在 Unity 界面中，为易碎矿石的 FragileItem 组件的 PickableCrystals 数组加入 4 个可采集矿石预制体。

控制 BlasterAni 射击易碎矿石，并观察生成的可采集矿石。使用 PickerAni 采集生成的矿石资源。当易碎矿石被击碎时，正常应生成相应的可采集矿石。在测试时注意观察，要确保粒子特效不会穿透矿石预制体。

作 业 部 分

当前易碎矿石被摧毁后，会随机从多种可采集矿石中选择一种来生成一个可采集矿石。请你调整游戏物品的属性，可采集矿石生成的数量由 ResourceCount 属性决定。例如，场景中的巨大岩石被摧毁后，生成更多数量的可采集矿石。当然，巨大岩石也会具有更高的血量。

作业资源：【作业 8-7-1-HW】游戏物品属性。

8.7.3 飞船碎片

根据游戏玩法的设定，玩家需要不断收集修复飞船的线索，集齐后就能离开星球。我们设计飞船的零件碎片共有 9 个，散落在星球的各处。在游戏的每一天开始时，有一定概率出现其中一个碎片。碎片在一天的第 30 秒出现，玩家需要迅速派遣 Ani 前往指定位置采集。

上机部分

1. 飞船碎片预制体

在 Project 面板中，右击 Art 文件夹选择 Import Package（第 8 章 \ 上机 8-7-3 素材），导入飞船碎片素材。

在 Hierarchy 面板中，新建一个空物体命名为 BluePrints，并将其 Transform 组件重置。将导入的 9 个名为 blueprint 的飞船碎片模型放置在 BluePrints 下，右击选择 Unpack Prefab 使其与预制体解绑。将 9 个飞船碎片在场景中自由摆放。

【上机 8-7-3】
飞船碎片

为所有飞船碎片添加 BoxCollider 组件并勾选 Is Trigger 属性，设置标签为 Blueprint。

2. 游戏模型与成就系统调整

在 GameModel 脚本中，新增 BlueprintCount 属性，并在 Save 与 Load 方法中分别读取和保存数据。

在 Items 文件夹中新建控制飞船碎片的 Blueprint 脚本，实现 OnTriggerEnter 方法。检测到 Player 触碰时，通过 GameModel 使 BlueprintCount 的值自增并销毁自身。

在 GameRoot 脚本中，订阅飞船碎片数量 BlueprintCount 的变化。当 BlueprintCount 达到目标值时，在控制台中输出 Mission Complete 表示游戏结束。在游戏每个关卡开始的 30 秒后使用随机数决定是否调用 GetOneBlueprint 方法生成飞船碎片。GetOneBlueprint 方法可以随机选取飞船碎片 Blueprints 的一个子物体并激活它。

作业部分

请你进一步优化飞船碎片搜集过程。当飞船碎片很难被玩家观察到时，为其设置一个自动旋转的动画，并添加双面渲染和自发光材质。通过这种比较显眼的渲染和动画效果，引导玩家进行物品搜集。

作业资源：【作业 8-7-2-HW】游戏引导。

8.8 总结

本章介绍了 "AnimarsCatcher" 游戏的核心逻辑和关键功能模块的实现。我们设计并实现了一种动态地图资源生成系统，能够根据游戏的进行不断地在地图上产生新的资源点；引入了计时器系统来管理游戏内的时间和事件，如资源的再生和特定游戏事件的触发；开发了存档系统，允许玩家保存和恢复游戏进度，提供了玩家期待的游戏连续性和方便性；通过成就系统，我们为玩家设置了一系列目标，激励玩家探索和利用游戏中的各种功能，增加了游戏的挑战性和回玩价值；实施了对象池技术以优化性能，通过预先加载和复用游戏对象，减少了运行时的加载和延迟，使游戏运行更加流畅；最后，通过游戏物品的设计，引导玩家按照我们设计的模式体验游戏。

完成本章的学习和上机实践后，你不仅能够开发出一个基础版的游戏，还能根据本章介绍的方法与技术，扩展和增强游戏的各种玩法。希望你参考本章布置的作业，开发游戏更多的功能，扩展游戏的玩法。

第 9 章

Chapter 9

用户界面

【视频 9-1】
第 9 章 demo 效果

　　本章将探讨"AnimarsCatcher"游戏的用户界面设计与实现。首先，将从整体布局出发，详细介绍主界面、菜单界面及世界 UI 的设计和制作方法。其次，本章将探索如何使用 Unity 的 UGUI 系统和相关控件，创建动态响应的交互界面。最后，通过 UI 的视觉效果设计，并使用 DoTween 实现 UI 动画效果的优化。本章旨在帮助读者掌握构建直观、美观且高效的用户界面的技能，提升玩家的游戏体验。

9.1 界面设计

9.1.1 游戏界面规划

　　在开始用户界面制作前，我们需要对"AnimarsCatcher"游戏界面进行整体的初步设计。根据游戏里面的功能设想，"AnimarsCatcher"游戏需要以下界面：主界面、菜单界面和世界 UI 界面。

　　主界面为玩家主要游玩的显示界面。在这里，玩家将与游戏世界交互，并掌握一些当前世界的信息。因此，在世界信息方面，需要提供时间、小地图和当前控制的 Ani 数量等信息的显示。这些信息分别被分配在了界面的不同角落。

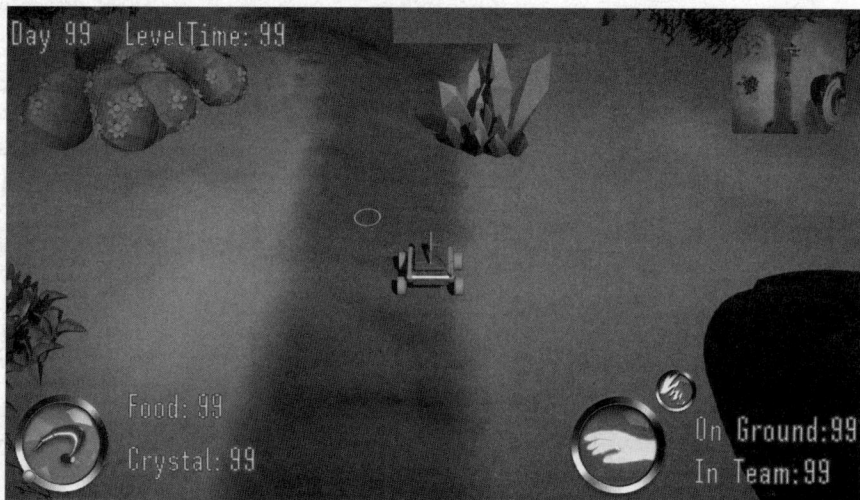

我们在主界面设计了呼出菜单功能。呼出的菜单应当有返回游戏和退出游戏的功能。在这里使用到的控件包括按钮（Button）、文本（Text）、原始图像（Raw Image）、图像（Image）。

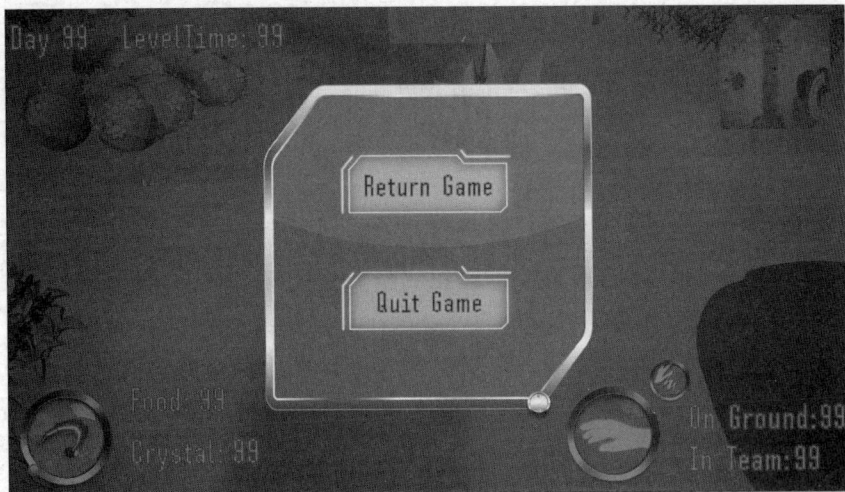

世界 UI（World Space UI）包括在物体上的漂浮 UI，如血条和相关信息显示等。

9.1.2 界面开发系统

游戏界面设计完成之后，我们可以采用界面控件在游戏中制作这些界面元素。在使用控件制作这些界面元素之前，先分析一下 Unity 支持的 UI 界面开发系统。Unity 提供了多种 UI 系统来满足不同的开发需求，主要包括以下 3 种。

1. Unity UI

Unity UI（UGUI）是 Unity 中常用的 UI 系统，用于创建游戏和应用程序的用户界面。它是基于 GameObject 的系统，通过组件与游戏视图来布局和设置用户界面。

UGUI 支持丰富的 UI 组件（如按钮、文本、图像等），易于与 Unity 的其他系统集成，适用于游戏运行时的 UI 开发，如主菜单、HUD（Heads-Up Display）、对话框等。

2．IMGUI

IMGUI（Immediate Mode GUI）是 Unity 的即时模式 GUI 系统，主要用于开发 Unity 编辑器的自定义界面。

它是基于代码的即时绘制模式，每次更新界面时重新绘制所有 UI 元素，适合快速开发和调试工具。IMGUI 主要用于扩展 Unity 编辑器功能，如自定义检查器、编辑器窗口和工具栏等，不推荐用于游戏运行时的 UI 开发。

3．UI Toolkit

UI Toolkit 是 Unity 最新的 UI 系统，旨在成为下一代 UI 开发工具。它支持灵活的样式和布局系统，使用 XML 和 USS（Unity Style Sheets）进行界面定义与样式设置，具备较高的性能和扩展性，既适用于 Unity 编辑器 UI 开发，也逐步支持游戏运行时的 UI 开发。

选择哪一种 UI 系统取决于具体的应用场景和需求。在"AnimarsCatcher"游戏开发中，我们选择了 UGUI 系统，因为它在游戏运行时提供了丰富的功能和灵活性。

UGUI 控件分为可视组件（Visual Component）和交互组件（Interaction Component）。由于创建这些控件时，Unity 会自动创建一个画布（Canvas），因此这里先介绍画布的使用方法。

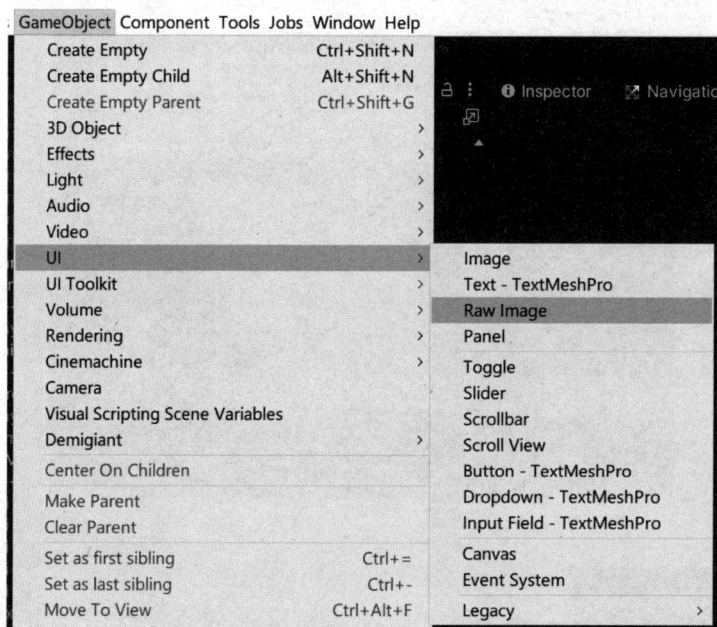

9.2　画布

画布（Canvas）组件表示进行 UI 布局和渲染的抽象空间。所有 UI 元素都必须是附加了画布组件的游戏对象的子对象。从菜单（GameObject → Create UI）创建 UI 元素对象时，如果场景中没有画布对象，则会自动创建该对象。

Canvas 的区域在场景视图中显示为一个矩形，使得定位 UI 元素变得容易。Canvas 使用 EventSystem 对象来处理消息系统。

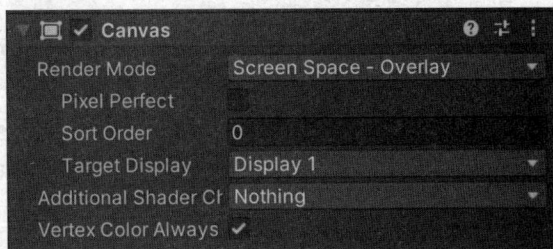

接下来，介绍一下对画布组件影响较大的两个参数。

9.2.1 绘制顺序

Canvas 中的 UI 元素按照它们在 Hierarchy 中出现的顺序绘制。首先绘制第一个子节点，其次绘制第二个子节点，依次类推。如果两个 UI 元素重叠，则后面的元素将出现在前面的元素之上。

我们也可以通过从脚本中调用变换（Transform）组件上的以下方法来控制 UI 元素的绘制顺序：SetAsFirstSibling 表示将当前 UI 元素设为第一个子节点，SetAsLastSibling 表示设为最后一个子节点，SetSiblingIndex 表示可以设置子节点的序号。

9.2.2 渲染模式

所有 UI 元素使用一个画布就足够了，但场景中可以有多个画布。此外，为了实现优化目的，还可以使用嵌套的画布，使一个画布作为另一个画布的子项。嵌套的画布使用与其父项相同的渲染模式。渲染模式有以下三种类型。

【视频 9-2-1】
UI 元素绘制顺序

1．屏幕空间–覆盖模式（Screen Space-Overlay）

在屏幕空间–覆盖模式下，UI 元素直接绘制在屏幕上，而不考虑场景中的 3D 对象或摄像机的视图。在 Screen Space-Overlay 模式下，UI 元素的渲染是独立于摄像机的。这意味着 UI 总是渲染在所有 3D 对象的前面，不会被场景中的任何对象遮挡。UI 元素按照其在 Canvas 中的顺序进行渲染，顺序越靠前的元素越早绘制，顺序靠后的元素会覆盖在上层。

当将 Canvas 的 Render Mode 设置为 Screen Space-Overlay 时，Canvas 会自动覆盖整个屏幕，并且 UI 元素的坐标系统与屏幕分辨率直接关联。画布会进行缩放来适应屏幕，然后直接渲染而不参考场景或摄像机（即使场景中根本没有摄像机，也会渲染 UI）。如果更改屏幕的大小或分辨率，UI 会自动重新缩放进行适应。

由于不需要进行 3D 空间计算，也不依赖于摄像机，因此这种模式下的性能往往是最高的。此模式适合用于简单且不需要与 3D 场景交互的 UI，如静态菜单、得分显示等。

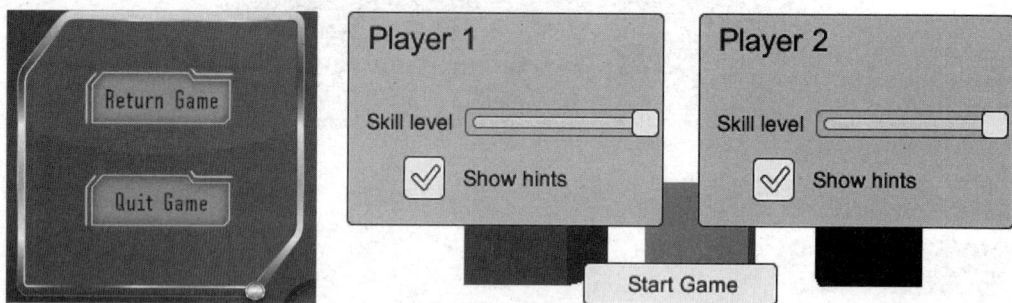

2. 屏幕空间–相机模式（Screen Space-Camera）

屏幕空间–相机模式是另一种用于渲染 UI 元素的屏幕空间渲染模式，它与摄像机视图紧密关联。与 Screen Space-Overlay 模式相比，Screen Space-Camera 模式提供了更大的灵活性，允许 UI 元素与场景中的 3D 对象进行更复杂的交互。

在 Screen Space-Camera 模式下，UI 元素是作为场景中的一个"屏幕空间"层次进行渲染的。它们根据距离摄像机的远近来确定显示顺序。UI 元素会与场景中的 3D 对象一起被摄像机渲染，因此可以实现 3D 物体遮挡 UI 或 UI 元素与 3D 对象重叠的效果。

当将 Canvas 的 Render Mode 设置为 Screen Space-Camera 时，Canvas 需要绑定到一个指定的摄像机上。UI 元素的坐标系统将基于这个摄像机的视角和投影来计算，如果摄像机被设置为 Perspective（透视），UI 元素将以透视的方式渲染。UI 的位置和缩放将受到摄像机视角的影响，因此当摄像机移动或旋转时，UI 也会相应地移动或缩放。

由于 Screen Space-Camera 模式需要依赖摄像机进行渲染计算，因此性能开销相对较大，尤其是当场景中的 3D 对象较多时。但它提供了更灵活的 UI 表现能力，适合用于需要与 3D 场景交互的复杂 UI。同时，适用于那些需要与 3D 场景交互或在场景中具有特定位置的 UI 元素，例如，游戏中的目标指示器、动态信息提示框，或需要受摄像机影响的 HUD。在"AnimarsCatcher"游戏中不会用到这个模式。

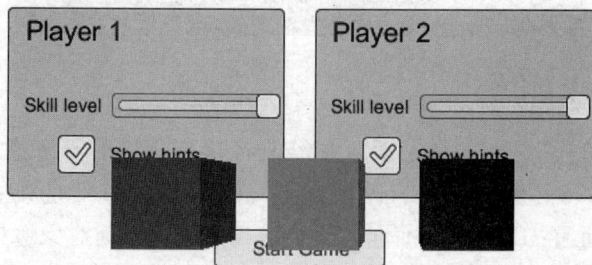

3. 世界空间模式（World Space）

世界空间模式是第三种用于渲染 UI 元素的方式。与 Screen Space-Overlay 和 Screen Space-Camera 模式不同，World Space 模式下的 UI 元素是直接置于 3D 世界中的，UI 元素被视为普通的 3D 对象，完全依赖于场景的摄像机进行渲染，它们与场景中的其他物体共享相同的坐标系和渲染管线。这意味着它们与场景中的其他 3D 对象完全一致地渲染和交互。UI 元素可以被其他 3D 对象遮挡、影响光照、投影阴影，并与场景中的物体进行物理交互。

World Space 模式的性能开销取决于场景的复杂度和 UI 元素的数量。由于 UI 被视为 3D 对象，因此它们会受到场景中所有与 3D 渲染相关的计算的影响，包括光照、阴影和物理交互等。

World Space 模式非常适合需要将 UI 无缝整合到 3D 场景中的应用场景，也称为"叙事界面"。此模式常用于创建 3D 世界中的交互式 UI，例如，虚拟现实（VR）界面、增强现实（AR）应用中的 UI，或者在 3D 游戏中贴在场景物体上的 UI 元素（如血条、提示牌）。

在"AnimarsCatcher"游戏中，世界空间 UI 用于显示游戏世界中的物体（如矿石、蔬果等）的状态，可以使用这种 UI 元素悬浮在物体的上空，玩家在游戏世界游玩的过程中就可以看到它们。

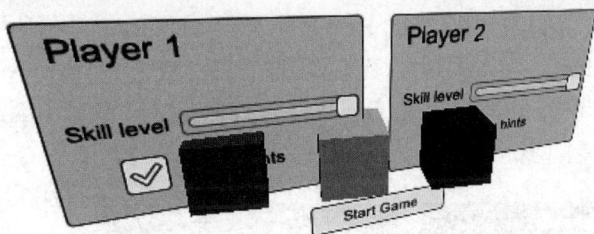

9.3 控件

9.3.1 可视组件

UGUI 控件分为可视组件（Visual Component）和交互组件（Interaction Component）。可视组件指那些不能交互的控件，交互组件指那些可以交互的控件。可视组件不可与玩家进行交互，若要进行交互，需要与交互组件组合使用。下面介绍可视组件中常用的 3 种组件：文本（Text）、图像（Image）、原始图像（Raw Image）。

1. 文本

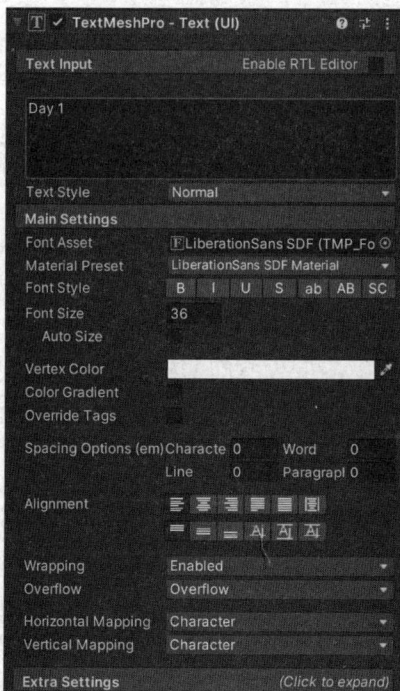

文本组件也称为标签（Label），有一个文本区域用于输入要显示的文本。可以设置字体、字体样式、字体大小，以及文本是否支持富文本功能。一些选项可以控制文本的对齐方式、水平和垂直溢出的设置（控制文本大于矩形的宽度或高度时会发生什么情况），还有一个使文本调整大小来适应可用空间的 Best Fit 选项。

在"AnimarsCatcher"游戏中，文本组件用于显示天数、Ani 的信息等。由于"AnimarsCatcher"游戏中的 UI 应当动态显示当前控制的 Ani 数量，因此需要使用脚本将 UI 中的文字与 Ani 的数量同步起来。

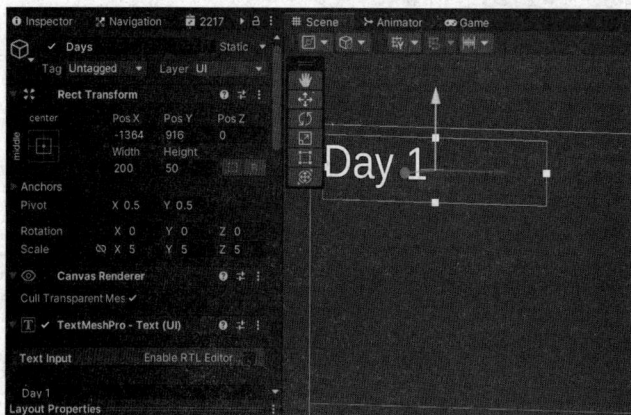

上机部分

1. UI 基本布局

在 Assets 文件夹下右击，选择 Import Package 导入 UI 和 Fonts 资源（第9章\上机9-3-1 素材）。将 Fonts 文件夹移动到 Art 文件夹下，以保持文件结构清晰。

在 Hierarchy 面板中新建 Canvas 物体，Unity 会自动生成 EventSystem。在 Canvas 下创建 Image 物体作为 RobotIcon，将 UI 文件夹中的 Robot 图像设置到 Image 组件中。复制 RobotIcon 并创建 PickerAniIcon 和 BlasterAniIcon，对应不同的图标，并放置在合适位置。

在 Canvas 下新建 Text 物体，首次创建时会弹出 TMP Importer 窗口，单击 Import TMP Essentials 按钮。使用组合键 Ctrl+D 复制并创建 Food、Crystal、InTeamAni、OnGroundAni 等文本组件。调整每个文本的位置、大小和样式，确保在 Canvas 范围内显示。

将 Fonts 文件夹中的 PixelFont_Regular 字体应用于所有 TextMeshPro 组件。重新调整文本组件的相对位置和大小，以适配新字体。

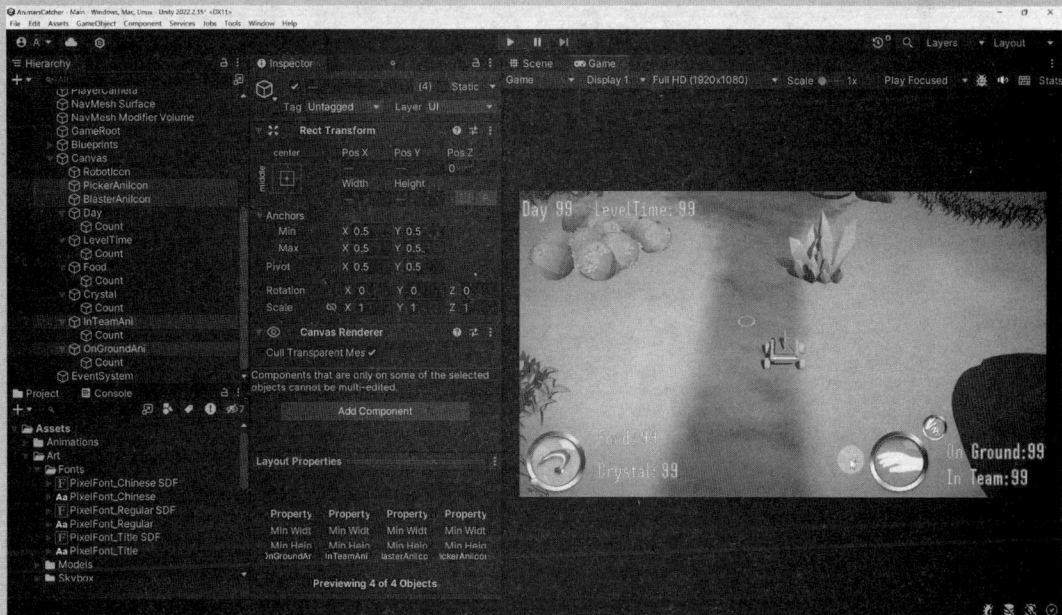

2. 游戏数据与 UI 绑定

在 GameModel 脚本中，新增 InTeamPickerAniCount 和 InTeamBlasterAniCount，使用 ReactiveProperty 记录玩家控制的 Ani 数量。

在 Scripts 文件夹中新建 UI 文件夹，并在其中创建 UIManager 脚本。实现单例模式，并定义一个 Init 函数来初始化 UI 绑定。定义所有需要绑定的 TextMeshProUGUI 组件。在 UIManager 的 Init 方法中，将传入的 GameModel 对象赋值给本地变量 mGameModel。为各个文本组件赋初始值，包括 Day、FoodSum、CrystalSum 等。

在 UIManager 脚本的 Start 函数中，使用 Subscribe 方法监听 ReactiveProperty 的变化，并实时更新对应的 UI 文本。例如，在 GameModel.Day 订阅中，将 Text_Day 的 text 属性设置为新的 Day 值。计算未被玩家控制的 Ani 数量，OnGroundAniCount = PickerAniCount - InTeamPickerAniCount。动态订阅 InTeamPickerAniCount 和 PickerAniCount 以更新 UI。

在 GameRoot 脚本的 Start 方法中调用 UIManager.Instance.Init，并将 GameModel 对象传入。定义 ReactiveProperty 类型的 mLevelTime，用于倒计时，并将其传入 Init 方法。在 StartTimer 函数中，将 seconds 赋值给 mLevelTime.Value。在 UIManager 脚本中，订阅 mLevelTime 的变化，更新倒计时的 UI。

在 Player 脚本的 GetControlAnis 方法中，当控制 Picker Ani 和 Blaster Ani 时，更新 GameModel 中的 InTeamPickerAniCount 和 InTeamBlasterAniCount。

3. 测试与验证

在 GameRoot 物体上添加 UIManager 组件并为各个 UI 文本属性赋值。控制 PickerAni 和 BlasterAni 的入队与出队，测试右下角文本的变化。收集食物与矿石，确保其数量能正确显示在 UI 文本中。检查，确保倒计时与关卡数在加载下一天后能正确更新。

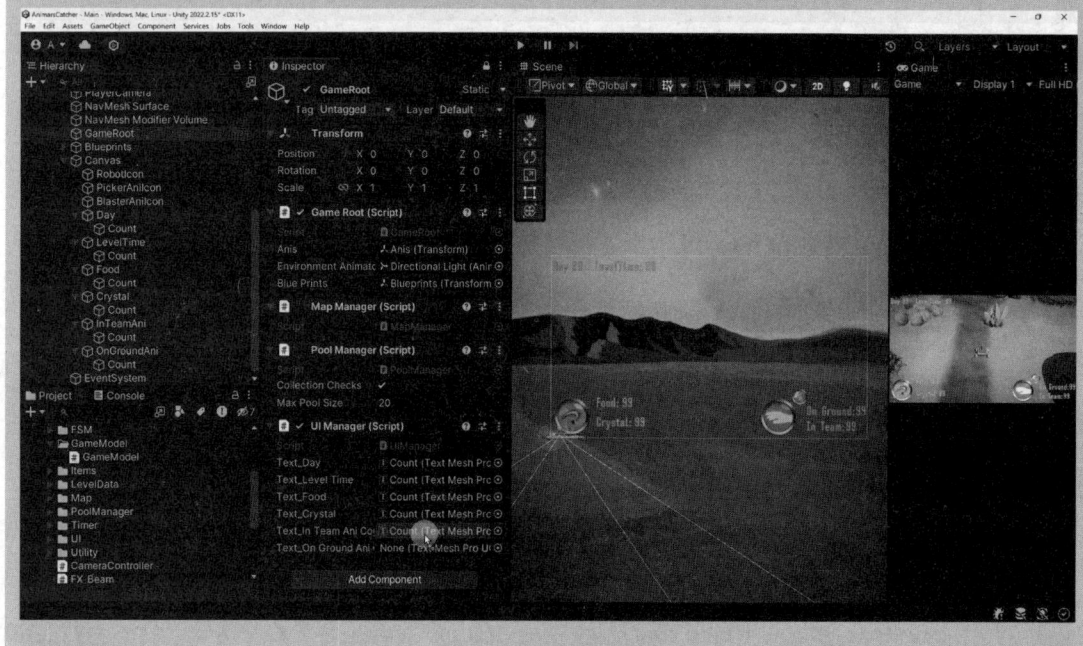

作业部分

将收集到的飞船碎片数量也同步显示在 UI 上。

作业资源：【作业 9-3-1-HW】完善 UI 显示信息。

2. 图像

图像（Image）是用户界面开发中最常用的组件之一，通常用于显示 UI 元素，如按钮、图标、背景或其他装饰性元素。Image 组件可以显示纹理（Texture）、精灵（Sprite）或渲染纹理（Render Texture）。Source Image 属性用于指定要显示的图像源。

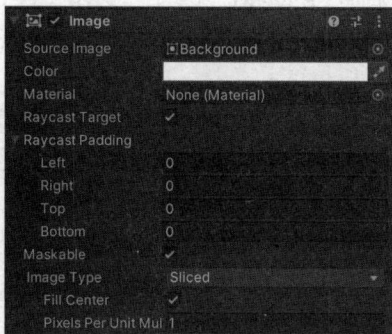

Image 组件的 Image Type 属性决定了图像的显示方式，可选择以下几种类型。

- Simple（简单）：显示整个精灵或纹理，无缩放或裁剪。
- Sliced（切片）：使用 3×3 精灵分区，用于缩放但保持边缘不失真。
- Tiled（平铺）：将精灵平铺以填充整个区域。
- Filled（填充）：以扇形、水平、垂直等方式填充图像，用于显示进度条等。

当选择 Simple 或 Filled 显示时，可以单击 Set Native Size 按钮，将图像重置为原始精灵大小。

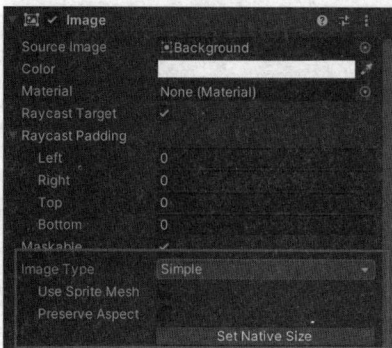

在 Image 组件中，可以使用 Color 属性改变图像的颜色、透明度或应用其他视觉效果；Material 属性允许自定义渲染材质；Raycast Target 属性用于决定图像是否接收单击等交互事件；Preserve Aspect 属性用于保持图像的宽高比，确保图像按设计的比例显示。

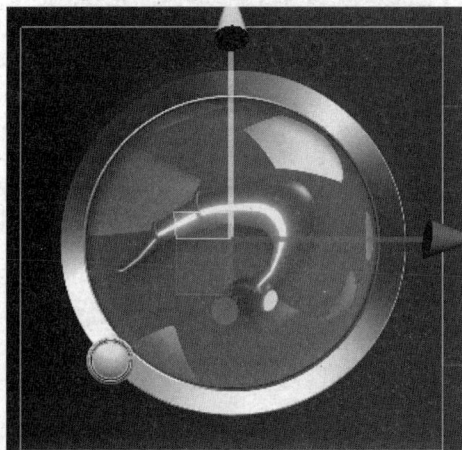

接下来的实践部分，我们将使用 UI 的 Image 组件来制作 "AnimarsCatcher" 游戏中的血条。

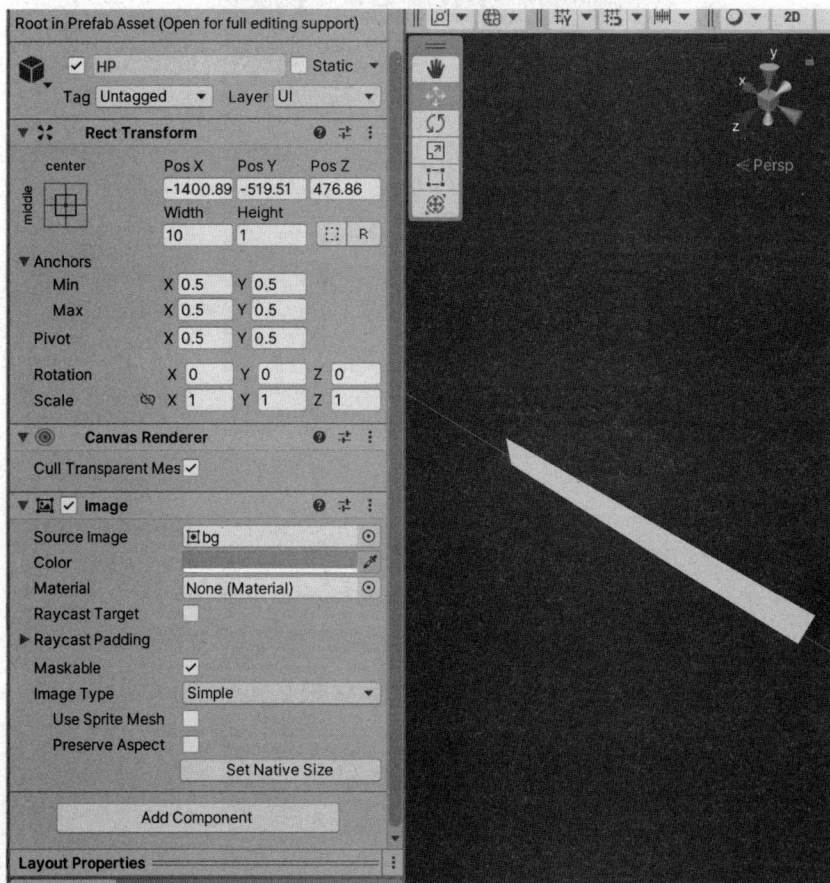

1. 编辑预制体

在 Resources/Crystals 文件夹中，双击 crystal1 预制体进入编辑模式。在预制体中创建一个 Image，并作为 Canvas 的子物体，将其渲染模式改为 World Space。使用 Copy World Transform 和 Paste World Transform 功能，将 Image 物体定位到 crystal1 上方。缩放 Canvas 与 Image，使其与 crystal1 的大小相适应。

将 Canvas 命名为 HPCanvas，将 Image 命名为 HPBarBg 并设置灰色背景。复制 HPBarBg，命名为 HPBar，作为血条，并设置浅蓝色填充。将 HPBar 的 Image Type 设为 Filled，Fill Method 设为 Horizontal。导入 HPBarBg 图像（第 9 章\上机 9-3-2 素材）作为背景图，使其更美观。

将 HPCanvas 预制化为一个可复用的 UI 组件，并为 crystal1 预制体添加血条 UI。将 HPCanvas 拖动到其他易碎矿石与岩石预制体中，调整位置与比例以适配不同的物体。

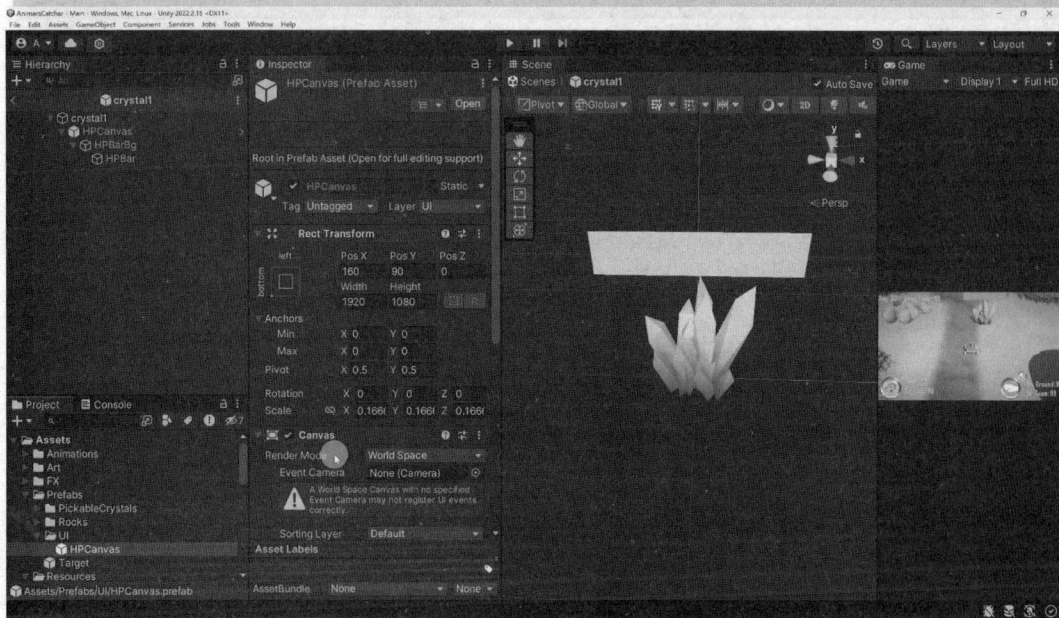

2. 绑定血条 UI 与血量数据

在 Scripts/UI 文件夹下，新建 HPBar 脚本。定义 ReactiveProperty<int> 类型的 mHP 变量，用于记录当前血量。在 Awake 方法中获取 HPBar 组件，并通过 Init 方法进行初始化。在 OnHPChanged 方法中，通过 fillAmount 属性动态调整血条长度。

在 FragileItem 脚本中，找到血条 UI 并将其与当前血量绑定。调用 HPBar 组件的 Init 方法，将 HP 作为参数传入。当矿石的血量减少时，通过 ReactiveProperty 机制实时更新血条显示。

在 HPBar 物体上添加 HPBar 脚本，并设置血量上限。在 FragileRock 的预制体编辑界面，将 HPBar 脚本与血量绑定。

3．测试效果

运行游戏，控制 BLASTER Ani 射击矿石，观察血条的动态变化。当矿石血量归零时，血条 UI 正确显示并消失。测试其他易碎矿石与岩石，确保所有血条都能正常显示与更新。

作 业 部 分

制作水果上悬浮的数字 UI，显示当前搬运该水果的角色数量 / 所需最大角色数量。

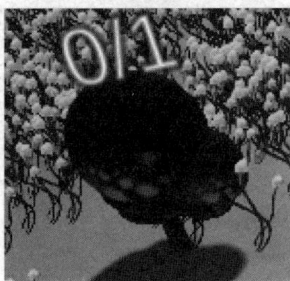

作业资源：【作业 9-3-2-HW】物品提示 UI。

3．原始图像

原始图像（Raw Image）是 Unity UI 中显示纹理的另一种图像组件，与 Image 不同，它直接使用纹理（Texture）而非精灵（Sprite）。这使得 Raw Image 更灵活，因为它可以显示任何类型的纹理，包括从网络加载的图片或自定义渲染纹理。Raw Image 常用于需要直接渲

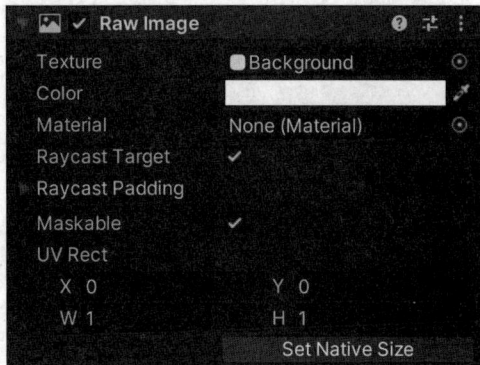

染纹理的场景。原始图像有以下 3 个典型的应用场景。

（1）视频播放器：在 Raw Image 中播放视频，通过 VideoPlayer 组件将视频纹理传递给 Raw Image。

（2）网络图片：从网络加载图片并显示在 Raw Image 中，无须转换为精灵。

（3）实时相机视图：使用 Render Texture 捕获相机视图，并在 Raw Image 中显示实时画面。

接下来介绍的在"AnimarsCatcher"游戏中制作游戏小地图效果，就是第三个典型应用场景。其实现原理是将摄像机 A（一般是顶视图）所看到的画面绘制在一张贴图 B（Render Texture 类型）上，在 UI 的 Canvas 上创建一个原始图像，并将贴图 B 贴在 Raw Image 组件上。

▶ 上机部分

1．设置小地图摄像机

在 Project 面板的 UI 文件夹下，通过右键创建一个 Render Texture，重命名为 Minimap_RT。

在 SmartCommandRobot 物体下，创建一个新的 Camera 并重命名为 MinimapCamera。将 Camera 组件的 Output Texture 属性设置为 Minimap_RT。调整 MinimapCamera 的高度，并将 Rotation 属性的 X 值设置为 90，使其俯视智能指挥机器人。设置 Camera 组件的 Field of

【上机 9-3-3】
制作小地图

View 为 80，调整高度为 24，确保拍摄到适当范围。选中 MinimapCamera，勾选 Camera 组件中的 Post Processing 属性，来启用后处理效果。

2. 创建小地图 UI

在 Canvas 下新建一个 Image 对象，命名为 MinimapPanel。在 MinimapPanel 的 Image 组件中，将 Source Image 设置为 Bg，添加 Mask 遮罩组件，并取消勾选 Raycast Target。

在 MinimapPanel 下新建一个 Raw Image 对象，命名为 Minimap。设置 Minimap 的 Raw Image 组件的 Texture 属性为 Minimap_RT，取消勾选 Raycast Target。调整 MinimapPanel 和 Minimap 的位置与缩放，确保 Minimap 的边界与 MinimapPanel 重合。

3. 固定 Minimap 摄像机的视角

在 Scripts 文件夹下，新建 FollowPlayer 脚本，实现摄像机跟随智能指挥机器人移动的逻辑。

将 MinimapCamera 从 SmartCommandRobot 物体下拖出，使其成为独立的物体。在 MinimapCamera 上添加 FollowPlayer 组件。这样可以让小地图显示的拍摄画面随智能指挥机器人移动，但保持俯视视角稳定、不旋转。

作业部分

在小地图上加入能显示飞船碎片方位的功能。

作业资源：【作业 9-3-3-HW】完善小地图信息。

9.3.2 交互组件

前面介绍的 UI 组件只能用于显示，无法进行交互。游戏中更多的是可以交互的 UI 组件。但交互组件本身是不可见的，必须与一个或多个可视组件组合才能正确工作。

1. 交互组件的种类

交互组件包括以下这些类型。

按钮（Button）：

开关（Toggle）：

Toggle

滑动条（Slider）：

滚动条（Scrollbar）：

下拉选单（Dropdown）：

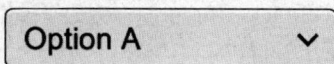

输入字段（Input Field）：

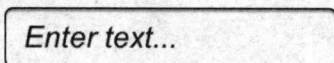

滚动矩形 / 滚动视图（Scroll Rect/Scroll View）：

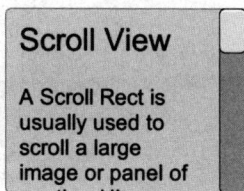

2. 交互组件的共同点

大多数交互组件都有以下共同点。

- 状态之间的过渡：这些组件均是可选择的，且具有共享的内置功能，可用于对状态（正常、突出显示、按下、禁用）之间的过渡进行可视化控制，也可用于通过键盘或控制器导航到其他可选择的组件。
- UnityEvent 事件：交互组件至少有一个 UnityEvent 事件，当用户以特定方式与组件交互时将调用该事件。UI 系统会捕获并记录从附加到 UnityEvent 的代码中传出的任何异常。

3. 按钮

在 Unity 中，按钮（Button）是用于创建交互式按钮的 UI 组件。Button 组件结合 Unity 的事件系统，可以响应用户的单击操作并触发相应的功能。在"AnimarsCatcher"游戏中，只使用了按钮（Button）这个交互组件，因此这里将重点介绍按钮组件，其他组件的使用流程大同小异，读者可自己上机尝试。

下面，我们来实现"AnimarsCatcher"游戏中的呼出菜单按钮。在游戏的左下角，有一个呼出菜单按钮。

当玩家单击此按钮后，就出现了游戏菜单，可以对游戏参数进行设定。目前只在这个呼出的游戏菜单中设计了两个功能，用来进行测试，其他更多的功能，读者可以自行设计。

![上机部分]

1. 将图标转换为按钮

选中 Canvas 下的 RobotIcon 物体，在 Inspector 中单击 Add Component 按钮，为其添加一个 Button 组件。这样，就将游戏界面左下角的图标转化为呼出菜单按钮。

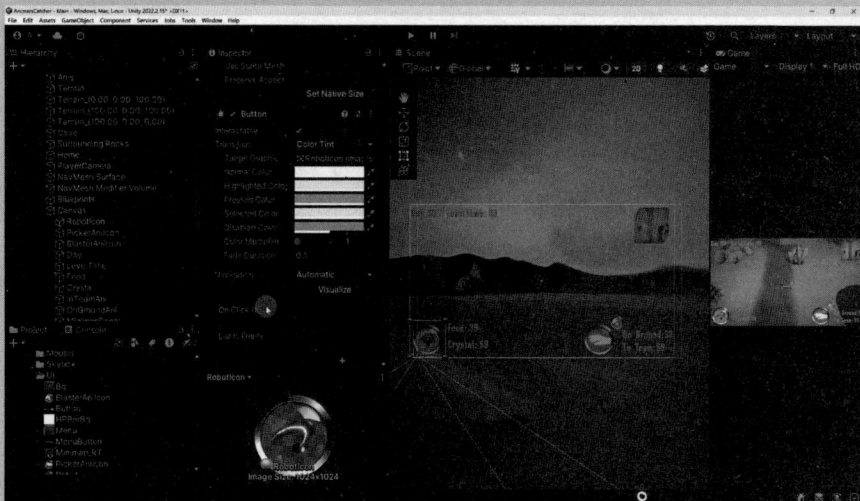

【上机 9-3-4】
应用按钮组件

2. 创建菜单界面

在 Canvas 下新建一个 Image 物体，并命名为 MenuPanel，作为蒙版背景。调整其边界，使其与 Canvas 画布重合。在 MenuPanel 的 Image 组件中选择偏黑色，将透明度调低，保持勾选 Raycast Target。

在 MenuPanel 下新建一个 Image 物体，并命名为 MenuBG，作为菜单背景。在 UI 文件夹中选择 Menu 图片，拖入 MenuBG 的 Source Image 属性中。单击 Set Native Size 按钮，调整 MenuBG 的大小和位置，使其处于 UI 中央。

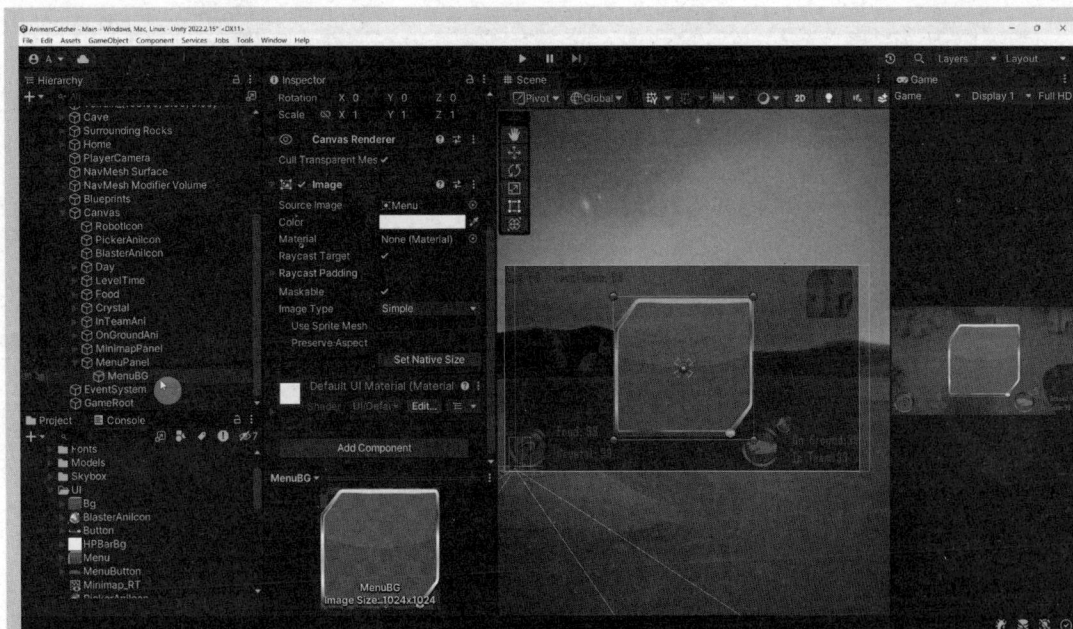

3. 添加返回游戏和退出游戏按钮

在 MenuBG 下新建一个 Button 物体，命名为 ReturnGameBtn。使用 MenuButton 图片作为按钮的 Source Image，并单击 Set Native Size 按钮。设置按钮文本为 Return Game，字体为 PixelFont_Regular，大小为 70。

复制 ReturnGameBtn，重命名为 QuitGameBtn，将按钮文本更改为 Quit Game。调整 QuitGameBtn 的位置，使其位于 MenuBG 下半部分。

在 Hierarchy 窗口中取消 MenuPanel 的 Active 状态，使其默认情况下隐藏起来。

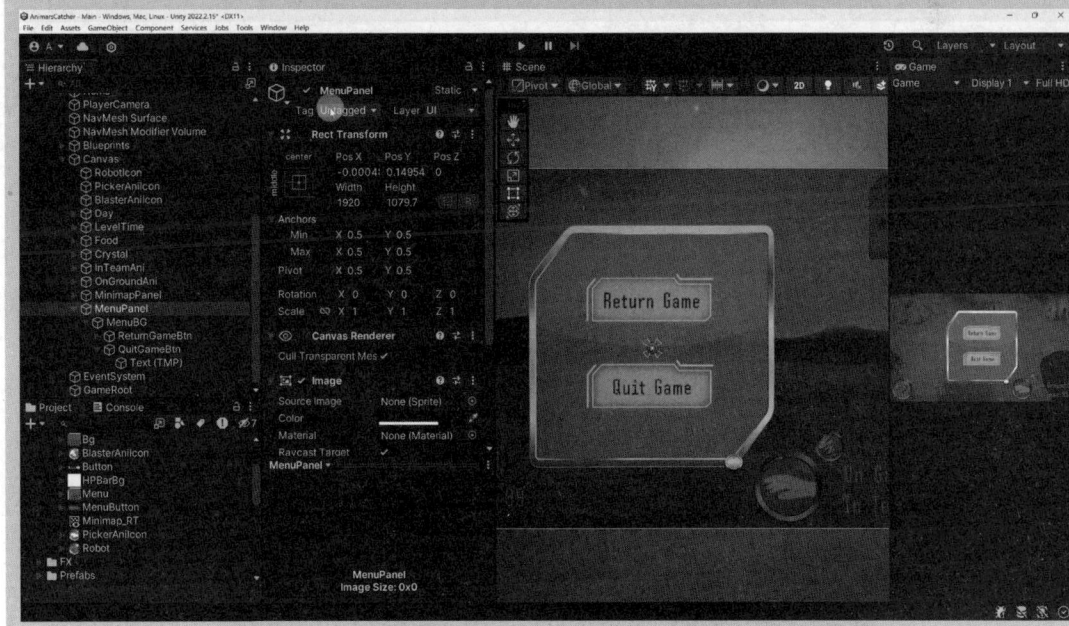

4．绑定按钮事件与功能

在 UIManager 脚本的 Init 函数中，为前面创建的 3 个按钮分别添加单击事件的监听器。

呼出菜单按钮 RobotIcon 单击事件：

```
RobotIcon.onClick.AddListener(() =>
{
    MenuPanel.SetActive(true);
    Time.timeScale = 0;
});
```

通过图标按钮的单击事件，将蒙版和菜单界面显示出来。将游戏的时间缩放设置为0，以暂停游戏。

返回游戏按钮 Return Game 单击事件：

```
Button_ReturnGame.onClick.AddListener(() =>
{
    MenuPanel.SetActive(false);
    Time.timeScale = 1;
});
```

将菜单界面隐藏起来，并恢复游戏的时间缩放。

退出游戏按钮 Quit Game 单击事件：

```
Button_QuitGame.onClick.AddListener(() =>
{
    Debug.Log("Quit Game");
    Application.Quit();
});
```

目前使用日志输出在编辑器中进行测试，在打包后的游戏中可以执行实际的退出功能。

9.4 界面布局

界面布局是指在 Unity 编辑器中使用 UI 系统（如 Canvas、Panel 等）来组织和管理用户界面元素（如按钮、文本和图片等）。这涉及使用各种 UI 组件与布局工具来创建响应式和适应不同屏幕大小与分辨率的界面。

9.4.1 矩形工具和矩形变换

为了便于布局，每个 UI 元素都表示为一个矩形，这个矩形可以在场景视图中使用工具栏中的矩形工具进行操作。矩形工具既用于 Unity 的 2D 功能，也用于 UI，甚至还可以用于3D 对象。

矩形工具具有以下功能。

- 移动：使用矩形工具可以移动 UI 元素。
- 调整大小：使用矩形工具可以调整 UI 元素的大小。
- 旋转：使用矩形工具还可以旋转 UI 元素。

像其他工具一样，矩形工具可以设置轴心模式和变换空间。在处理 UI 变换时，通常最好将这些设置保持为 Pivot 和 Local。

当使用矩形工具更改对象的大小时，一般对于 2D 系统中的精灵和 3D 对象，它将更改对象的局部比例。但是，当它用于带有矩形变换的对象时，它将更改宽度和高度，保持局部比例不变。此大小调整不会影响字体大小或切片图像上的边框。

而矩形变换（Rect Transform）则是一个用于所有 UI 元素的变换（Transform）组件，它决定了 UI 元素的布局。矩形变换有位置、旋转和缩放，就像普通变换一样，但它也有宽度和高度，用于指定矩形的尺寸。

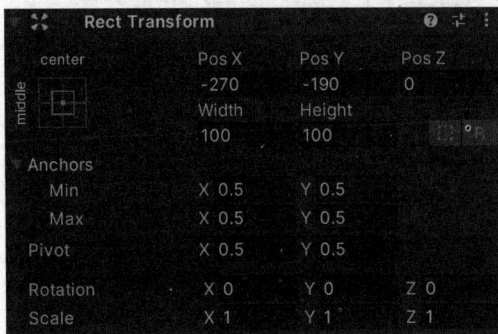

接下来介绍的关于界面布局的内容，主要使用矩形变换组件中的设置来完成。

9.4.2 轴心

轴心（Pivot）决定了 UI 元素在执行旋转、缩放和定位等变换时的参考点。Rect Transform 组件中的 Pivot 属性允许用户设置 UI 元素的轴心位置。轴心表示 UI 元素的一个相对位置，这个位置以 0～1 的范围表示。(0, 0) 表示左下角，(1, 1) 表示右上角，(0.5, 0.5) 表示中心点。默认情况下，UI 元素的轴心设置为 (0.5, 0.5)，即元素的中心。改变 Pivot 的值会影响元素的缩放、旋转和锚点的对齐方式。

在大多数情况下，将轴心保持在 (0.5, 0.5) 是合理的，因为这让元素的变换围绕中心进行，适用于一般的 UI 布局和动画。如果需要元素的缩放或旋转围绕某个边缘或角进行，可以将轴心移动到对应的边缘或角点。例如，设置轴心为 (0, 0) 可以使 UI 元素围绕左下角进行变换，这对创建从某一边缘展开的动画很有用。

当使用工具栏中的矩形工具，将其中的轴心按钮设置为轴心模式时，矩形变换的轴心就可以在场景视图中根据鼠标拖曳位置实时更改了。

9.4.3 锚点

矩形变换组件包括一个叫作锚点（Anchors）的布局概念。锚点在场景视图中显示为四个小三角形手柄，锚点信息也显示在属性窗口中。Anchor Min 对应场景视图中的左下锚点手柄，Anchor Max 对应视图中的右上手柄。

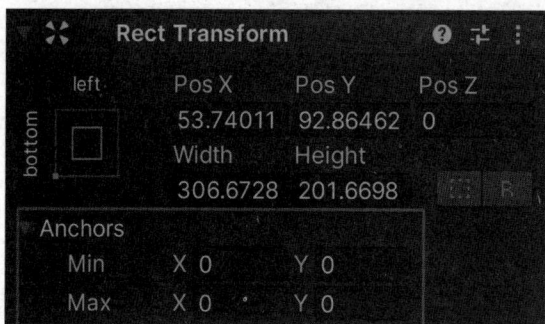

如果一个矩形变换的父类也是一个矩形变换，那么子类可以以各种方式锚定到父类矩形变换上。例如，子节点可以锚定在父节点的中心，或者锚定在一个角上。

"AnimarsCatcher" 游戏中的 UI 基本都采取了这种保持相对一个点的固定偏移量的锚定形式。这种形式的优点在于：游戏中的 UI 不会因为屏幕的比例变化而被拉伸，并且可以保持在相对合理的位置。

通过锚定，可以让子项随父项的宽度或高度一起拉伸。矩形的每个角与其对应的锚点都有一个固定的偏移，即矩形的左上角与左上角锚点有一个固定的偏移，以此类推。因此，矩形的不同角可以锚定到父矩形中的不同点。例如，UI 元素的左下角锚定在父元素的左下角，右下角锚定在父元素右下角。这样，元素的角对各自的锚点保持固定偏移量。

锚点的位置以父矩形宽度和高度的分数（或百分比）定义。0.0（0%）对应左侧或底部，0.5（50%）对应中间，1.0（100%）对应右侧或顶部。但锚定不局限于两边和中间，可以锚定在父矩形内的任何点上。

需要区分锚点（Anchors）和前面介绍的轴心（Pivot）两个概念。锚点（Anchors）决定 UI 元素在父元素中的相对位置，它们影响的是元素的定位和尺寸调整方式；而轴心（Pivot）决定 UI 元素自身的变换中心点。

【视频 9-4-3】UI 元素的左下角锚定在父元素的左下角，右下角锚定在父元素右下角

【视频 9-4-4】UI 元素的左角锚定到距离父矩形左边一定百分比的点，而右角锚定到距离父矩形右边一定百分比的点

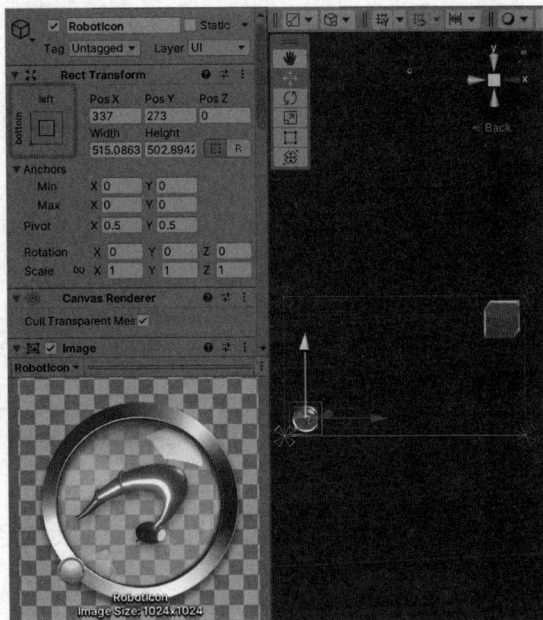

锚点和轴心通常结合使用来实现复杂的 UI 布局和响应式设计。例如，可以设置锚点在屏幕的一角，然后将轴心放在 UI 元素的另一角，以确保在不同屏幕尺寸下，元素的变换始终围绕某个特定点。

9.4.4 锚点预设

Unity 提供了一些常用的锚点预设（Anchor Presets），方便用户快速设置锚点位置。锚点预设按钮位于 Inspector 面板的 Rect Transform 组件的左上角，单击它可以选择常见的锚点配置，如四角锚点、中心锚点、边缘锚点等。这些预设可以帮助用户快速创建符合典型布局需求的 UI 元素。

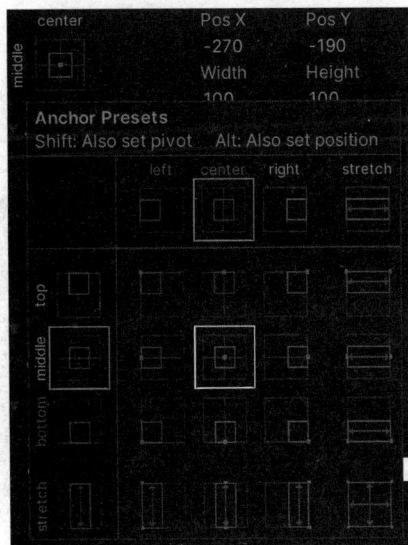

9.4.5　锚值

锚值指的是锚点的位置值和相关的偏移量（Offsets），这些偏移量决定了 UI 元素的最终位置和大小，具体包括以下几个方面。

- 位置：这是 UI 元素相对于锚点位置的偏移量。通过调整这个值，可以精细控制 UI 元素的位置。
- Width 和 Height：定义 UI 元素的宽度和高度。通常，当锚点分离（Min 和 Max 锚点不相等）时，宽度和高度将随锚点之间的距离自动调整。
- Left/Right/Top/Bottom Offsets：这些偏移量定义了 UI 元素的边界距其锚点的距离。当锚点为分离的时，这些偏移量决定了 UI 元素的边界相对于父容器的锚点位置的距离。

根据锚点是在一起（产生固定的宽度和高度）还是分开（导致矩形与父矩形一起拉伸）的，矩形的位置字段将以不同的方式显示。

当所有锚点句柄聚集在一起，即聚焦于同一点时，显示的字段为 Pos X、Pos Y、Width 和 Height。

当锚点分离，即每个角有独立的锚点位置时，位置字段可能会部分或完全更改为 Left、Right、Top 和 Bottom。

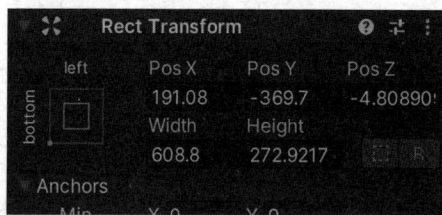

更改锚点或轴心字段中的值通常会导致定位值反向调整，以保持矩形在视觉上保持原位。这是为了防止因更改定位设置而意外移动或调整 UI 元素的大小。

在需要精确控制锚点和轴心的值而不自动调整其他值时，可以在 Inspector 中单击 R 按钮启用 Raw 编辑模式。这样，锚点和轴心值可以自由更改，而不会自动调整位置或大小，但这可能导致 UI 元素在视觉上移动或变形。

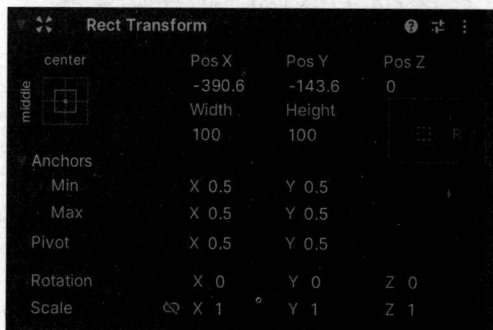

▶ 上机部分

1. 设置 UI 适应性

在 Canvas 组件中使用 Canvas Scaler 调整 UI 的缩放模式。设置 UI Scale Mode 为 Scale With Screen Size，以便 UI 根据不同屏幕尺寸自动缩放；设定参考分辨率（Reference Resolution）为设计时使用的分辨率，如 1920×1080；调整 Match 值至 0.5，使 UI 在宽度和高度之间平衡缩放。

针对不同 UI 组件设置适当的锚点，确保它们相对于画布的位置固定。对于位于画布边缘的元素（如图标、按钮、文本等），设置锚点至相应边缘（如左下、右上等）。使用 Unity 界面中的锚点预设快速设置，同时按住 Alt 键选择相应的预设点，可直接调整元素位置与尺寸以匹配锚点。

2. 菜单界面与蒙版设置

确保菜单蒙版覆盖整个画布，无论分辨率大小。选择蒙版元素，调整其 Rect Transform 以铺满整个画布，使用锚点固定其在画布四角。

菜单背景与按钮等子元素保持其默认锚点，通常设置在屏幕中心，确保在所有分辨率下都位于画面中央。

3. 测试不同分辨率

在 Unity 编辑器中测试不同分辨率设置，观察 UI 布局的变化和稳定性。尝试极端分辨率和不同宽高比，确认 UI 元素的显示和布局正确性。确保所有 UI 元素在各种分辨率下都能正确显示，没有溢出或重叠现象。对菜单界面进行显示与隐藏的测试，确认其功能正常且用户体验一致。

作 业 部 分

利用本节学到的内容，在游戏中的每一天结束时，弹出资源分配界面。玩家可以利用当前持有的食物和矿石资源数量，为下一天增加更多的 Ani。两种类型的 Ani 均可分派，PickerAni 需要的资源为两个食物，BlasterAni 需要的资源为两个食物和一个矿石。

作业资源：【作业 9-4-1-HW】资源配置系统。

9.5 用户界面艺术化编辑

在 UI 功能制作完毕之后，接下来的步骤是对界面进行美化，以确保界面的外观更加符合游戏的氛围和艺术表现。这通常涉及使用一些美术素材和动画，来丰富 UI 的视觉表现。

9.5.1 视觉效果

通过使用艺术化的字体可以使界面元素看起来更符合游戏的风格设定，在"AnimarsCatcher"游戏中，我们使用了一种像素风格的字体。相比于标准字体，艺术化字体增添了风格和情感，使界面更有游戏特色。

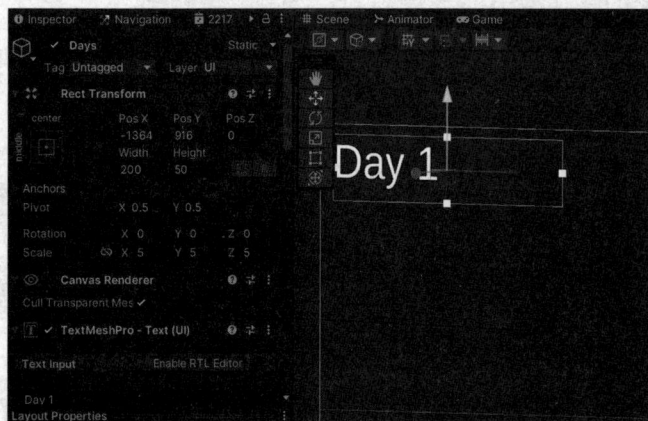

此外，为 UI 元素设置美观的图案背景，代替之前的单色控件，这不仅提高了视觉吸引力，还可以增强用户的沉浸感。

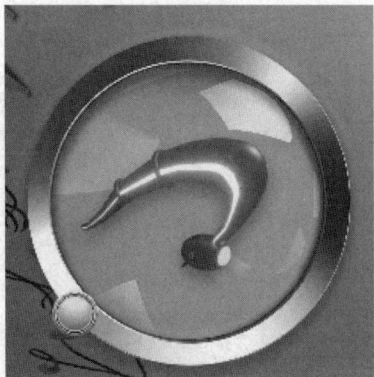

【视频 9-5-1】
按钮无用户反馈

【视频 9-5-2】
按钮有用户反馈

最后，为按钮设置过渡效果，可以对用户的交互做出直观的反馈。例如，按钮在无用户交互时保持静态，当用户单击时显示动态效果，这种反馈可以提升用户的体验感。

9.5.2 动画效果

动画效果是让用户界面显得更生动的关键。使用动画库如 DOTween，可以制作平滑且吸引人的动画效果。DOTween 是一个快速、高效、类型安全的 Unity 动画库，适用于动画化数值和非数值属性。例如，可以动画化字符串、支持富文本，并允许动画沿线性或曲线路径推进。

【视频 9-5-3】
UI 动画效果

DOTween 可以很方便地对一些 Unity 中的常见组件进行操作，如变换、刚体和材质。当制作按钮移动效果时，可以使用 DOTween 的 DOScale 和 DOMove 函数来实现缩放和移动动画，这些动画不仅增强了交互的感觉，还能让界面看起来更动态和有趣。

```
transform.DOScale(new Vector3(1.5f, 1.5f, 1.5f), 0.5); // 缩放对象
transform.DOMove(new Vector3(2, 3, 4), 1); // 移动对象到新位置
```

上机部分

【上机 9-5-1】
界面动画效果

1. 插件导入和初始化

在 Unity 编辑器中，将 DOTween 插件的文件夹拖曳到项目窗口中导入。导入完成后，会自动弹出 DOTween 的设置面板，单击 Setup DOTween 按钮开始安装。安装完毕后，单击 Apply 按钮保存设置，随后关闭设置面板。

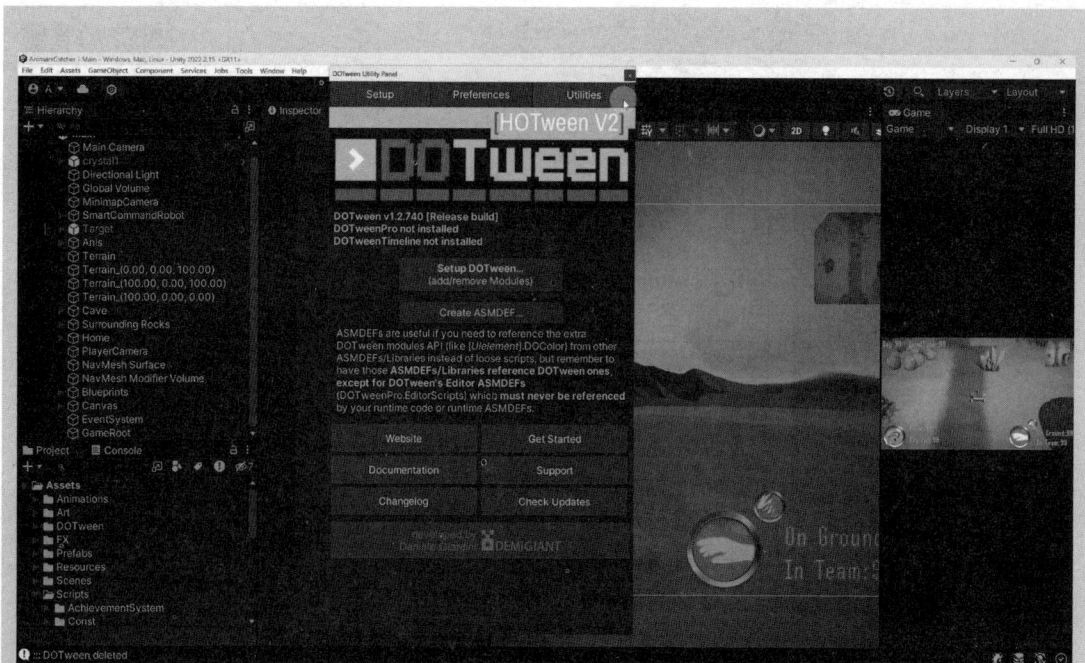

2. 界面元素配置

在 Hierarchy 面板中，找到属于 Canvas 对象的子对象：PickerAniIcon 和 BlasterAniIcon。为这两个对象分别添加 Button 组件，使它们具备单击功能。

3. 动画与交互设置

打开 UIManager 脚本，开始编写交互逻辑。定义一个枚举类型的 AniInfoType，包含 Picker 和 Blaster 两个值，用于追踪当前交互的状态。在 UIManager 脚本中，声明必要的变量来存储对象的位置和大小信息（如 mBigIconPos、mSmallIconPos）。在 Awake 函数中初始化这些变量，存储初始状态的位置和大小，为动画效果做准备。

定义 AniIconBtnClick 函数，编写交换动画和大小调整的逻辑，使用 DOTween 的 DoMove 和 DoSizeDelta 方法实现平滑动画。

4. 事件监听与动画触发

在 UIManager 脚本的 Init 函数中为 PickerAniIcon 和 BlasterAniIcon 的单击事件绑定监听器，设置当单击时调用 AniIconBtnClick。通过传递当前按钮和另一按钮作为参数到 AniIconBtnClick，实现单击任一按钮时交换两个图标的位置和大小。

此外，还需要在 Init 函数中为按钮单击事件编写逻辑，以便在单击后更新显示数据，反映当前前景的图标代表的 Ani 类型。根据 mAniInfoType 的值调整界面显示，确保正确显示 Picker 或 Blaster 的数据。

完成所有设置以后，回到 Unity 的主界面，为 GameRoot 组件的 PickerAniIcon 和 BlasterAniIcon 属性分别拖入 Canvas 对象的子对象：PickerAniIcon 和 BlasterAniIcon。

作 业 部 分

在呼出菜单时让菜单拥有从小变大的动画效果。

作业资源：【作业 9-5-1-HW】菜单动态效果。

9.6 总结

在本章中，我们探讨了游戏引擎中关于用户界面的关键组成部分，涵盖界面设计、UI 控件的使用以及用户界面艺术化编辑。

我们定义了游戏的主要界面布局，确保玩家能够轻松导航并与游戏互动。首先，介绍了主界面、菜单界面、世界 UI 界面的设计；其次，学习了不同的 UI 控件的使用方法，包括可视组件和交互组件；最后，通过应用各种视觉和动画效果，我们不仅增强了游戏界面的美观性，还通过动态元素如 DOTween 动画提升了界面的活力和趣味性，使得 UI 不只具有功能性，还提供良好的视觉体验。

经过本章的学习，"AnimarsCatcher"游戏的 UI 现已具备高级的交互功能和优秀的视觉效果，满足了游戏设计要求。希望你可以根据玩家反馈继续调整和优化 UI 元素，确保它们在不同设备上都能提供一致的体验。通过完成作业，可以让游戏的 UI 系统更加完备。

第 10 章

音频

【视频 10-1】
第 10 章 demo
效果

　　听觉是人体最重要的感觉能力之一。在现代游戏开发中，音频系统作为游戏体验的重要组成部分，发挥着不可替代的作用。本章将介绍音频系统的基础知识，通过在"AnimarsCatcher"游戏中的实际应用，探索音频的重要性，并介绍背景音乐、音效、三维音效、混音器及声音特效等内容。

10.1　音频基础

10.1.1　音频的重要性

　　被大众所熟知的经典游戏"超级马里奥"中的配乐，伴随着游戏本身的成功而广为传播，已成为流行的音乐作品。当我们听到这段音乐的时候就能立即想到这是游戏超级马里奥。如果去掉超级马里奥的背景音乐及音效，可想而知游戏的效果将大打折扣。

　　有些游戏中背景音乐起到了关键性的作用，对于游戏核心玩法来说必不可少。比如"节奏地牢"这款游戏，玩家在游戏中需要随着音乐移动，踏着节拍来击败敌人。

　　游戏中还有一个特殊的种类——音乐游戏（Music Game，简称音游）。这类游戏，只有玩家按照特定的音乐节奏进行正确操作，才可以体会到音乐及音效反馈的乐趣（如一些节拍、重音等），因此音频系统对于音游来说至关重要。

　　在游戏中，声音通常包括背景音乐与音效两个部分。背景音乐和音效的配合往往可以强化游戏的内容表达，从而提升游戏质量。游戏中优秀的音频设置可以给玩家带来听觉上的享受。因此，除了游戏的故事内容、画面表达外，音乐也是游戏制作者表达自身想法的一种途径，可以强化玩家在玩游戏时的情绪，如高兴、害怕、兴奋、沮丧等。

10.1.2　背景音乐

　　背景音乐（Background Music），简称 BGM，最早来源于欧洲的一些戏曲。随着影视行业的发展，有声电影出现以后，BGM 得到了很大的发展。设计一个游戏往往需要用到多个领域的知识，游戏是多种学科相互交融的艺术作品，需要借鉴各个学科的发展成果（如戏曲、电影），在游戏中进行一些艺术表达，背景音乐就是这种借鉴的经典应用。无论是游戏发展过程中早期的红白机游戏，还是现在最新的游戏大作，背景音乐一直占据着非常重要的地位。

背景音乐不仅是游戏音效设计的一部分，更是塑造游戏氛围和增强玩家体验感的重要元素。恰当的背景音乐可以引导玩家的情感，提升游戏的沉浸感，并在一定程度上影响玩家的游戏表现和感受。

背景音乐在游戏中的作用主要体现在以下几个方面。

- 情感渲染：通过不同的音乐风格和节奏，背景音乐可以传达出游戏的情感基调。例如，紧张刺激的战斗场景通常会搭配快节奏、高能量的音乐，而宁静的探索场景则可能使用缓慢、悠扬的旋律。
- 氛围营造：音乐能够帮助建立游戏的整体氛围，使玩家更好地融入游戏世界。例如，恐怖游戏中常使用低沉、神秘的音乐来增加恐怖气氛，而冒险游戏则可能使用雄壮的音乐来增强冒险感。
- 节奏引导：背景音乐可以影响玩家的操作节奏和行为模式。在一些节奏游戏中，音乐节奏直接决定了玩家的操作时机和游戏进程。
- 记忆点创建：经典的游戏音乐往往能够成为玩家记忆中的标志性元素。例如，前面提到的"超级马里奥"的主题曲和"塞尔达传说"等游戏的主题曲，都在玩家心中留下了深刻的印象。

在设计和选择背景音乐时，需要考虑以下几个方面。

- 风格与主题的匹配：背景音乐应与游戏的主题和风格相匹配。例如，科幻题材的游戏可能会使用电子音乐，而奇幻题材的游戏则可能更适合使用管弦乐。
- 情境的变化：游戏中的不同情境需要不同的音乐来搭配。例如，在同一款游戏中，战斗场景、休息场景和探索场景可能需要截然不同的音乐风格。
- 循环与转换：背景音乐通常需要进行循环播放，因此在设计音乐时要注意其循环的自然性；此外，不同音乐片段之间的转换也要尽量平滑，以免打断玩家的游戏体验。

10.1.3 音效

音效在游戏中与背景音乐一样重要，它不仅丰富了游戏的声音环境，还在很多方面增强了游戏的互动性和现实感。它能够让玩家沉浸在游戏所试图营造的氛围中。制作精良的游戏会尽量在游戏的每一个动作细节上都加入音效，如海浪的滔滔声、风儿的沙沙声、玻璃器皿的破碎声、拖动物品的摩擦声，以及在受到感官刺激后发出的声音等。

音效在游戏中的作用主要体现在以下几个方面。

- 提供反馈：音效能为玩家的操作提供即时反馈。例如，角色的跳跃、攻击、拾取物品等动作都会配有相应的音效，使玩家能够清楚地了解他们的操作是否成功。
- 增强沉浸感：音效能让游戏世界更具有现实感。例如，脚步声、风声、流水声等环境音效能让玩家感觉置身于游戏世界中。
- 引导注意力：音效可以引导玩家注意到游戏中的重要元素或事件。例如，敌人接近时的警报声、任务完成时的提示音等。
- 增加情感体验：特定的音效能强化游戏中的情感体验。例如，胜利时的欢呼声、失败时的低沉音效等，都能让玩家感受到游戏中的情感波动。

在设计和选择音效时，需要考虑以下几个方面。

- 与游戏内容的匹配：音效应与游戏的内容和氛围相匹配。例如，科幻游戏中的音效应具有未来感，而恐怖游戏中的音效应具有压迫感和紧张感。
- 多样性和独特性：音效应具有多样性，以避免重复使用同一音效而使玩家感到厌倦；同时，音效应尽量独特，以便玩家能快速识别不同的声音事件。
- 音质与清晰度：音效应具有高质量和高的清晰度，以确保玩家能清晰地听到每一个音效事件；要避免使用低质量或模糊的音效，因为这会影响玩家的听觉体验。
- 音效的平衡：在混音过程中，需要确保音效与背景音乐及其他声音元素的平衡，避免音效过于刺耳或被背景音乐掩盖。

10.2 三维音效

10.2.1 三维音效参数

随着技术的进步，传统的双声道立体声已经无法满足现代游戏玩家对音频立体感和空间感的需求。三维音效技术的引入，使得游戏音效不再局限于平面的左右声道播放，而是能在三维空间中进行声音的位置、距离和移动的模拟，极大地增强了玩家的沉浸感和临场感。

在日常生活中，我们的大脑可以利用两只耳朵接收到的声音信息，分辨出声源在三维空间中的位置。利用这一原理，计算机通过复杂的算法模拟这种三维声场的计算，将数字音源转化为可以体验的三维音效，从而让玩家感觉自己真的处于游戏的虚拟环境中。

Unity 中的三维音效实现起来非常直观，通过调整音频组件的参数，就可以轻松地创建出具有空间感的音效。

声音源的 Min Distance 和 Max Distance 参数决定了音效的"听觉范围"。Min Distance 是音效开始减弱的最小距离，而 Max Distance 是音效完全消失的最大距离。通过调整这两个参数，可以控制音效的强度随着距离的增加而逐渐减弱的效果。

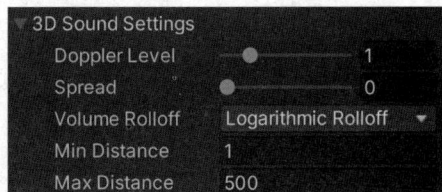

例如，在"AnimarsCatcher"游戏中，调整名为"wind-vally"的音源的 3D Sound Settings 中的 Min Distance 和 Max Distance 参数，就可以实现当玩家或智能指挥机器人靠近或远离该声音源时，音量的变化。这种变化模拟了在现实世界中，声音随距离增加而减弱的自然现象。

Spatial Blend（空间混音）参数可以设置音频是更倾向于立体声播放还是三维空间播放。其值为 0 时，音频完全以立体声形式播放；值为 1 时，音频完全在三维空间中定位。

3D Sound Settings 中的 Spread 参数用于控制音效在特定方向上的扩散，有助于创造更加自然和真实的环境音效。

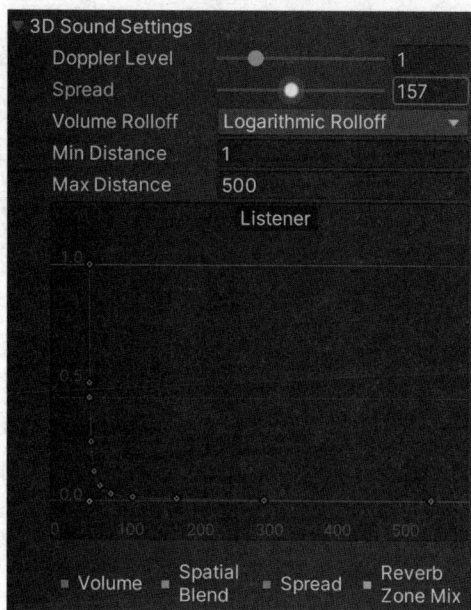

【视频 10-2-1】
三维音效

三维音效可以分为扩展式立体声、环绕立体声和交互式三维音效 3 种。

10.2.2　扩展式立体声

扩展式立体声是一种声音处理技术，通过使用声音延迟和其他处理方法，将传统的立体声信号扩展到更广阔的音场。这种技术可以使声音在感觉上像是从音箱外的更广阔空间传来的，从而增加了音频的空间感和环绕感。

在 Unity 中，扩展式立体声可以通过调整音频源的空间混音（Spatial Blend）参数实现。将此参数从 0（完全为立体声）调整到接近 1（完全为 3D 声音）之间的值，可以在保持音频立体感的同时，加入一定的空间定位效果。此外，使用 Audio Reverb Zone 组件可以模拟环境反射和回声，进一步增强扩展效果。

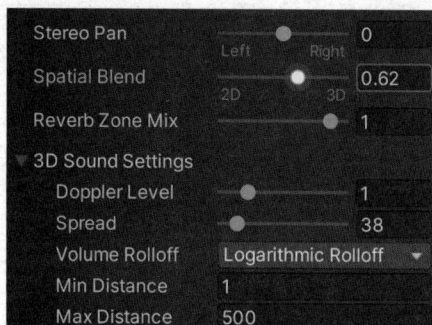

10.2.3　环绕立体声

环绕立体声通过多个声道（通常是 5 个或更多）播放音频，创建围绕听众的音效环境。这种格式最常用于电影和家庭影院系统，但在游戏中也非常流行，因为它可以精确地模拟声音的方向和距离，从而为玩家提供更加真实的听觉体验。

Unity 支持环绕声配置，开发者可以通过多个音频源和合理的声道配置来创建环绕声效。在 Audio Source 组件中设置不同的声道输出，并确保游戏音频设备配置正确，可以实现环绕立体声效果。此外，Unity 的 Audio Listener（音频监听器）组件需要配置在场景的正确位置，以确保声音方向和播放效果与玩家视角和位置匹配。

10.2.4　交互式三维音效

交互式三维音效是一种高级的音频实现技术，它不仅能模拟声音的方向和距离，还能根据玩家的行动和环境变化实时调整音效。这种音效为第一人称或沉浸式游戏提供了极佳的音频体验，使玩家能够感受到声音在真实世界中的自然流动和变化。

在 Unity 中实现交互式三维音效，主要依赖于 Audio Source 组件的 3D 音效设置。通过精确调整音源的最小距离（Min Distance）和最大距离（Max Distance），可以控制音效的传播方式。同时，利用 Doppler Level 参数可以模拟声音的多普勒效应，使得音效随着物体运动速度和方向的变化而变化，增加了动态和真实感。

【视频 10-2-2】
交互式三维音效

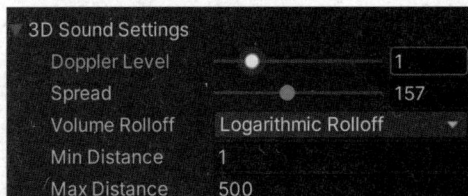

3D Sound Settings		
Doppler Level		1
Spread		157
Volume Rolloff	Logarithmic Rolloff	
Min Distance	1	
Max Distance	500	

10.3　使用音频的场合

在游戏开发中，音频不仅是背景的装饰元素，它还是游戏设计的核心部分，可以极大地增强游戏的沉浸感和情感深度。良好的音频设计可以在多个层面上丰富游戏体验。以下是在游戏中音频应用最为广泛的 3 个主要场合。

1. 玩家的交互

交互音效是提高玩家游戏体验的关键因素之一。每一个玩家的动作，无论是行走、跳跃、射击，还是与游戏世界中的物体互动，都应该有相应的音效反馈。常见的玩家交互音频应用场合有以下几个。

- 脚步声：根据玩家在不同的地面（如草地、木地板、金属表面）上行走，播放不同的脚步声音效。

- 射击音效：每种武器发射时都有其独特的声音，以此增加射击的真实感。
- 环境交互声：如窗户破碎声、门开关声或者重物落地声，这些声音反馈可以增加环境的真实感和互动性。

2. 游戏环境的背景声音

环境音乐和环境声效是设置游戏场景氛围的重要元素。它们可以根据游戏中的地点、情境或剧情进展进行变化，从而帮助玩家更好地沉浸在游戏的世界中。

在游戏设计中，通常会为每个关卡或区域设置不同的背景音乐，反映该区域的主题或氛围。在设计比较成熟的游戏中，通常会包含风声、水声、动物叫声等环境音效，这些声音可以增强特定场景的环境感。

3. 特效与细节的音频补充

特效音效是游戏音频设计中的另一个重要方面，用于增强视觉特效的效果，使游戏的动作和环境更加生动和具有冲击力。比如前面章节我们学习的火焰、爆炸、电击和其他视觉特效，如果都配有相应的音效，会增加特效的感官影响力。

如果要增加游戏的品质，在细节声音上还需要特别注意。如装备的开关声、药品使用声等，这些细节的声音设计虽小，却对增加游戏的丰富性和精细感非常关键。

10.4 游戏音频制作

游戏音频制作是一个将创意转化为具体听觉体验的技术过程，以数字音频工作站（Digital Audio Workstation，DAW）为主要工具，运用各种数字信号处理（Digital Signal Processing, DSP）手段来进行声音制作。DAW 是指 Pro Tools、Reaper、Cubase、Logic 之类的宿主软件；DSP 是指用各种插件工具对声音进行处理。这一过程是游戏开发中不可或缺的一部分，关系到游戏整体的感官质量和玩家的沉浸体验。

10.4.1 音频格式

在游戏音频制作完成后，音频文件需要被保存为特定的格式以便在游戏中使用。音频格式主要分为两类：无损音频格式和有损音频格式。

无损音频格式（如 FLAC、WAV）保留音频文件的所有数据，不会因编码过程中的压缩而失去任何信息，从而保证了音质的完整性，适用于对音质有高要求的场合。有损音频格式（如 MP3、AAC）通过压缩减少文件的数据量，牺牲一定的音质以减小文件大小，便于存储和传输。该格式虽然有音质损失，但通常能够提供足够好的听觉质量，适用于大多数游戏环境。

音频文件和编/解码器是两个不同的概念。编/解码器是压缩或解压音频数据的技术，而音频文件是包装这些数据的容器。

10.4.2 音频在游戏中的应用

在游戏"AnimarsCatcher"中，音频的应用包括以下几个方面。

- 背景音乐和环境音效：游戏中的背景音乐为玩家提供持续的情绪支撑，而环境音效如智能指挥机器人的移动声和其他环境互动音频，则响应玩家的行为。
- 3D 音效：采集者 Ani 在采集水果和搬运物品过程中的音效，以及爆破者 Ani 的射击音效，都利用了 3D 音效技术。这意味着音效的音量会根据玩家与声源的相对位置而变化，增加了游戏的空间感和真实感。

对于有音乐创作背景的开发者来说，可以自己创作音乐和音效。同时，Unity 的 Asset Store 提供了大量免费资源，可以方便地集成到游戏中，这些资源包括但不限于预制的音效和音乐包。

上机部分

1. 音效文件的导入和配置

将音频素材（第 10 章\上机 10-4-1 素材）整体导入 Unity 项目，通过拖放 Audios 文件夹到 Assets 下进行管理。

在 Unity 中创建一个名为 BGSound 的空游戏对象，用于管理背景音乐，并添加名为 forest 的 Audio Source，配置其 AudioClip 属性指向相应的音频文件。

【上机 10-4-1】
游戏音频

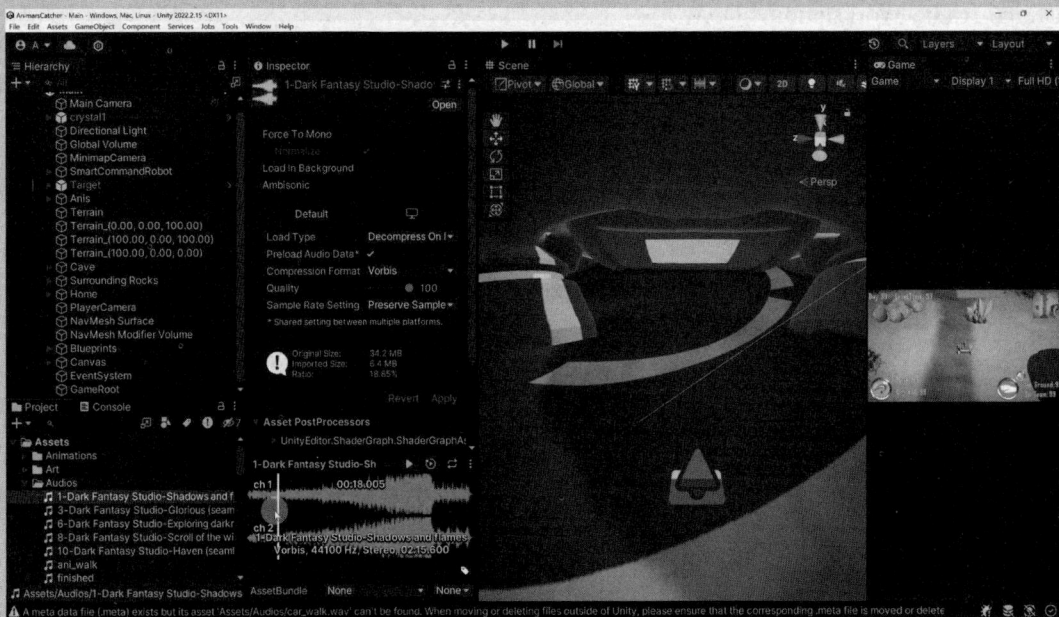

2. 空间音效的基础设置

对 forest 音频源设置空间属性，如将 Min Distance 和 Max Distance 分别设置为 30 和

50，Spatial Blend 设置为 1，以模拟音效在三维空间中的定位，同时勾选 Loop 循环播放。音效的全局定位通过主摄像机上的 Audio Listener 进行控制。

3. 音效效果器的应用

为主摄像机添加 Audio Reverb Filter 以实现混响效果，通过更换预设模拟不同环境的音效。添加 Audio Chorus Filter，以创建类似多个音源同时发声的合唱效果。

4. 动态音效的控制

创建多个 Audio Source 对象，如 valley 和 grass，并通过复制粘贴组件值来保持一致的空间属性设置。运行游戏时，根据玩家在场景中的不同位置动态调整音效的方向和混合效果，例如，从地形一移动到地形二时，声音从虫鸣鸟叫逐渐过渡到山谷的风声。

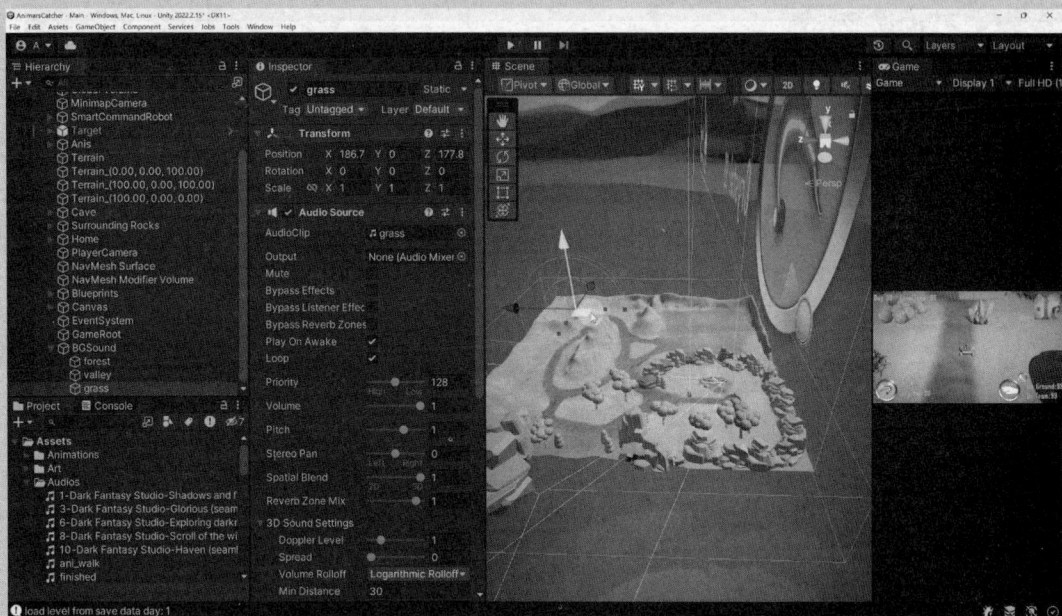

5. 音效的交互式脚本控制

为移动对象（如智能指挥机器人）添加 Audio Source 组件，通过脚本控制其在移动时播放步行音效，使用条件语句来确保音效不会重复播放。对射击和收集动作的对象，如 BlasterAni 和 PickableItem，在特定动作如射击或被收集时通过脚本触发相应的音效。

作 业 部 分

为游戏添加背景音乐。在打开游戏菜单时，背景音乐暂停；继续运行游戏时，背景音乐继续播放。

作业资源：【作业 10-4-1-HW】背景音乐。

10.5 混音器

混音器是在现实生活中也存在的一种设备，它允许调音师对音乐进行加工处理，实现各种特殊的音效，如音频的淡入/淡出、模拟不同音乐风格（如摇滚、流行、爵士等）的效果。在游戏设计中，混音器的应用可以显著提升音频质量，增加游戏的专业感和沉浸感。

Unity 的混音器是一个音频信号处理工具，它可以对多个音频源进行混合、效果处理和音量控制。混音器接收来自不同音频轨道的音频信号，进行加工处理后输出到游戏的音频播放系统。在这个过程中，可以应用各种音效（如淡入/淡出、回声、扭曲等），调整音频属性（如音量、音调、立体声平衡等），以及动态地控制音频（如侧链压缩）。

10.5.1 工作流程

一般情况下，声音接收器有两种获得音源中声音的方式：第一种是音源将声音直接传给接收器，此时接收器通常绑定在摄像机上；第二种也就是本小节将要学习到的内容，在接收器获取到声音之前，先将声音传送给混音器作进一步处理，通过混音器加工之后再发送给接收器。混音器的工作类似于图像编辑软件（如 Photoshop）对图片进行加工，前者可以视为对声音进行的"PS 操作"。

各种声音源都可以作为混音器的输入端，由音频混音器来进行统一的加工。混音器的输出也可视作一个新的声音源，传送给另外一个混音器再进行加工。声音源经过音频混音器处理后最终到达声音接收器。

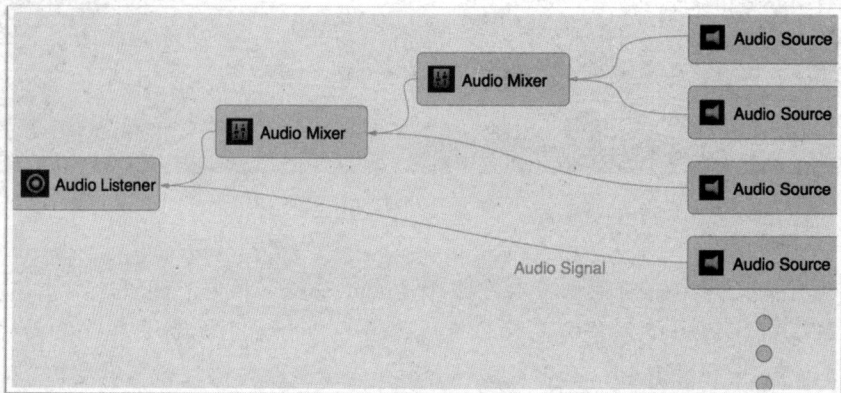

以前的游戏引擎中声音接收器只支持直接的方式，音频处理和游戏的场景图处理是不相关的，即音频处理过程中的音源与其在场景中的位置无关，都是一并处理的。现在的游戏引擎中为了体现音源与位置的相关性，一些与位置相关的操作（如音量衰减）会在进入混音器之前被执行和处理。

使用混音器的工作流程如下。

1．创建和配置混音器

在 Unity 中，首先需要创建一个 Audio Mixer 资产，可以通过菜单命令 Assets → Create →

Audio Mixer 完成。然后打开混音器编辑器，可以看到一个图形界面，其中包含多个轨道和总线。

2．添加音频源

将游戏中的音频（如音乐、环境声音、特效声音等）输入混音器，这一操作可以通过在 Audio Source 组件中选择对应的混音器分组来完成。

3．应用音效和调整参数

在混音器的每个轨道上，可以添加多种音频效果组件，如 EQ（均衡器）、压缩器、混响等。调整每个轨道的音量、音调和其他参数，以平衡各个声音并满足游戏的音频需求。

4．分组

混音器支持创建分组（或称为子混音器，Group），该特性允许将相关的音频轨道组合在一起进行统一的处理。例如，可以将所有环境声音分到一个组，将所有对话声音分到另一个组。

在复杂的游戏场景中，将音频轨道进行分组是非常重要的，这样可以避免不同音频之间的干扰。例如，使用闪避（Ducking）特效时，可以让某个音频信号减弱，以使另一个信号更突出，如新闻播报中讲话的声音逐渐减弱，主持人的声音逐渐增强。

具体来说，使用分组的主要好处表现在以下几个方面。

- 组织和管理：分组帮助开发者更好地组织和管理复杂的音频项目，使得音频处理流程更清晰、更易于管理。
- 混音控制：通过分组，可以针对不同类型的音效应用不同的混音设置和效果，如背景音乐和声效可能需要不同的处理方式。
- 动态效果应用：分组还允许动态地应用效果，如在游戏中动态调整背景音乐和特效音量的比例。

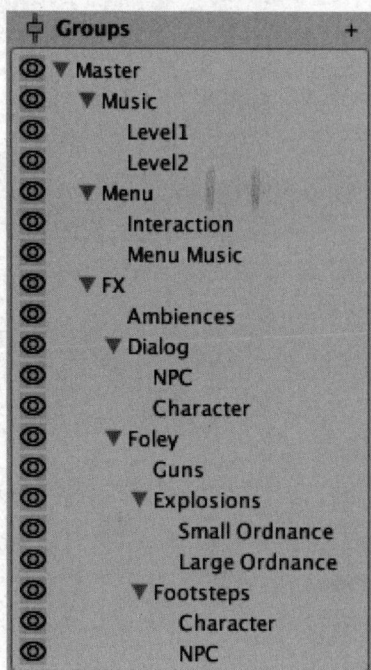

10.5.2 开发实践

在"AnimarsCatcher"游戏中，混音器的使用至关重要。添加混音效果后，必须对声音进行适当的主次区分，以防多个声音同时出现时导致声音效果混乱，从而影响玩家的体验感。通过对声音进行分组和管理，可以更好地控制混音效果，保证声音的层次和清晰度。

接下来，我们就利用 Unity 中自带的混音器来实现"AnimarsCatcher"游戏中背景音乐及音效的混音效果，并对其进行分组管理。

▶ 上机部分

1．创建和配置混音器

在 Assets 文件夹下创建一个名为 AnimarsCatcher 的 Audio Mixer 文件。打开 Audio Mixer

编辑界面，并在 Master 组下创建两个新的子组 Game 和 UI。进一步在 Game 组下创建两个子组 BGSound 和 EffectSound。

2. 音频输出绑定

选择所有 BGSound 下的对象，并将它们的 Audio Source 组件的 Output 属性设置为 BGSound 组，以将这些音效绑定到对应的混音组。同理，设置 SmartCommandRobot 和其他预制体如 BlasterAni 和资源的 Audio Source 组件的 Output 到 EffectSound 组。

【上机 10-5-1】
混音器

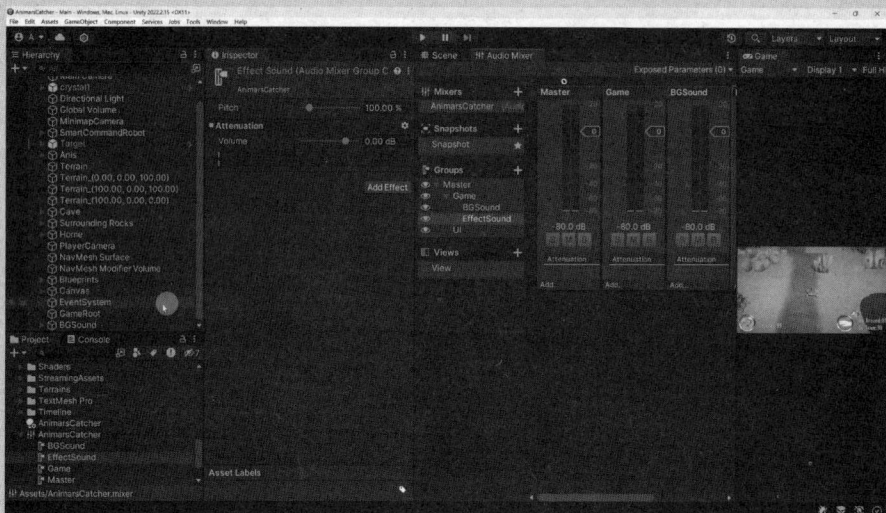

3. 实时调整和控制音效参数

在游戏运行中通过 Edit in Play Mode 按钮实时编辑 Audio Mixer 的参数。通过调整 Mute 和 Volume 滑块，来分别测试和平衡 BGSound 和 EffectSound 的音量。例如，调整 EffectSound 组的音量，以控制智能指挥机器人的移动音效的音量大小。

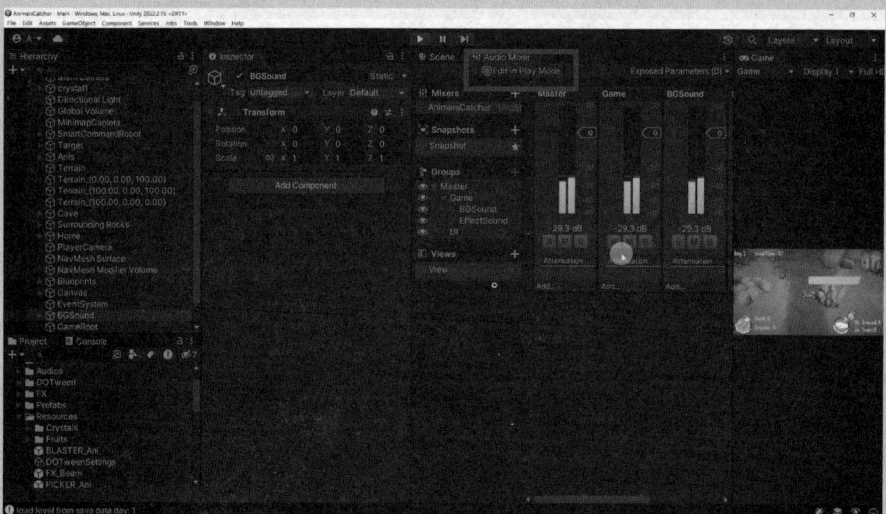

4. UI 音效的特殊设置

在 GameRoot 对象下添加一个 Audio Source 组件，设置其 Output 为 UI 组，专门用于播放 UI 元素的音效。UI 音效由于不需要 3D 空间效果，所以无须修改除 Output 之外的其他参数。

5. 编程控制音效播放

创建 AudioManager 脚本管理音效播放，通过单例模式实现脚本的全局访问。在 AudioManager 中添加方法如 PlayMenuBtnAudio 和 PlaySwitchBtnAudio，这些方法利用 PlayOneShot 触发对应的按钮单击音效。

在 UI 管理脚本中，设置按钮单击事件来调用 AudioManager 中的音效播放方法。

6. 动态调整游戏与菜单音量

在 Audio Mixer 中暴露 Game 组的 Volume 属性到脚本中，并在打开或关闭菜单时动态调整背景音乐的音量。

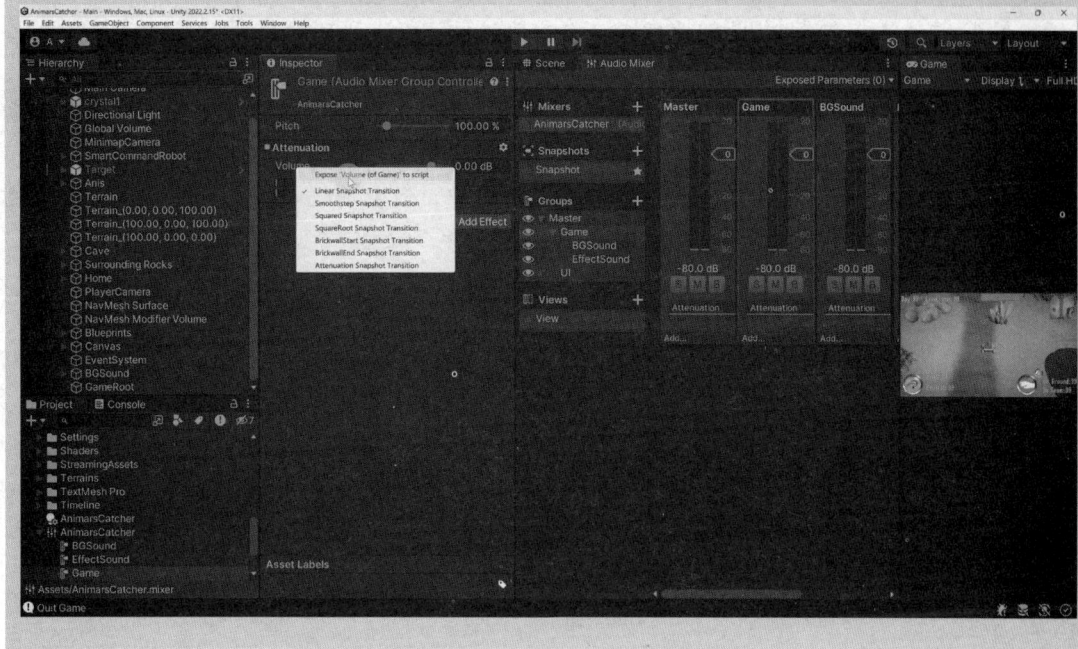

作业部分

游戏中一般都有调整音量大小的功能，并且所有音量（背景音乐音量、环境音量、音效音量等）都能单独调节。请你依据本节学到的知识，为游戏添加调整音量的功能。

作业资源：【作业 10-5-1-HW】音量调节。

10.6　声音特效

在游戏设计中，声音特效是游戏体验的关键要素，对提升游戏的拟真度和沉浸感至关重要。高品质游戏常借助细腻的声音特效，来模拟自然环境、强化角色互动的真实感。声音特效不仅通过复刻风声、海浪声、角色动作声等真实世界的音效，让玩家仿佛身临其境，还能通过合理设计，增强游戏的情绪表达，赋予游戏故事与角色更鲜活的生命力。

在游戏开发中，声音特效可以在多种场合得到应用，比较典型的应用有以下几个方面。

- 环境音量控制：在需要特殊处理环境音量的时候，可以添加衰减或增强效果，如在某一特定区域内加强风声或其他自然声音。
- 特殊环境模拟：在模拟特殊环境如水下场景时，可以使用低通滤波器来模拟水下的声音效果。
- NPC 对话强调：在 NPC 对话期间，为了使对话清晰，可以减少环境噪声或其他干扰声音，如降低背景音乐和环境音效的音量。
- 游戏暂停时音量控制：当玩家打开菜单或游戏暂停时，适当减小游戏主音量，只保留与菜单交互相关的音效，以避免玩家分心。
- 环境声音反射模拟：在室内或有障碍物的环境中，可以通过添加回声或类似效果，模拟声音遇到障碍物的反射，增加声音的空间感和层次感。

我们可以使用 Unity 内置的音频效果处理器来实现"AnimarsCatcher"游戏中的声音特效。

【视频 10-6-1】
低通滤波器声音特效展示

【视频 10-6-2】
UI 出现衰减游戏音量

【视频 10-6-3】
Echo 声音特效展示

▶ 上机部分

1. 启用独立播放

运行游戏后，在 Audio Mixer 窗口中单击 Edit in Play Mode 按钮以实时调整音频设置。

通过单击 BGSound 分组中的 Single 按钮，单独播放该分组内的音效，这样可以专注于调整该分组的音效，而不受其他音效分组的干扰。

【上机 10-6-1】
声音特效

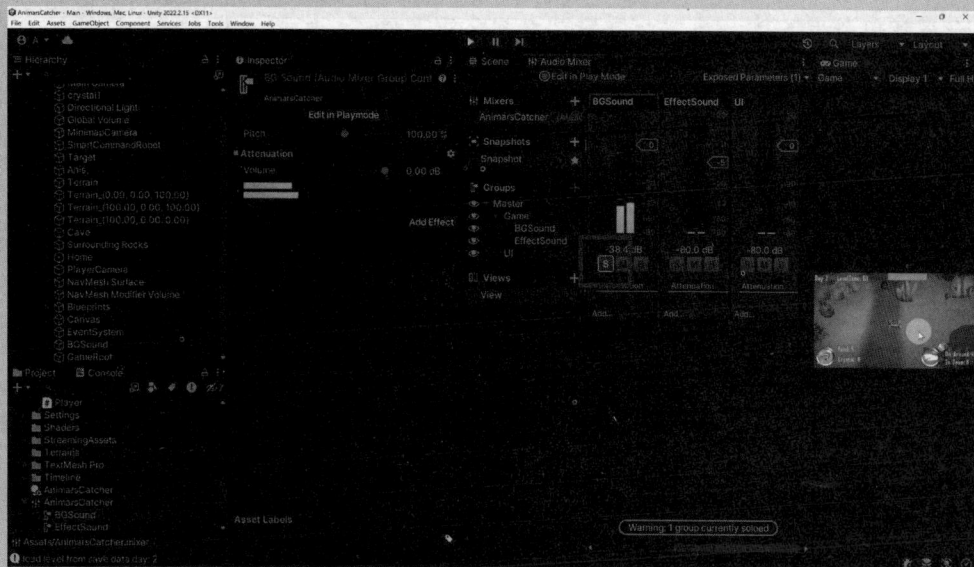

2. 添加和测试声音特效

为 BGSound 分组添加 Echo 声音特效，这样可以增加音效的回声效果，使环境音变得更饱满和丰富。使用 ByPass 按钮反复关闭和开启声音特效，以对比添加前后的效果并选择是否保留该特效。

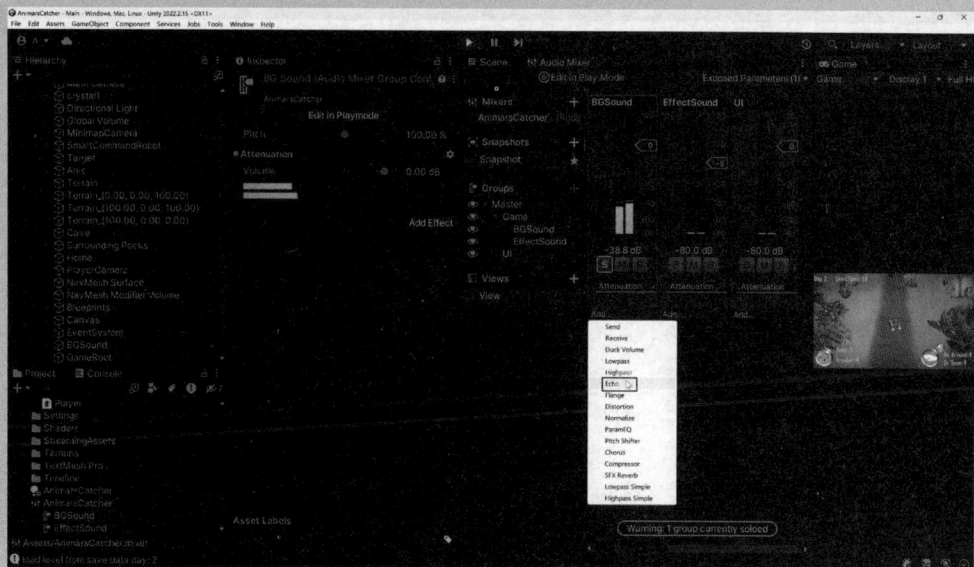

3. 独立播放和特效应用的切换

取消 BGSound 分组中的 Single 选项，并开启 EffectSound 分组中的 Single 选项，这允许专注于调整 EffectSound 分组的特效。为 EffectSound 分组添加 Lowpass Simple 效果，该效果通过过滤掉音效中的一些高频部分，使得音效听起来更加沉闷。

　　再次使用 ByPass 按钮测试特效对特定音效如激光发射和物品搬运音效的影响，并决定是否保留。

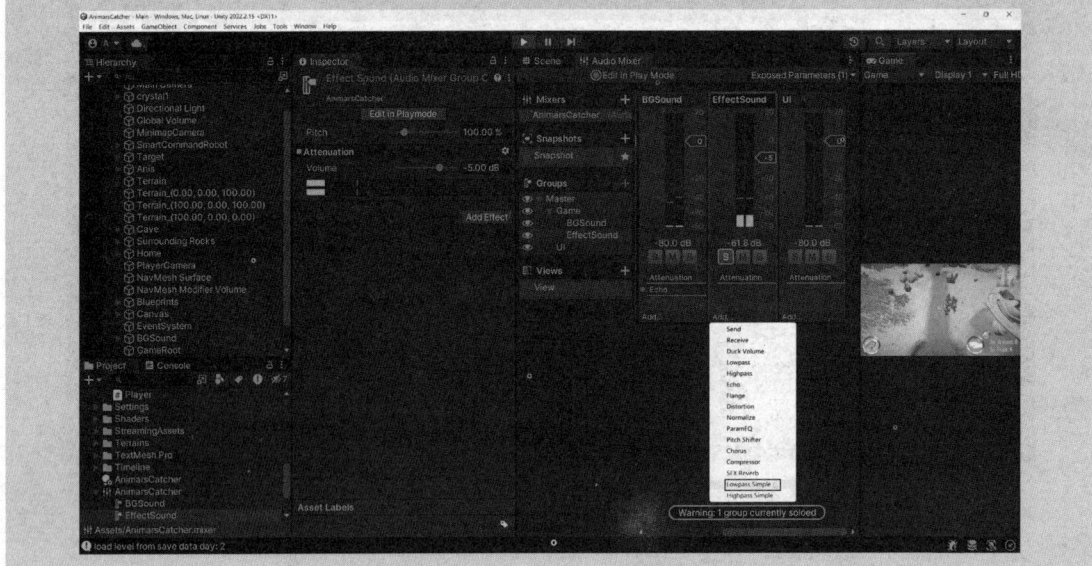

作业部分

　　实现游戏的 UI 按钮音效，加入游戏音量调节功能。

　　作业资源：【作业 10-6-1-HW】UI 音效。

10.7　总结

　　本章探讨了游戏音频系统，详细介绍了如何利用 Unity 提供的音频组件来实现交互音效和环境音效，包括音频源和音频监听器的配置与使用。通过本章的学习，读者将能够理解并运用 Unity 音频组件，创建吸引玩家的声音环境，增强游戏的整体感受。

　　在游戏音频的基本概念中，介绍了游戏音频的组成，包括音效、背景音乐和对话，以及它们在游戏设计中的重要性。

　　在混音器的原理与应用中，解释了混音器在游戏音频中的作用，包括如何使用混音器来控制不同音频轨道的输出，实现声音的动态处理和环境适应。

　　在声音特效部分，探讨了常见的声音特效，如回声、混响等，并讨论了这些特效如何增强游戏氛围和玩家的沉浸感。

　　通过本章的学习，我们不仅能够为"AnimarsCatcher"游戏制作基本的音效，还能够深入理解音频在游戏设计中的应用。完成本章的练习作业后，读者将具备制作具有丰富音频效果的游戏的能力。

第 11 章

Chapter 11

联网

在当今的游戏行业中，联网功能已成为几乎所有现代电子游戏的核心组成部分。从简单的多人对战到复杂的大规模多人在线角色扮演游戏（MMORPG），联网技术不仅极大地扩展了游戏的玩法和互动性，还为玩家提供了无数与他人连接和竞争的机会。因此，对于任何游戏开发者来说，掌握联网技术的基础和应用已经变得不可或缺。

本章的主要内容是探讨游戏联网的基本原理和关键技术。我们将学习如何在游戏中实现实时多玩家互动，讨论不同类型的网络架构，并详细介绍 TCP 和 UDP 这两种主要的网络传输协议。此外，本章还将通过具体的实例来展示如何在 Unity 环境中开发联网游戏。

【视频 11-1】
第 11 章 demo
效果

11.1 网络基础 ─────────────── ◉

11.1.1 联网方式

计算机网络允许分布在不同地理位置的设备通过传输介质相互连接和交换数据。局域网（Local Area Network，LAN）和广域网（Wide Area Network，WAN）是计算机网络的两种主要类型，它们根据地理范围、连接方式和应用场景的不同而划分。

局域网是局部地区形成的一个区域网络，其特点是分布地区范围有限，可大可小，大到一栋建筑楼与相邻建筑之间的连接，小到办公室之间的联系。很多时候局域网环境下并没有专用的一个服务器，其中有一台机器既作为服务器又作为客户端。局域网是一种私有网络，被广泛用来连接个人计算机和消费类电子设备，使它们能够共享资源和交换信息。局域网自身相对其他网络传输速度更快，性能更稳定，框架简易，并且是封闭的。

在曾经风靡一时的网吧中，就活跃着很多通过局域网联网对战的经典游戏。例如，《反恐精英》（Counter-Strike）、《魔兽争霸》（Warcraft）、《雷神之锤》（Quake）和《星际争霸》（StarCraft）等经典游戏中，玩家可以在局域网内进行实时对战，享受几乎零延迟的游戏体验。

广域网又称外网、公网，是连接不同地区局域网或城域网计算机通信的远程网，通常有一台性能很强的设备作为服务器，其他设备作为客户端通过互联网来连接到它上面。广域网通常跨越很大的物理范围，所覆盖的范围从几十千米到几千千米，它能连接多个地区、城市和国家，或横跨几个洲并能提供远距离通信，形成国际性的远程网络。这里我们需要注意一下，广域网并不等同于互联网。我们日常生活中常常提及的互联网是属于一种公共型的广域网。

广域网游戏允许全球玩家通过互联网进行实时互动。尽管 WAN 的延迟较高，但现代技术和服务器架构使得这种游戏体验依然流畅。广域网游戏如《魔兽世界》（World of Warcraft）、《英雄联盟》（League of Legends）、《堡垒之夜》（Fortnite）和《绝地求生》（PUBG）等，拥有巨大的玩家用户群。

此外，云游戏是近年来广域网中兴起的新应用，如 Google Stadia 和 NVIDIA GeForce Now。玩家的设备无须具备高性能硬件，通过互联网连接到远程服务器，实时流传输游戏内容。这种方式对网络带宽和稳定性要求较高，但降低了硬件门槛。

现在的游戏引擎都提供了基本的联网功能，比如局域网方式的联网对战，可以实现局域网联网方式。在广域网中实现的大规模多人在线游戏的网络处理很复杂，有些公司专门研发用于处理网络游戏传输及存储数据的技术，称为 MMO 中间件。

11.1.2　网络架构

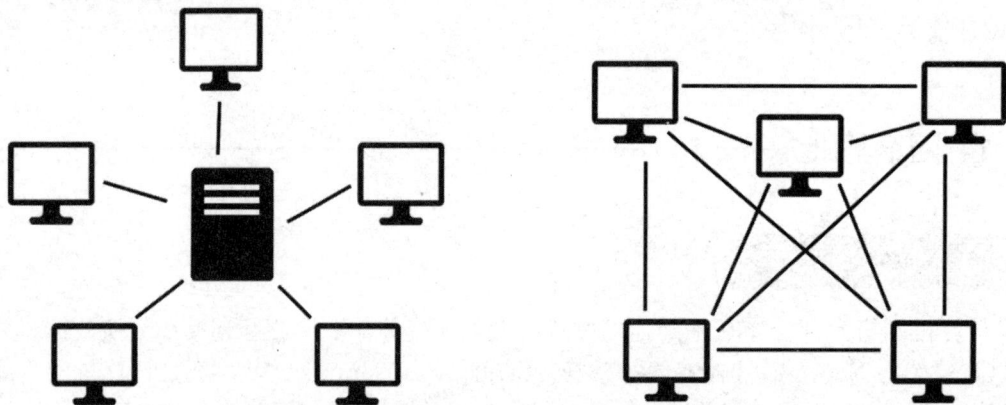

网络架构定义了网络的物理组件（如电缆、路由器、交换机）和逻辑组件（如软件、协议）的组织方式。常见的网络架构包括：客户端-服务器体系结构和点对点结构。

1. 客户端-服务器体系结构

客户端-服务器体系结构指的是一台机器有效地运行游戏，别的机器仅仅是一个终端，接收来自玩家的输入，并渲染服务器让它渲染的东西。其优点是每台机器都会展现相同的游戏，可以不用考虑每台机器相互之间的同步问题；但不足之处是，服务器本身需要有一些高性能的 CPU 来处理每一个连接的客户端，也需要合适的网络连接来确保每一个客户端及时地接收到它的更新。

在客户端-服务器架构中，游戏的所有关键逻辑（如游戏状态、物理计算）通常都在服务器上执行。客户端则负责接收用户输入，将其发送到服务器，接着接收服务器的反馈并呈现在用户界面上。

该架构广泛应用于大型多人在线游戏和实时策略游戏中，如《魔兽世界》（World of

Warcraft）和《星际争霸》（StarCraft）。这种架构确保了所有玩家所看到界面的一致性，并减少了作弊的可能性。

2．点对点结构

点对点结构指每两台机器之间都会采用单独的信道传输数据，不同的信道之间互不影响。在实际应用中通常是两台机器上运行同一个游戏，它们之间可以共享玩家输入而产生的数据，并进行同步。这种方式不要求设备有很高的性能，缺点也就显而易见，如果网络架构内的设备数量较多，则需要设立大量信道，以致资源浪费。

在点对点架构中，没有中央服务器，所有玩家的设备都充当客户端和服务器的角色。每个客户端都可以直接与其他客户端通信。该架构适用于较小规模的多人游戏，如早期《魔兽争霸Ⅲ》（Warcraft Ⅲ）中的局域网对战。这种架构的优点是减少了对中央服务器的依赖，但需要更复杂的同步和安全机制来防止作弊。

11.1.3 网络传输协议

网络传输协议是网络通信中遵循的规则和标准，确保数据能够在不同的设备和网络间准确地传输与接收。网络传输协议可以分为三层。

最底层的是 IP 协议。IP 协议是用于报文交换网络的一种面向数据的协议，它定义了数据包在网际传送时的格式。目前使用最多的是 IPv4 版本，这一版本中用 32 位定义 IP 地址，每一个 IP 地址可以简单理解成用于区分其他 IP 的自身独特的一种标识。尽管地址总数达到了 43 亿，但是仍然不能满足现今全球网络飞速发展的需求，因此 IPv6 版本应运而生。在 IPv6 版本中，IP 地址共有 128 位，"几乎可以为地球上每一粒沙子分配一个 IPv6 地址"。IPv6 目前并没有普及，许多互联网服务提供商并不支持 IPv6 协议的连接。但是可以预见，将来在 IPv6 的帮助下，任何家用电器都有可能接入互联网。

在中间传输层中，传输控制协议（TCP）和用户数据报协议（UDP）是两种主要的传输层协议，它们在应用程序层和网络层之间工作，为网络通信提供基本的数据传输功能。这些协议对于网络游戏的开发尤其关键，因为它们直接影响到游戏数据的传输效率和可靠性。

最高层的是应用层协议，它是通用的，直接为用户的应用程序提供服务，具体包括 DNS 域名服务、FTP 协议、HTTP 协议、POP3 邮局协议等。

由于 Unity 提供的网络组件里更多涉及的是中间层的部分，所以我们需要重点学习的是中间层的 TCP 协议和 UDP 协议。

11.1.4 TCP 与 UDP 协议

TCP 协议通过为数据报添加额外信息，并配备重发机制，能够确保数据无丢包、无冗余包，且保障数据报文按序传输。因此，对于对可靠性要求高的应用，TCP 协议是合适之选；而对于像流媒体这类更注重性能的应用，UDP 协议则更为适宜。

从网络编程的角度来说，TCP 是面向连接的协议，换句话说，这种协会在两个或多个节点之间保持固定的连接。值得注意的是，这并不意味着连接是专有的固定通信通道，因为 IP 是动态传输的，数据包并不一定通过相同的路径到达目的地。

但由于 TCP 在 IP 的上层工作，它提供了逻辑上的终端对终端的"固定"连接。然而，这种方式有一个缺陷就是速度慢。基于连接的协议在重建原始数据之前需要等待所有的数据包都正确接收，这保证了数据传输的安全完整，但失去了效率。

TCP 协议的特点总结如下。

- 可靠性：TCP 提供高可靠性的服务。它通过使用序列号和确认应答来保证数据包的顺序和完整性，确保所有发送的数据包都能被接收端正确接收。
- 连接导向：在数据传输开始之前，TCP 需要源和目标之间建立连接。这个过程通常涉及一个称为"三次握手"的步骤，确保双方都准备好数据发送和接收。
- 流量控制：TCP 使用窗口调整机制来控制数据传输的速率，避免网络拥塞。
- 阻塞控制：TCP 还能通过动态调整数据传输的速率来响应不同的网络条件，如数据丢包或网络延迟。

当应用程序需要高度可靠的数据传输时，如网络数据库访问、文件传输等，通常选择 TCP。在多人在线角色扮演游戏（MMORPG）或需要同步大量游戏状态数据的游戏中，TCP 是首选，因为它保证了数据的完整性和顺序。

UDP 是一种代替 TCP 的网络协议，它是一种轻量级的协议类型，不需要激活连接（无连接传输模式）。UDP 协议的特点总结如下。

- 无连接：UDP 不需要在通信前建立连接，发送数据之前不需要进行握手，这使得它的开销和延迟比 TCP 小。
- 高效率：UDP 允许数据包以最快的速度发送，不进行排序或恢复错误，提高了传输效率。
- 灵活性：开发者可以在应用层根据需要实现自己的错误检查和恢复机制，适应不同的应用场景。

UDP 适用于对实时性要求高的应用，如实时多人在线竞技游戏（MOBA、FPS）、视频会议和语音传输等，这些应用更侧重于速度而非数据包的完美无误。

在"AnimarsCatcher"游戏中，我们使用的就是基于 UDP 协议的网络组件。

11.2 游戏联网类型

网络游戏是通过互联网或其他形式的网络连接，实现多个玩家间互动的电子游戏。这些游戏利用计算机网络的能力，允许玩家在全球范围内相互竞争或合作，为玩家提供了一种全新的游戏体验。网络游戏的种类繁多，从简单的桌面游戏到复杂的策略和角色扮演游戏，都可以通过网络进行。

网络游戏的发展极大地扩展了电子游戏的社交和竞争元素。它们不仅增强了玩家间的交互性，还引入了如实时更新、全球排行榜、联机竞技等功能，这些都极大地丰富了游戏内容和玩家的游戏体验。网络游戏的另一个重要功能是能够支持跨平台游戏，使不同设备的玩家可以一起游戏。

网络游戏根据其联网特性的依赖程度，可以分为强联网游戏和弱联网游戏两种主要类型。

11.2.1 强联网游戏

强联网也称为长联网，由于其广泛的使用率，很多时候会被玩家或游戏界直接称作联网游戏。强联网的特点有以下几个方面。

- 实时互动：玩家的所有动作和游戏世界的状态实时同步到服务器，并影响所有玩家的游戏环境。
- 网络协议：通常使用 TCP 或 UDP 协议来处理数据的发送和接收，确保数据传输的可靠性或实时性。
- 高依赖性：这类游戏高度依赖网络连接，任何网络波动都可能影响游戏体验。
- 安全性：服务器处理大部分游戏逻辑，可以有效减少作弊行为。

强联网广泛地被游戏界用作主流的网络传输方式，这类游戏完全依赖于网络连接，游戏的大部分内容需要通过实时的网络通信来进行，通常需要服务器不断地处理和同步大量的玩家数据，以保持游戏状态的一致性和实时性。这包括了多人在线角色扮演游戏（MMORPG）、多人在线竞技游戏（如 MOBA 和 FPS）等，典型代表有《绝地求生》《守望先锋》等。

11.2.2 弱联网游戏

弱联网游戏是游戏行业给出的一个特定称呼，它不需要实时获取其他玩家或游戏世界的数据，只是偶尔需要与后端服务器进行数据同步，其核心玩法（包括主要逻辑）大多通过客户端来完成。

手机游戏中很多都是弱联网的模式。比如，只需要在玩家结束某个阶段的游玩后将角色获取的积分同步到后端数据库中，或者请求后端接口打开一个宝箱拿奖励，输入兑换码拿礼品，玩家签到，等等，这些功能都是不需要实时地与后端进行通信的，弱联网（也称为短连接）是更好的解决方案。如手机游戏《炉石传说》，玩家完成对局后才同步数据到服务器。

弱联网的特点主要有以下几个方面。

- 间歇性连接：只在需要时连接到服务器，如上传游戏成就或下载游戏更新。
- 客户端处理：大部分游戏逻辑在客户端执行，减少了服务器的负担。
- 适用性：适合移动游戏或单人游戏，这些游戏通常不要求实时玩家互动。
- 作弊风险：由于多数逻辑在客户端处理，这可能导致较高的作弊风险。

11.2.3 对比

简单来说，联网游戏中要求实时快速地同步多名玩家游戏内数据的，可以称作强联网游戏；而游戏客户端不需要实时获取其他玩家或游戏世界数据的，只是偶尔需要与后端服务器进行数据同步的，可归为弱联网游戏。两种类型网络游戏的对比主要体现在以下三个方面。

- 网络依赖性：强联网游戏对网络质量的要求较高，需要稳定的网络连接以保证游戏体验；而弱联网游戏即使在网络不稳定的环境下也能提供相对稳定的游戏体验。
- 数据安全与作弊：强联网游戏将大部分数据处理放在服务器，较难被篡改，因此作弊的可能性较小；弱联网游戏由于大量依赖客户端计算，更易受到作弊软件的影响。
- 资源消耗：强联网游戏由于需要不断地进行数据同步，通常消耗更多的网络和处理资源；弱联网游戏在资源消耗上相对较少，对设备的要求也较低。

大多数的 MMO（Massive Multiplayer Online Game）网游或电子竞技类的游戏，都是强联网游戏，因为游戏客户端需要即时地知道对方玩家或环境中周围玩家的实时状态。

当然，我们所说的网络游戏也并不单单指网游或 MMORPG，还包括局域网和广域网同时兼容的其他类型游戏。

实现网络游戏需要考虑多种技术因素，包括以下几个方面。

- 网络延迟与同步：开发者必须处理网络延迟问题，确保所有玩家看到的游戏状态尽可能一致。
- 服务器架构：根据游戏的需求选择合适的服务器架构，是使用中心服务器还是采用分布式服务器，每种选择都有其优势和局限。
- 数据传输安全：保证数据传输的安全性，防止作弊和黑客攻击，是网络游戏开发中的一个重要方面。
- 跨平台支持：考虑到玩家可能使用不同的硬件和操作系统，支持跨平台游戏可以扩大游戏的受众。

Unity 提供的联网模块，能够帮助开发者很好地解决上面提到的这些技术问题。接下来的部分，我们就通过上机实践，来学习 Unity 联网模块的基本使用方法。

11.3 玩家连线

为了实现游戏的联网功能，使不同玩家能够进行连线是基础且关键的步骤。在 Unity 中，玩家连线涉及多个组件和流程的设置，应确保玩家可以顺利加入游戏并与其他玩家互动。下面详细介绍实现玩家连线的主要模块和客户端与服务器的关系。

【视频 11-3-1】
玩家连线同步
效果

11.3.1 联网模块

为了使游戏支持网络功能，以下是需要实现的几个核心模块。

1. 网络管理器

网络管理器是联网游戏中的核心组件，负责管理所有联网对象，包括玩家和游戏中的动态物体。它处理所有网络实体的生成、销毁及状态同步。

2．用户界面

联网游戏通常需要一个专门的用户界面，用于显示连接状态、玩家列表、聊天信息等。这个界面帮助玩家了解当前网络状态和游戏内的社交互动。

3．玩家预制体

每个玩家控制一个带有网络功能的角色预制体。这些预制体通过网络管理器进行实例化和管理，确保每个玩家的动作和状态都能在所有客户端上同步。

4．联网脚本和物体

游戏中的物体，如动态障碍物、交互对象等，都需要通过联网脚本来同步状态。这些脚本处理物体的网络行为，如位置更新、状态变化等。

11.3.2　客户端与服务器

在联网环境下，玩家所需要的设备包括客户端和服务器。客户端可以连接到本地的网络或远程网络，服务器分为专用服务器和主机服务器。

1．专用服务器

专用服务器是独立于玩家的服务器，只负责处理数据和客户端请求，不参与游戏的具体操作。这种服务器配置适用于需要处理大量数据和玩家连接的大型游戏。

2．主机服务器

主机服务器模型中，服务器同时兼作客户端。一名玩家的机器既承担服务器的角色也参与游戏，称为"Host"。这种模式常见于小型局域网游戏，允许快速设置和低成本运行，但主机的性能将直接影响游戏的整体表现。

在实现这些功能时，Unity 提供了如 Photon、UNet 等多种网络服务和库，这些工具可以简化网络编程的复杂性，帮助开发者有效地实现玩家之间的顺畅连接和数据同步。使用这些工具，开发者可以集中精力优化游戏逻辑和玩家体验，而不必从零开始构建整个网络基础设施。

在 Unity 的生态系统中，Netcode for GameObjects 是新一代的网络解决方案，旨在取代 UNet。Netcode for GameObjects 提供了更现代和灵活的网络架构，支持点对点和客户端–服务器模式。在接下来的上机实践中，我们使用的就是 Netcode for GameObjects 联网解决方案。

上机部分

【上机 11-3-1】
玩家连线

1．安装网络支持包

在 Unity 编辑器中，打开 Window 菜单下的 Package Manager，找到并安装 Netcode for GameObjects 包。这个包提供了必需的网络功能支持，如同步和网络会话管理。

2．复制现有场景以制作多人游戏场景

复制整个"AnimarsCatcher"游戏的 Main 场景（使用组合键 Ctrl+D），

并将其重命名为 MultiPlayer。这样做可以确保所有设置和环境效果都被完整保留。清理 MultiPlayer 场景，移除与游戏环境无关的元素，只保留如 Main Camera、Directional Light、Global Volume 和地形等相关元素。

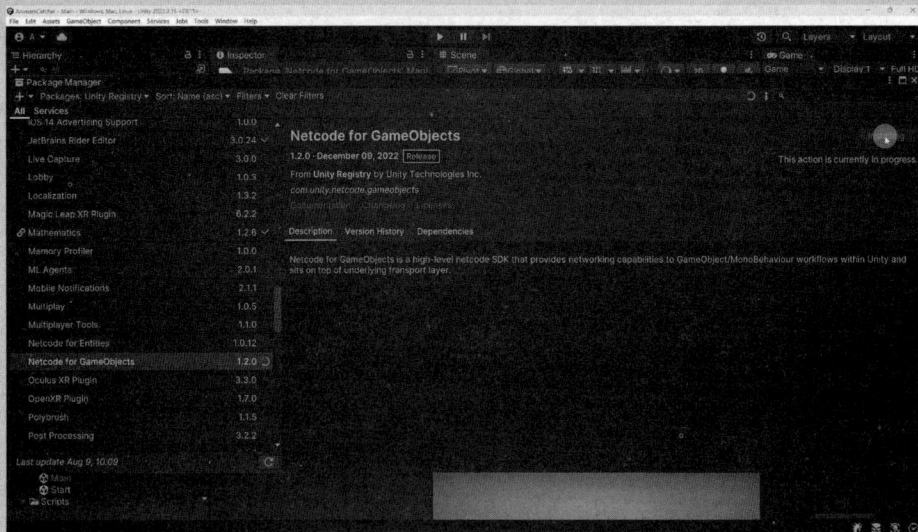

3. 配置网络管理器

在 Hierarchy 面板中创建一个新的空对象并命名为 NetworkManager，在 Inspector 面板中为其添加 NetworkManager 组件，设置其 Network Transport 属性为 Unity Transport。这是处理网络数据传输的组件。

4. 设置玩家预制体以用于网络同步

在 Prefabs 文件夹下创建 MultiPlayer 子文件夹，将 PickerAni 预制体复制一份到这个文件夹中，并重命名为 Ani。修改 Ani 预制体，移除 Animator 的 Controller 属性、Rigidbody 组件、PickerAni 组件及 NavMeshAgent 组件，并添加 Network Object 组件。这些修改是为了使预制体适配网络游戏的需求。

5. 配置和链接网络管理器与玩家预制体

在 NetworkManager 组件的配置中，将 Player Prefab 属性设置为 Ani 预制体，以允许网络管理器在新玩家加入时自动实例化这个预制体。

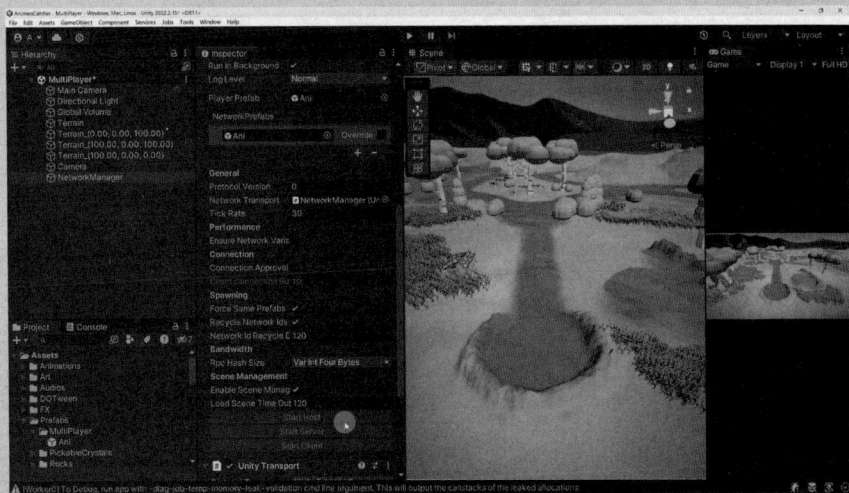

6. 开发网络控制 UI

创建 NetworkUI 画布，并在其下添加 3 个按钮：Start Server、Start Host、Start Client，分别用于启动服务器、主机和客户端。

对每个按钮使用 onClick.AddListener() 方法绑定相应的网络启动功能，例如，StartServerBtn.onClick.AddListener(() => NetworkManager.Singleton.StartServer());，这个回调确保单击按钮时调用对应的网络管理器方法启动服务器。

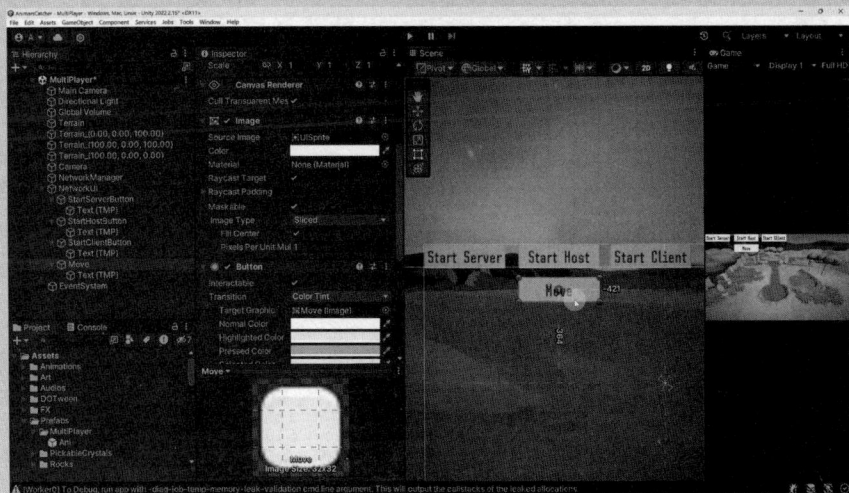

7．编写网络行为控制脚本

AniController 脚本扩展自 NetworkBehaviour，用于控制网络行为。定义一个 Network Variable<Vector3> 类型的变量 Position，用于同步玩家位置。实现一个 Move 方法和 Submit PositionRequestServerRpc 方法，后者在客户端调用但在服务器上执行，用于请求随机位置。例如，在 Move 方法中调用 SubmitPositionRequestServerRpc，如果是服务器则直接计算位置。

8．测试和调试

在多个环境（如编辑器和打包后的游戏）中测试网络功能，确保玩家位置同步准确无误。通过 UI 按钮触发网络命令，检查网络状态变化和玩家预制体的行为反应。

通过以上步骤，可以在 Unity 中构建一个基础的网络游戏环境，实现玩家之间的连线和数据同步。

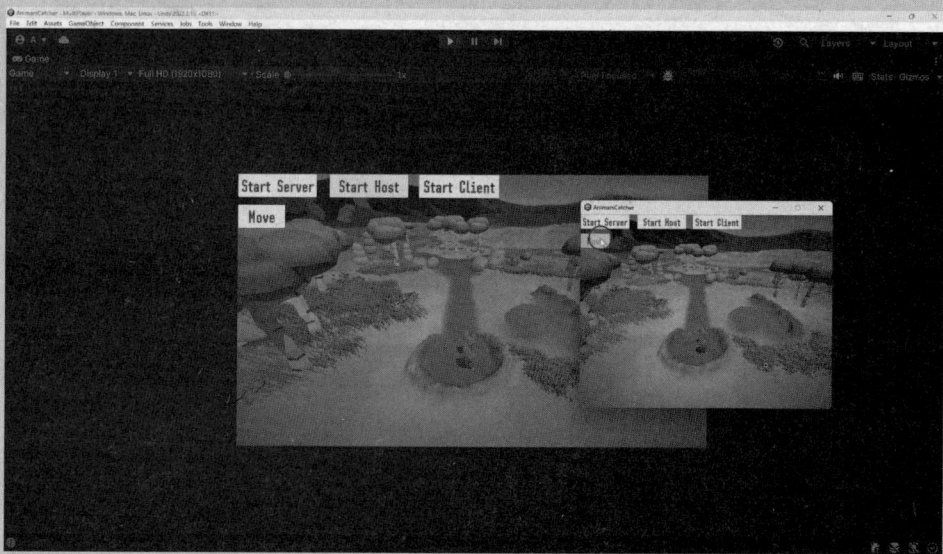

11.4　游戏物体同步

场景中除了需要实现玩家连线外，游戏场景内还存在一些其他的游戏物体，用于和玩家角色进行交互。这些游戏物体，有些是可以联网的，有些是没有必要参与联网的。本节将介绍如何利用 Unity 的网络机制来实现游戏物体在不同客户端之间的同步。

【视频 11-4-1】
游戏物体同步
效果

11.4.1　网络权限

网络权限决定了游戏物体如何被管理以及谁来管理这些物体。在多数网络游戏中，大部分物体的状态同步是由服务器来控制的，以保证游戏状态的一致性和公平性。然而，对

于那些需要频繁接收用户输入的物体，如玩家控制的角色，通常其控制逻辑会在客户端本地进行，然后再通过网络与服务器同步，以减少延迟带来的影响。

总的来说，对于客户端控制的物体，玩家可以直接控制，如移动和操作，首先在本地处理，然后将结果同步到服务器；而对于服务器控制的物体，适用于游戏中大多数环境物体和游戏逻辑，这样可以防止作弊并确保所有玩家都有一致的游戏体验。

11.4.2 动态生成游戏物体

【视频 11-4-2】
动态生成游戏物体

在联网游戏中，物体的生成可以是静态的也可以是动态的，动态生成的物体又分为联网物体和非联网物体。

非联网物体通常不需要同步到所有客户端，如场景装饰或客户端特效。它们可以通过 Unity 的 Instantiate 方法在本地客户端创建。

而联网物体中需要同步状态的物体必须通过网络管理系统生成。在 Unity 中，这通常通过 NetworkManager 的 Spawn() 函数来完成，以确保所有客户端都能看到并与这些物体互动。

11.4.3 联网物体

场景中的非联网物体包括静态物体，比如石块、楼梯，以及不需要同步的物体，如场景中的树木、草丛等。这些物体完全不需要联网，只需在本地运行就可以了。我们主要讨论需要联网的物体，这些联网物体必须挂接上联网组件，网络管理器识别该组件来确定哪些物体需要进行联网。

【视频 11-4-3】
游戏物体同步

除此之外，还需要开发人员指定物体的哪些属性需要同步。需要同步的属性取决于游戏内容，一般来说有以下三个方面：玩家或者非玩家角色的位置、朝向等关键参数；带有动画物体的动画状态；一些游戏数值，如游戏剩余时长、玩家的能量值等。还要注意的一点是只有服务器才有权限进行游戏物体的同步，以避免作弊等行为。

▶ 上机部分

【上机 11-4-1】
游戏物体同步

1. 准备动画控制器

在 Animations/Controllers 文件夹中新建一个 Animator Controller，命名为 NetAni。打开新建的 NetAni Animator Controller，在 Animator 窗口中，将 Idle 和 Run 动画从 Clips 文件夹拖到 Animator 窗口中。右击 Idle 状态，选择 Make Transition，连接到 Run 状态；同样，从 Run 状态创建一个返回 Idle 的转换。

在 Parameters 面板中新增一个 Bool 类型的变量 IsRun。选中从 Idle 到 Run 的连线，在 Inspector 面板中去掉 Has Exit Time 的勾选，并设置转换条件为 IsRun 为 true；为从 Run 到 Idle 的连线也设置条件，使 IsRun 为 false 时执行转换，并去掉 Has Exit Time 的勾选。

2. 设置 NetAni 预制体

将 Ani 预制体重命名为 NetAni，并为其添加一个 Character Controller 组件，用于管理角色的移动和碰撞。在 NetAni 预制体的 Animator 组件中，将 Controller 属性设置为上面第 1 步中创建的 NetAni Controller。

3. 调整摄像机配置

在 Hierarchy 面板中找到摄像机对象，调整其 CinemachineVirtualCamera 组件的设置。设置 Body 模式为 Transposer，将 Binding Mode 改为 World Space；调整 Follow Offset，设定 Y 为 5，Z 为 -5，使摄像机在网络游戏中能从后方跟随玩家。

4. 编写跟随摄像机脚本

在 Scripts/MultiPlayer 文件夹中创建一个名为 FollowPlayerCamera 的 C# 脚本，在脚本中定义一个 CinemachineVirtualCamera 类型的私有变量 mVirtualCamera。在 Awake 函数中，通过 GetComponent 获取此变量并为其赋值。定义一个公共方法 SetPlayerTrans，接收一个 Transform 类型的参数 player，将摄像机的 Follow 和 LookAt 属性设置为此变量。

5. 开发联网玩家控制器脚本

清空并重新编写 AniController 脚本。定义转向速度 mTurnSpeed 和移动速度 mRunSpeed，定义私有变量 mAnimator 和 mCharacterController。在 OnNetworkSpawn 函数中，初始化 mAnimator 和 mCharacterController，随机设置玩家的初始位置。

使用 NetworkVariable 类型分别定义 mNetworkPosition 和 mNetworkRotation，用于网络同步玩家的位置和旋转，以及 mIsRun 同步玩家是否正在跑步的状态。

6. 同步玩家输入与移动

在 Update 函数中，通过客户端的输入调用 ClientInput 方法，处理玩家的移动和旋转输入，并同步到网络。

定义 ClientMove 和 ClientAnimation 方法，以便在客户端上应用通过网络同步的位置、旋转和动画状态。

7. 联网玩家位置和动画同步设置

在 NetAni 预制体上添加 Network Transform 和 Network Animator 组件，用于在网络环境中同步玩家的位置、旋转和动画状态。确保 Network Animator 组件的 Animator 属性指向预制体上的 Animator 组件，以正确同步动画状态。

8. 开发水果采摘竞赛功能

制作联网水果的预制体 NetFruit，移除不需要的组件（如 NavMeshAgent、PickableItem），添加 NetworkObject 组件以实现网络同步。

在 NetworkManager 组件的 Network Prefabs 列表中注册 NetFruit 预制体，确保其能在网络环境中生成和被管理。

创建 FruitSpawner 脚本，用于在游戏中生成水果。在服务器启动时随机生成指定数量的水果，并通过 NetworkObject 的 Spawn 方法同步到所有客户端。

9. 开发玩家得分系统

在界面中添加显示玩家得分的组件，确保在联网环境中玩家得分的正确显示和同步。

创建 PlayerScore 脚本，用于管理玩家得分。利用 NetworkBehaviour 的功能同步得分变化。当玩家触碰到 NetFruit 时，通过调用 ChangeScore 方法更新得分，并同步到所有客户端。

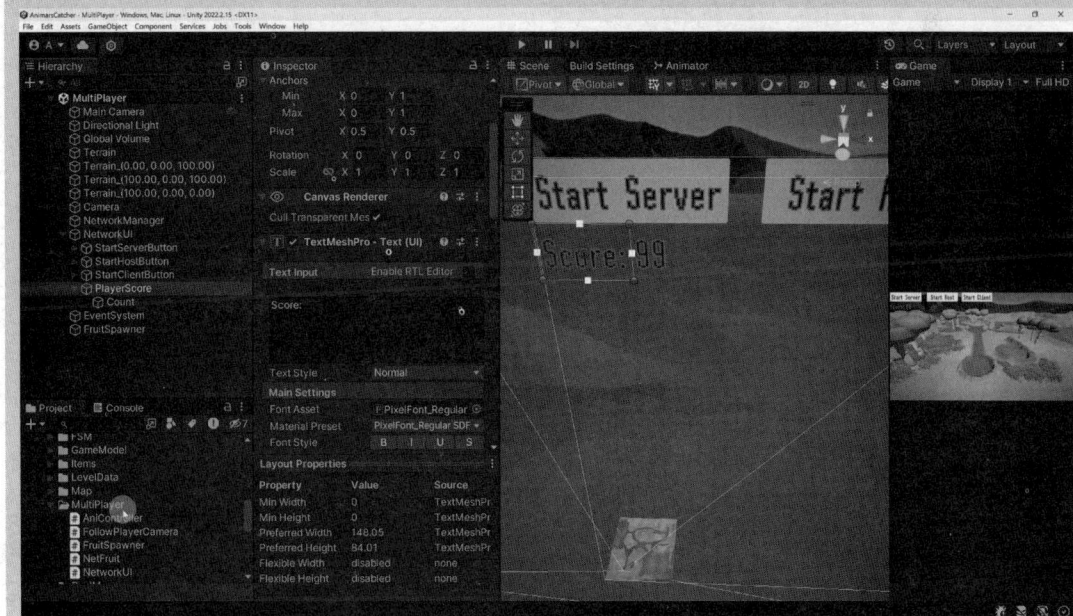

10. 综合测试与优化

打包游戏进行测试，同时在编辑器中运行游戏，一个开启主机，另一个开启服务器。一段时间后，两个 Ani 就会同步，分别控制两个 Ani 去触碰游戏场景中的水果。当最后一个水果被收集时，可以在 Scene 窗口中看到场景中再次生成了一些水果。此时两个游戏窗口中，玩家对应的得分也被成功同步。这样我们就制作好了一个玩家扮演 Ani 互相竞争采摘水果的小游戏。读者也可以进一步完善游戏，添加胜负判断和声音特效等。

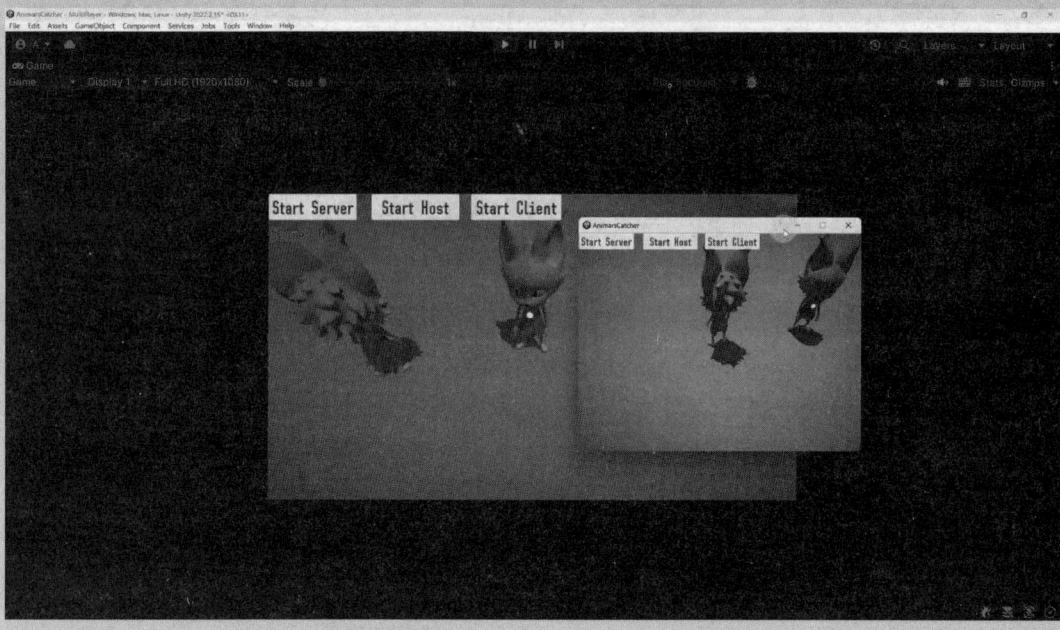

作业部分

给游戏添加新的联网游戏物体，以丰富游戏内容。例如，增加石块物体，当玩家碰到石块时会扣分。

作业资源：【作业 11-4-1-HW】增加游戏细节。

11.5 总结

本章我们探讨了游戏联网系统的关键技术和方法。通过本章的学习，读者将掌握如何利用 Unity 的网络组件实现游戏中的多玩家连接和物体状态同步。

在计算机网络基础部分，介绍了计算机网络的基本原理，包括网络通信的基本概念、协议和技术；接着介绍了游戏联网的主要类型，即强联网游戏和弱联网游戏。在玩家联网实现部分，解释了如何实现不同玩家之间的网络连接，包括如何处理网络延迟和数据同步的问题。为了实现游戏场景中物体的联网同步，我们探讨了如何同步游戏场景中的物体状态，如位置、动作和交互效果，从而确保所有玩家看到的游戏世界是一致的。

　　本章重点使用了 Unity 的 Netcode for GameObjects 组件，通过该组件，实现了一个联网游戏 demo，展示了玩家连线与物体同步的具体实现方法。

　　本章为读者提供了制作多人在线游戏所需的基本技能和知识。完成本章的课后作业后，读者将能够实现更加丰富的联网游戏内容，不仅可以增加游戏的互动性和趣味性，还能吸引更广泛的玩家群体。